中等职业学校教学用书（电子技术专业）

维修电工技术
（第4版）

马效先　主编

电子工业出版社

Publishing House of Electronics Industry

北京·BEIJING

内 容 简 介

本书是中等职业学校电类、机电类专业基础教材，主要介绍维修电工常用工具和材料、低压电器、电工仪表和维修电工基本操作，重点讲述电气线路安装与维修，以及变压器、电动机和可编程控制器的工作原理与应用。本书注重知识与能力的基础性和实用性，以达到对职业岗位工作"应知"、"应会"的需要。

本书适合中等职业学校电类专业、机电类专业以及电工培训班作为教材使用，也可供具有初中文化水平的读者自学。

本书还配有电子教学参考资料包，包括教学指南、电子教案及习题答案（电子版），详见前言。

未经许可，不得以任何方式复制或抄袭本书之部分或全部内容。

版权所有，侵权必究。

图书在版编目（CIP）数据

维修电工技术/马效先主编. —4 版. —北京：电子工业出版社，2007.6

中等职业学校教学用书·电子技术专业

ISBN 978-7-121-03697-2

Ⅰ.维…　Ⅱ.马…　Ⅲ.电工—维修—专业学校—教材　Ⅳ. TM07

中国版本图书馆 CIP 数据核字（2006）第 159402 号

责任编辑：蔡　葵　　毕军志
印　　刷：北京虎彩文化传播有限公司
装　　订：北京虎彩文化传播有限公司
出版发行：电子工业出版社
　　　　　北京市海淀区万寿路 173 信箱　邮编　100036
开　　本：787×1 092　1/16　印张：16　字数：409.6 千字
版　　次：1996 年 9 月第 1 版
　　　　　2007 年 6 月第 4 版
印　　次：2021 年 8 月第 19 次印刷
定　　价：22.00 元

凡所购买电子工业出版社图书有缺损问题，请向购买书店调换。若书店售缺，请与本社发行部联系，联系及邮购电话：（010）88254888，88258888。

质量投诉请发邮件至 zlts@phei.com.cn，盗版侵权举报请发邮件至 dbqq@phei.com.cn。

本书咨询联系方式：（010）88254592，bain@phei.com.cn。

前　言

本教材出版以来，作为中等职业学校电子技术专业的教材受到了广大师生的关心，我们收到了许多教学一线教师的意见和建议。为适应职业教育的发展，根据中等职业学校电子技术教材编审委员会的决定，特对本书进行修编。

结合中等职业学校电类专业教学、就业的实际情况，从中等职业学校的培养目标出发，修编过程中力争做到以下三点：

（1）保持原教材的实用性。对基础知识、基本技能的叙述，侧重于维修电工"应知"、"应会"的内容；对电气设备的讲述，侧重于实际应用的内容。

（2）为适应科技进步、生产发展的要求，修编后教材增加了电动机软启动、可编程控制器等新内容。

（3）删除原教材中重复和陈旧等不适合的内容。

本教材参考教学时数为 80 学时。各章学时安排如下：

内　　容	建议学时数	内　　容	建议学时数
第 1 章	5	第 6 章	14
第 2 章	11	第 7 章	14
第 3 章	9	第 8 章	10
第 4 章	8	机动	5
第 5 章	4	总学时	80

教材第 7 章由邹杰编写，第 4 章、第 6 章由冯秀泉编写，其余各章由马效先编写，最后由马效先统稿。在修编过程中得到了有关同志的支持和帮助，特别是对教材建设提出有益建议的教师，在此编者表示诚挚的谢意。

由于编者水平有限，书中难免有错漏之处，恳请读者批评指正。

为了方便教师教学，本书还配有教学指南、电子教案及习题答案（电子版），请有此需要的教师登录华信教育资源网（http://www.huaxin.edu.cn 或 http://www.hxedu.com.cn）免费注册后再进行下载，在有问题时请在网站留言板留言或与电子工业出版社联系（E-mail:hxedu@phei.com.cn）。

编者
2007 年 1 月

目 录

第 1 章　电工常用工具和材料 ·· 1

　1.1　电工常用工具 ·· 1

　　1.1.1　电工常用基本工具 ·· 1

　　1.1.2　高压验电器 ··· 3

　　1.1.3　其他电工用钳 ··· 4

　　1.1.4　电工用凿 ·· 4

　　1.1.5　凿孔安装机械 ·· 5

　　1.1.6　焊接工具 ·· 6

　　1.1.7　钳工工具 ·· 8

　1.2　常用绝缘材料 ·· 11

　　1.2.1　绝缘材料的基本性能 ·· 11

　　1.2.2　绝缘纤维制品 ·· 12

　　1.2.3　电工用塑料、橡胶和绝缘薄膜 ·· 13

　　1.2.4　绝缘粘带 ·· 14

　1.3　常用导电材料 ·· 15

　　1.3.1　裸导线 ··· 15

　　1.3.2　电磁线 ··· 15

　　1.3.3　电气设备用电线电缆 ·· 16

　　1.3.4　电力电缆 ·· 19

　1.4　特殊导电材料 ·· 20

　　1.4.1　常用电阻材料 ·· 20

　　1.4.2　常用电热材料 ·· 20

　　1.4.3　常用熔体材料 ·· 21

　1.5　常用安装材料 ·· 23

　　1.5.1　木制安装材料 ·· 23

　　1.5.2　塑料安装材料 ·· 25

　　1.5.3　金属安装材料 ·· 28

　　1.5.4　电瓷安装材料 ·· 32

　习题 1 ·· 33

第 2 章　维修电工基本操作 ·· 34

　2.1　钳工和焊接基本操作 ·· 34

2.2 导线连接的基本操作 ·· 35
   2.2.1 绝缘层的处理 ·· 35
   2.2.2 铜芯导线的连接 ·· 37
   2.2.3 铝导线的连接 ·· 39
   2.2.4 电磁线的连接 ·· 40
   2.2.5 导线与接线螺钉的连接 ·· 41
   2.2.6 导线绝缘强度的恢复 ·· 43
2.3 室内配线的基本操作 ·· 43
   2.3.1 导线穿墙处理 ·· 44
   2.3.2 固定件的埋设 ·· 44
   2.3.3 夹板配线 ·· 45
   2.3.4 瓷瓶配线 ·· 46
   2.3.5 槽板配线 ·· 48
   2.3.6 塑料护套线配线 ·· 49
   2.3.7 线管配线 ·· 50
2.4 电子元器件的检测 ·· 51
   2.4.1 电子元器件安装和焊接的注意事项 ·· 51
   2.4.2 电阻的检测 ·· 52
   2.4.3 电容器的检测 ·· 52
   2.4.4 二极管的检测 ·· 53
   2.4.5 三极管的检测 ·· 54
   2.4.6 晶闸管的检测 ·· 55
2.5 电力工程电路图 ·· 56
   2.5.1 电力工程电路图简述 ·· 56
   2.5.2 电路图的组成 ·· 57
   2.5.3 电气符号 ·· 57
   2.5.4 连接线 ·· 60
   2.5.5 图纸画法的其他规定 ·· 64
2.6 电工应用识图 ·· 64
   2.6.1 识图的基本方法和步骤 ·· 64
   2.6.2 识图举例 ·· 65
习题 2 ·· 68

第 3 章 常用低压电器 ·· 70
3.1 低压刀开关 ·· 70
   3.1.1 开启式负荷开关 ·· 70
   3.1.2 铁壳开关 ·· 71
   3.1.3 板形刀开关 ·· 72
   3.1.4 转换开关 ·· 73

3.2 低压断路器 ·· 75

    3.2.1 断路器的结构和工作原理 ·· 75

    3.2.2 小型及家用断路器 ·· 76

    3.2.3 普通塑壳断路器 ··· 78

    3.2.4 万能式断路器 ·· 79

    3.2.5 漏电保护断路器 ··· 79

    3.2.6 断路器的选择、维护和检修 ··· 82

3.3 低压熔断器 ·· 84

    3.3.1 低压熔断器型号的含义和主要技术数据 ·· 85

    3.3.2 常用的低压熔断器 ·· 86

    3.3.3 熔断器的选择 ·· 88

3.4 主令电器 ··· 88

    3.4.1 按钮 ·· 88

    3.4.2 万能转换开关 ·· 89

    3.4.3 行程开关 ·· 91

    3.4.4 接近开关 ·· 92

    3.4.5 信号灯 ··· 93

3.5 交流接触器 ·· 94

    3.5.1 交流接触器的型号和图形符号 ··· 95

    3.5.2 交流接触器的结构和工作原理 ··· 95

    3.5.3 交流接触器的主要技术数据 ·· 96

    3.5.4 常用交流接触器 ··· 97

    3.5.5 交流接触器的选择和使用 ··· 98

    3.5.6 交流接触器的常见故障和处理方法 ·· 99

3.6 继电器 ·· 100

    3.6.1 电磁式继电器 ·· 100

    3.6.2 热继电器 ·· 105

    3.6.3 时间继电器 ··· 108

    3.6.4 速度继电器 ··· 110

习题 3 ·· 111

第 4 章 常用电工仪表 ·· 113

4.1 电工仪表概述 ··· 113

    4.1.1 电工仪表的分类 ··· 113

    4.1.2 仪表的测量误差 ··· 114

    4.1.3 仪表符号的意义 ··· 114

4.2 常用电工仪表的工作原理 ·· 116

    4.2.1 磁电式仪表 ··· 116

    4.2.2 电磁式仪表 ··· 117

4.2.3　电动式仪表 ··· 118

4.3　几种常用的电流表、电压表和瓦特表 ································· 119

4.3.1　电流表 ··· 119

4.3.2　电压表 ··· 121

4.3.3　瓦特表 ··· 123

4.4　万用表 ··· 125

4.4.1　指针式万用表 ··· 125

4.4.2　数字式万用表 ··· 130

4.5　钳形电流表、摇表和电度表 ··· 133

4.5.1　钳形电流表 ··· 133

4.5.2　摇表 ··· 134

4.5.3　电度表 ··· 137

习题 4 ··· 141

第 5 章　变压器 ··· 142

5.1　变压器的构造和工作原理 ··· 142

5.1.1　变压器的构造 ··· 142

5.1.2　变压器的工作原理 ··· 142

5.2　常用变压器 ··· 144

5.2.1　小型变压器 ··· 144

5.2.2　三相变压器 ··· 144

5.2.3　几种特殊变压器 ··· 145

5.3　小功率变压器的制作 ··· 148

5.3.1　小功率变压器数据的计算 ··· 148

5.3.2　小型变压器的绕制 ··· 150

5.3.3　绕制变压器的注意事项 ··· 150

习题 5 ··· 150

第 6 章　电动机 ··· 152

6.1　三相异步电动机的构造和工作原理 ······································· 152

6.1.1　三相异步电动机的构造 ··· 152

6.1.2　三相异步电动机的工作原理 ··· 153

6.2　电动机的接线方法和铭牌 ··· 155

6.2.1　电动机的接线方法 ··· 155

6.2.2　三相异步电动机的铭牌 ··· 157

6.3　三相异步电动机的控制 ··· 159

6.3.1　鼠笼式电动机的直接启动 ··· 159

6.3.2　鼠笼式电动机的降压启动 ··· 161

6.3.3　鼠笼式电动机的软启动 ··· 162

6.3.4　三相异步电动机的反转 ··· 162

6.3.5 三相异步电动机的调速 ……………………………………………………………… 163

6.3.6 三相异步电动机的制动 ……………………………………………………………… 164

6.4 三相电动机的维护与检修 …………………………………………………………………… 164

6.4.1 电动机的维护 ………………………………………………………………………… 164

6.4.2 电动机的大修与小修 ………………………………………………………………… 166

6.4.3 电动机常用的检修方法 ……………………………………………………………… 166

6.5 直流电动机 ……………………………………………………………………………………… 168

6.5.1 直流电动机的用途 …………………………………………………………………… 168

6.5.2 直流电动机的分类 …………………………………………………………………… 168

6.5.3 直流电动机的铭牌 …………………………………………………………………… 169

6.5.4 直流电动机的构造 …………………………………………………………………… 170

6.5.5 直流电动机的工作原理 ……………………………………………………………… 171

6.6 单相电动机 ……………………………………………………………………………………… 172

6.6.1 单相串励电动机 ……………………………………………………………………… 172

6.6.2 单相异步电动机 ……………………………………………………………………… 173

习题 6 ……………………………………………………………………………………………………… 175

第 7 章 电气线路的安装与维修 …………………………………………………………………… 177

7.1 电线电缆的选择 ………………………………………………………………………………… 177

7.1.1 电线电缆种类的选择 ………………………………………………………………… 177

7.1.2 电线电缆截面的选择 ………………………………………………………………… 178

7.2 低压配电箱 ……………………………………………………………………………………… 179

7.2.1 配电箱的种类和分类 ………………………………………………………………… 179

7.2.2 常用配电箱 …………………………………………………………………………… 180

7.2.3 自制配电箱 …………………………………………………………………………… 180

7.3 照明供电 ………………………………………………………………………………………… 182

7.3.1 照明平面图 …………………………………………………………………………… 183

7.3.2 照明供电线路 ………………………………………………………………………… 187

7.4 照明线路的安装与维修 ………………………………………………………………………… 188

7.4.1 照明线路安装的一般步骤 …………………………………………………………… 188

7.4.2 白炽灯的安装 ………………………………………………………………………… 189

7.4.3 荧光灯的安装 ………………………………………………………………………… 195

7.4.4 插座的安装 …………………………………………………………………………… 197

7.4.5 其他电光源的安装与维修 …………………………………………………………… 198

7.4.6 照明电路的故障与检修 ……………………………………………………………… 200

7.5 接地装置的安装与维修 ………………………………………………………………………… 204

7.5.1 电气设备的接地 ……………………………………………………………………… 204

7.5.2 接地体的安装 ………………………………………………………………………… 206

7.5.3 接地线的安装 ………………………………………………………………………… 207

　　　7.5.4　接地电阻的检测 ·· 208

　　　7.5.5　接地装置的检修 ·· 209

　7.6　安全用电 ·· 210

　　　7.6.1　安全用电的意义 ·· 210

　　　7.6.2　电流对人体的影响 ·· 210

　　　7.6.3　保护接地与保护接零 ·· 211

　　　7.6.4　照明供电线路的某些规定 ·· 212

　　　7.6.5　一般安全用电常识 ·· 213

　　　7.6.6　触电紧急救护 ·· 213

　习题 7 ·· 214

第 8 章　可编程控制器 ·· 216

　8.1　可编程控制器概述 ·· 216

　　　8.1.1　PLC 的功能特点和应用 ·· 216

　　　8.1.2　PLC 的基本组成 ·· 218

　　　8.1.3　PLC 的编程语言 ·· 219

　　　8.1.4　PLC 的工作原理 ·· 220

　8.2　FX2 系列 PLC 的主要性能 ·· 221

　　　8.2.1　FX2 系列 PLC 型号的含义 ··· 221

　　　8.2.2　FX2 系列 PLC 的结构 ·· 221

　　　8.2.3　FX2 系列 PLC 的内部配置和功能 ·· 221

　　　8.2.4　FX2 系列 PLC 软件继电器的编号 ·· 223

　8.3　FX2 系列 PLC 的指令系统 ·· 224

　　　8.3.1　基本逻辑指令 ·· 224

　　　8.3.2　步进指令 ·· 227

　　　8.3.3　功能指令 ·· 228

　8.4　编程器 ·· 231

　　　8.4.1　HPP 的操作面板 ·· 231

　　　8.4.2　编程准备 ·· 232

　　　8.4.3　编程操作 ·· 234

　8.5　PLC 在电动机控制电路中的应用 ·· 237

　　　8.5.1　PLC 自锁控制电路 ·· 237

　　　8.5.2　PLC 正反转控制电路 ·· 238

　习题 8 ·· 241

第1章 电工常用工具和材料

了解电工常用工具和材料是维修电工应具备的基本知识。

电工常用工具主要有电工仪表、电工工具、钳工工具、焊接工具和其他一些机械装置。有关电工仪表的内容在后边有较详细的叙述，这里着重介绍常用的电工工具和在实际操作中接触较多的钳工工具和焊接工具。常用电工材料种类繁多，按材料的性质和用途，可分为绝缘材料、导电材料、特殊导电材料、磁性材料和安装材料。其中常见的绝缘材料、导电材料和安装材料是本章的重点内容。

1.1 电工常用工具

1.1.1 电工常用基本工具

电工常用基本工具也是维修电工必备的工具，包括试电笔、钢丝钳、电工刀、螺丝刀和扳手。

1. 试电笔

试电笔简称电笔，是电工常用的低压试电器，用它可以方便地检查低压线路和电气设备是否带电，其检测电压在 60～500V 之间。为了便于使用和携带，试电笔常做成钢笔式或螺丝刀式结构，如图 1-1 所示。

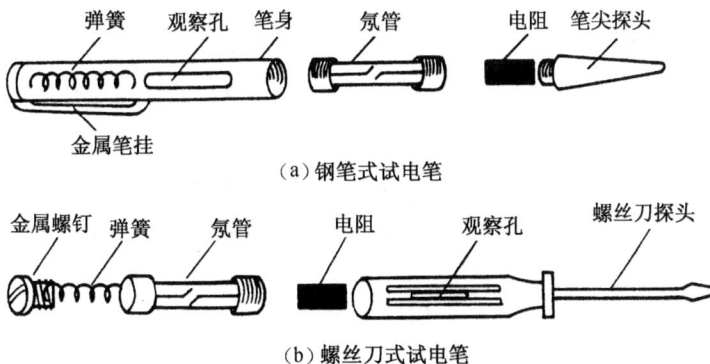

（a）钢笔式试电笔

（b）螺丝刀式试电笔

图 1-1　试电笔

试电笔由氖管、2MΩ电阻、弹簧、笔身和笔尖构成。弹簧、氖管和电阻依次相连，两端分别与金属笔尖和金属笔挂相接。使用时，金属笔尖接触被测电路或带电体，人的手指接触金属笔挂，这样，电路或带电体与电阻、氖管、人体和大地形成导电回路。当带电体与地之间的电压超过 60V 时，笔身中的氖管发出红色辉光，表明被测体带电。

注意

（1）使用试电笔前，一定要在有电的电源上检查试电笔氖管能否正常发光，确保试电笔无误，方可使用。

（2）在明亮的光线下测试时，不易看清氖管是否发光，应遮光检测。

（3）试电笔的金属笔尖多制成螺丝刀形状，但只能承受很小的扭矩。

2. 钢丝钳

绝缘柄钢丝钳是维修电工必备的工具。绝缘柄耐压为 500V，可在有电的场合使用。钢丝钳的规格以全长表示，有 150mm、175mm、200mm 三种。它的主要用途是剪切导线和钢丝等较硬金属。其外形如图 1-2 所示。

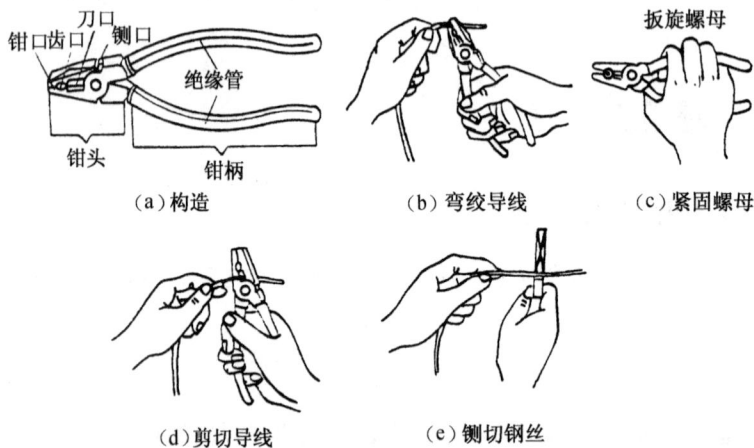

（a）构造　　（b）弯绞导线　　（c）紧固螺母
（d）剪切导线　　（e）铡切钢丝

图 1-2　钢丝钳的构造和用法

3. 电工刀

电工刀是电工在安装与维修过程中用来剖削电线电缆绝缘层、切割木台缺口、削制木桩及软金属的工具。电工刀刀柄是无绝缘保护的，不能在带电导线或器材上剖削，以防触电。其外形如图 1-3 所示。

图 1-3　电工刀

4. 螺丝刀

螺丝刀又称改锥或起子，它是一种紧固或拆卸螺钉的工具，是维修电工必备工具之一。螺丝刀式样和规格很多，按头部形状可分为一字形和十字形两种；按握柄所用材料分为木柄和塑料柄两种。常见两种螺丝刀的外形如图 1-4 所示。每一种类螺丝刀又分为若干规格。电工多采用绝缘性能较好的塑料柄螺丝刀，常用的有：

（a）一字形　　　　　　　　　　　（b）十字形

图 1-4　螺丝刀

（1）一字形螺丝刀。一字形螺丝刀用来紧固或拆卸一字槽的螺丝和木螺丝，它的规格用握柄以外的刀杆长度来表示，常用的有 50mm、100mm、200mm、300mm、400mm 等规格。

（2）十字形螺丝刀。十字形螺丝刀专供紧固或拆卸十字槽的螺钉和木螺丝之用，常用的规格有四种：Ⅰ号适用于直径为 2～2.5mm 的螺钉；Ⅱ号适用的范围为 3～5mm；Ⅲ号适用的范围为 6～8mm；Ⅳ号适用的范围为 10～12mm。除一字形和十字形螺丝刀外，常用的还有多用螺丝刀。它是一种组合工具，握柄和刀体是可拆卸的。它除具有几种规格的一字形、十字形刀体外，还附有一只钢钻，可用来预钻木螺丝的底孔，握柄采用塑料制成。有的多用螺丝刀还具有试电笔功能。使用螺丝刀，要选用合适的规格，以小代大，可能造成螺丝刀刃口扭曲；以大代小，容易损坏电器元件。

5．扳手

扳手是用于螺纹连接的一种手动工具，其种类和规格很多，维修电工常用的是活扳手。活扳手又称活络扳手，是用来紧固和拆卸螺钉或螺母的。它的开口宽度可在一定范围内调节，其规格以长度乘最大开口宽度来表示。电工常用的活扳手有 150mm×19mm、200mm×24mm、250mm×30mm 和 300mm×36mm 四种，俗称 6″、8″、10″ 和 12″。如图 1-5 所示是活扳手外形和用法。使用时应注意，不可拿活扳手当撬棒或手锤使用。

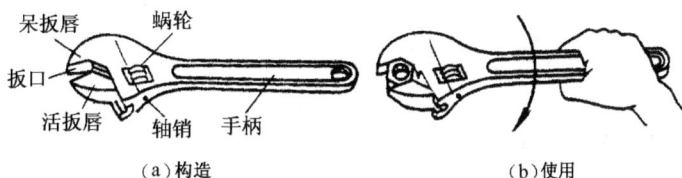

（a）构造　　　　　　　　　　　（b）使用

图 1-5　活扳手

1.1.2　高压验电器

高压验电器又称高压测电器，用来检查高压供电线路是否有电。如图 1-6 所示为 10kV 高压验电器外形图，它由金属钩、氖管、氖管窗、固紧螺钉、护环和握柄等组成。高压验电器的检查对象为高压电路，操作时应注意以下几点：

（1）验电器在使用前，一定要进行试测，证明验电器确实良好，方可使用。

（2）使用高压验电器时手应握握柄，不得超过护环，如图 1-6 所示。

（3）检测时操作人员必须戴符合耐压要求的绝缘手套，身旁要有人监护，不可一个人单独操作。人体与带电体应保持足够的安全距离，检测 10kV 电压时安全距离为 0.7m 以上。

（4）检测时，验电器应逐渐靠近被测线路，氖管发亮，说明线路有电；氖管不亮，才可与被测线路直接接触。

（5）在室外使用高压验电器，应注意气候条件。在雪、雨、雾及湿度较大的情况下不能使用，以防发生危险。

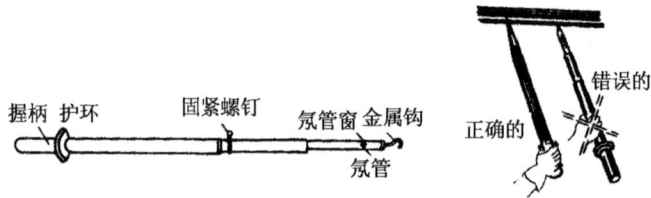

图 1-6　高压验电器

1.1.3　其他电工用钳

除了钢丝钳，维修电工常用的钳子还有以下几种。

1. 尖嘴钳

尖嘴钳的头部尖细而长，适用于在狭小的工作空间操作。维修电工多选用带绝缘柄的尖嘴钳，耐压为 500V。其规格以全长表示，有 140mm 和 180mm 两种。主要用途是剪断较细的导线和金属丝，将其弯制成所要求的形状，并可夹持、安装较小的螺钉、垫圈等。尖嘴钳的外形如图 1-7（a）所示。

2. 斜口钳

斜口钳又称断线钳，是用来切断单股或多股导线的钳子，常用的为耐压 500V 带绝缘柄的斜口钳，其外形如图 1-7（b）所示。

3. 剥线钳

剥线钳是用来剥除小直径导线绝缘层的专用工具。它的手柄带有绝缘把，耐压为 500V。剥线钳的钳口有 0.5mm～3mm 多个不同孔径的刃口，使用时，根据需要定出剥去绝缘层的长度，按导线芯线的直径大小，将其放入剥线钳相应的刃口。所选的刃口应比芯线直径稍大，用力一握钳柄，导线的绝缘层即被割断，同时自动弹出。剥线钳的外形如图 1-7（c）所示。

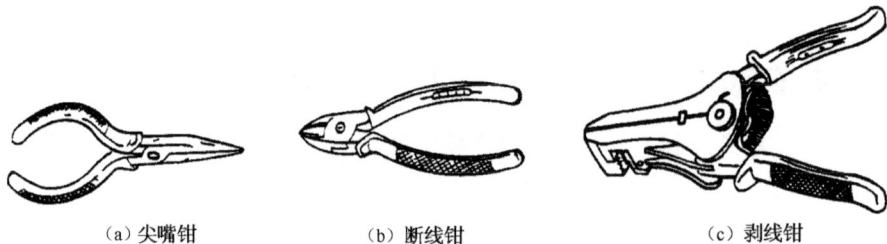

(a) 尖嘴钳　　　　　　　(b) 断线钳　　　　　　　(c) 剥线钳

图 1-7　尖嘴钳、斜口钳和剥线钳

维修电工使用钳子进行带电操作之前，必须检查绝缘把套的绝缘是否良好，以防绝缘损坏，发生触电事故。

1.1.4　电工用凿

电工用凿主要是用来在建筑物上打孔，以便下输线管或安装架线木桩。按用途不同，有麻线凿、小扁凿、大扁凿和长凿等几种，如图 1-8 所示。

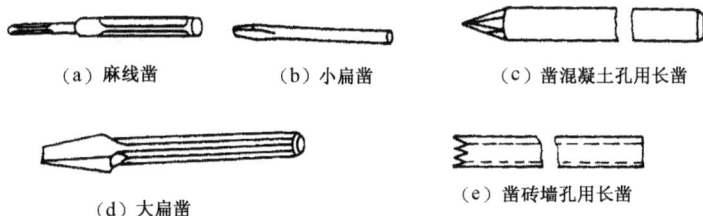

（a）麻线凿　　　　（b）小扁凿　　　　　　（c）凿混凝土孔用长凿

（d）大扁凿　　　　　　　　　（e）凿砖墙孔用长凿

图 1-8　电工用凿

1．麻线凿

麻线凿也称圆榫凿，用来凿制混凝土建筑物的安装孔。电工常用的麻线凿有 16 号和 18 号两种，16 号的可凿直径为 8mm 的孔洞；18 号可凿直径为 6mm 的孔洞。

2．小扁凿

小扁凿用来凿制砖结构建筑物的安装孔。电工常用的小扁凿，其凿口宽度多为 12mm。

3．大扁凿

大扁凿主要用于在砖结构建筑物上凿较大的安装孔，如角钢支架、吊挂螺栓等较大的预埋件孔。

4．长凿

长凿主要是用于较厚墙壁凿孔的。用于混凝土结构的长凿多为实心中碳圆钢制成；用于砖结构的长凿由无缝钢管制成。长凿直径有 19mm、25mm 和 30mm 三种规格；长度有 300mm、400mm 和 500mm 等多种。

1.1.5　凿孔安装机械

1．冲击电钻

冲击电钻简称冲击钻。它具有两种功能：当调节开关置于"钻"的位置时，可以作为普通电钻使用；当调节开头置于"锤"的位置时，它具有冲击锤的作用，用来在砖结构或混凝土结构建筑物上冲打安装孔。

冲击钻的外形如图 1-9 所示。一般的冲击钻都装有辅助手柄，所钻安装孔的直径通常在 20mm 以下，有的冲击钻还可调节转速。使用冲击钻时，选择功能或调节转速时，必须在断电状态下进行。冲击钻电源线为安全性能好的二芯软线，使用时不要求戴橡皮手套或穿电工绝缘鞋，但要定期检查电源线、电机绕组与机壳间的绝缘电阻值等以保证安全。在混凝土、砖结构建筑物打孔时要安装镶有硬质合金的冲击钻头。

2．电锤

电锤是一种具有旋转、冲击复合运动机构的电动工具，如图 1-10 所示。

与冲击钻相比，电锤的功能多，可用来在混凝土、砖石结构建筑物上钻孔、凿眼、开槽等；电锤冲击力比冲击钻大，工效高，不仅能垂直向下钻孔，而且能向其他方向钻孔。常用电锤型号为 ZIC，钻头直径有 16mm、22mm、30mm 等规格。使用电锤时，握住两个手柄，垂直向下钻孔，无须用力；向其他方向钻孔也不能用力过大，稍加使劲就可以。电锤工作时进行高速复合运动，要保证内部活塞和活塞转套之间良好润滑，通常每工作 4h 需注入润滑油，以确保电锤可靠地工作。

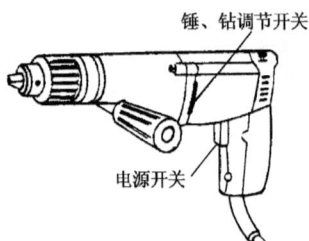

图 1-9　冲击电钻　　　　　　　　　　　图 1-10　电锤

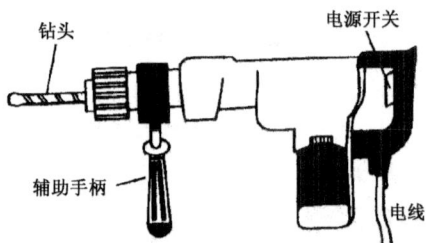

3．射钉枪

射钉枪又称射钉器，它是利用枪管内弹药爆炸所产生的高压推力，将特殊的螺钉——射钉射入钢板、混凝土和砖墙内，以安装或固定各种电气设备、电工器材。它可以代替凿孔、预埋螺钉等手工劳动，提高工作效率和工程质量，降低成本，是一种先进的安装工具。射钉枪的种类很多，结构大致相同，如图 1-11 所示为其结构示意图。整个枪体由前、后枪身组成，中间可以扳折，扳折后前枪身露出弹膛，用来装、退射钉。为使用安全和减少噪音，设置了防护罩和消音装置。根据射入构件材料的不同，可选择使用不同规格的射钉。使用射钉枪时要特别注意安全，枪管内不可有杂物，装弹后若暂时不用，必须及时退出，不许拿下前护罩操作，枪管前方严禁有人。

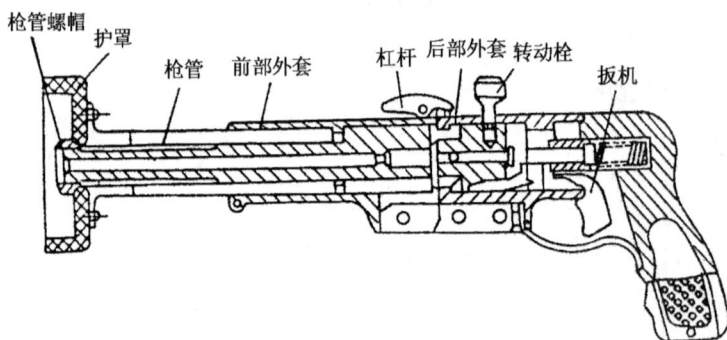

图 1-11　射钉枪结构图

1.1.6　焊接工具

1．电烙铁

维修电工在安装和维修过程中常常通过锡焊方法进行焊接，即利用受热熔化的焊锡，对铜、铜合金、钢和镀锌薄钢板等材料进行焊接。电烙铁是锡焊的主要工具，它由手柄、电热元件和铜头组成。铜头的受热方式有内热式和外热式两种，其中内热式电烙铁的热利用率高。如图 1-12 所示为外热式和内热式电烙铁。

　　电烙铁的规格是以消耗的电功率来表示的，通常在 20～300W 之间。应根据焊接对象选择适当功率的电烙铁：在装修电子控制线路时，焊接对象为电子元器件，一般选用 20～40W 电烙铁；在焊接较粗多股铜芯绝缘线接头时，根据铜芯直径的大小，选用 75～150W 电烙铁；对面积较大工件进行搪锡处理时要选用功率为 300W 的电烙铁。锡焊所用的材料是焊锡和焊剂。焊锡是由锡、铅和锑等元素所组成的低熔点合金，熔点在 185～260℃ 之间。为了便于使用，焊锡常制成条状和盘丝状。电烙铁将热量传给焊锡，熔化的焊锡与被焊部件相连，冷却后被焊部件通过焊锡连在一起。焊剂具有抑制焊接件表面氧化的作用，是锡焊过程中不可缺少的辅助材料。

　　（1）松香液：是由天然松香溶解在酒精中形成的液体，对被焊接件无腐蚀作用，适合在印刷电路板上焊接电子元器件或铜焊件。

　　（2）焊锡膏：用氯化锌、树脂和脂肪类材料合成的膏剂，适用于对绝缘及防腐要求不高的焊件。

　　（3）氯化锌溶液：把适量的锌放在盐酸中，经化学反应后得到的液体，适用于薄钢板的焊接。

2．喷灯

　　喷灯是一种利用喷射火焰对工件进行加热的工具。锡焊时喷灯用于对烙铁和工件的加热、大面积铜导线的搪锡以及其他焊接表面防氧化镀锡等。喷灯的构造如图 1-13 所示。按使用燃料的不同，分煤油喷灯（MD）和汽油喷灯（QD）两种。使用方法如下：

　　（1）检查。使用喷灯前应仔细检查油桶是否漏油，喷嘴是否畅通，丝扣处是否漏气等。

　　（2）加油。经检查正常后，旋下加油螺塞，按喷灯所要求的燃料，注入煤油或汽油。一般加油量不超过油桶的 3/4，注油后拧紧螺塞。

　　（3）预热。加油后进行预热，即在点火碗内倒入汽油，点火将喷嘴加热，使燃料气化。

　　（4）喷火。经预热后调节进油阀，点燃喷火。用手动泵打气，喷灯正常工作。

　　（5）熄火。熄灭喷灯应先关闭进油阀，直到火焰熄灭，再慢慢旋松加油螺塞，放出油桶内的压缩空气。

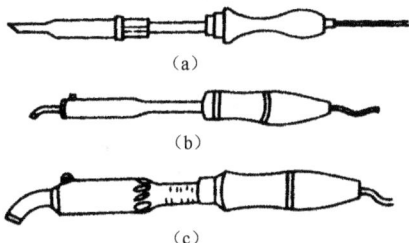

图 1-12　电烙铁

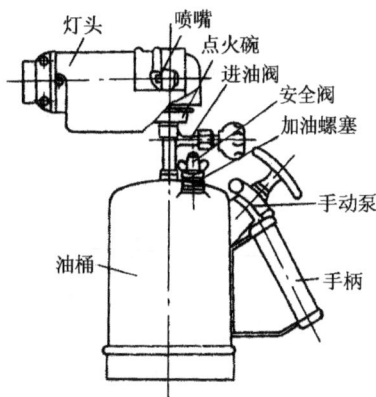

图 1-13　喷灯

　　使用喷灯时一定要注意安全，不得在煤油喷灯内注入汽油；在加汽油时周围不得有火；打气压力不可过高，喷灯能正常喷火即可；喷灯喷火时喷嘴前严禁站人；喷灯的加油、放油和修理等工作应在喷灯熄灭后进行。

1.1.7 钳工工具

维修电工在电气设备安装和维修过程中，还经常使用钳工工具，对所用的材料和零部件进行加工。常用的钳工工具有以下几种。

1. 手钢锯

手钢锯又称手锯，是一种锯割工具，用它来对金属或非金属原材料及工件进行分割处理。手锯由锯弓和锯条两部分组成，如图 1-14 所示。锯弓的作用是绷紧锯条，它分固定式和可调式两种，常见的多为可调式手锯。锯条是一种有锯齿的薄钢条，根据锯齿牙距的大小，分粗齿、中齿和细齿三种；其长度有 200mm、250mm、300mm 三种规格，其中 300mm 的锯条最多。使用时应根据所锯材料正确选择锯条。通常，锯割材料较软或锯缝较长时，应选用粗齿锯条；锯割材料硬或为薄板料、管料，应选用细齿锯条。安装锯条时锯齿的齿尖要向前，锯条的绷紧程度要适当。锯条拉得太紧，容易崩断；锯条太松，也会因弯曲造成折断，且锯缝歪斜。锯割时拉送速度不要过快，压力不要过大，应有节奏地进行。

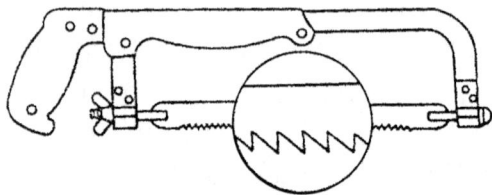

图 1-14   手钢锯

2. 錾削工具

錾削工具用来对金属工件进行切削加工，主要是清除金属表面的凸缘、毛刺和分割材料等。錾削工具包括錾子和手锤，如图 1-15 所示。

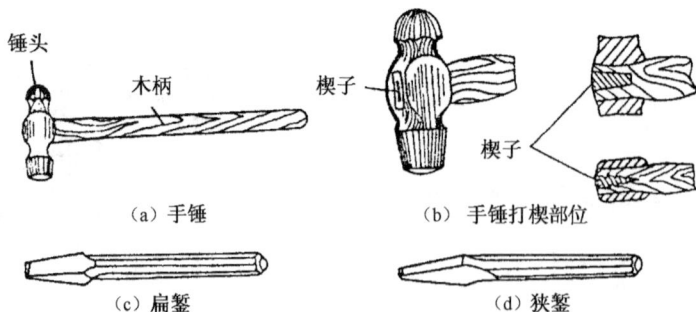

(a) 手锤   (b) 手锤打楔部位

(c) 扁錾   (d) 狭錾

图 1-15   錾削工具

（1）錾子又称凿子，是錾削的切削工具。它是用工具钢锻打成型后进行刃磨，经淬火和回火处理而制成的，具有合理的几何形状和较高的硬度。常用錾子有扁錾和狭錾两种。

扁錾又称阔錾，切削刃较宽，略呈圆弧状，用来切除金属材料的凸缘、毛刺和飞边，也可进行小平面的粗加工，应用广泛。

狭錾切削刃狭窄，主要用来分割曲线形状的板料。

（2）手锤又称榔头，是钳工常用的敲击工具，如图 1-15 所示，它由锤头和木柄两部分组成。锤头用碳素工具钢作材料，经淬硬处理制成。木柄选用较坚硬的木材制作，长度在 300mm～350mm 之间。

🐝 注意

工作前应认真检查锤头是否装牢，如有松动或木柄损坏，要及时加固或更换；錾子要经常刃磨，保持切削刃锋利；錾子头部出现毛刺和飞边，要及时磨去，避免锤击时飞溅伤人；挥锤时要注意身后，以防伤人。

3. 锉刀

锉刀是对工件进行锉削加工的工具，通常在工件完成錾削、锯割处理后，再用锉刀进行锉削加工，使工件达到图纸要求的尺寸、形状和表面光洁度。

锉刀的工作面有齿纹，齿纹有单齿纹和双齿纹两种。单齿纹锉刀，锉削阻力较大，适用于加工软金属材料。双齿纹锉刀的齿纹是两个方向交叉排列的，锉屑呈碎粒状，适用于锉削硬脆金属材料。不同锉刀的齿纹间距不同，齿距大的适用于粗加工；齿距小的适用精加工。锉刀的规格是以齿纹间距和锉刀长度来表示的。通常把锉刀分为三类，使用时按用途来选择。

（1）普通锉：应用最广泛的锉刀，按其断面形状分为平锉、方锉、三角锉和圆锉等多种。普通锉的断面形状如图 1-16（a）所示。

（2）特种锉：它是加工具有特殊形状表面的工件用的，其断面形状与加工件表面的形状相适应。

（3）什锦锉：又称整形锉，主要是用来修整工件精细的部位。什锦锉的长度在 120mm～180mm 之间，每组由 5 件、6 件、8 件、10 件或 12 件各种形式的锉刀所组成。可根据不同的场合，选用适当规格的什锦锉。什锦锉的外形与断面如图 1-16（b）所示。

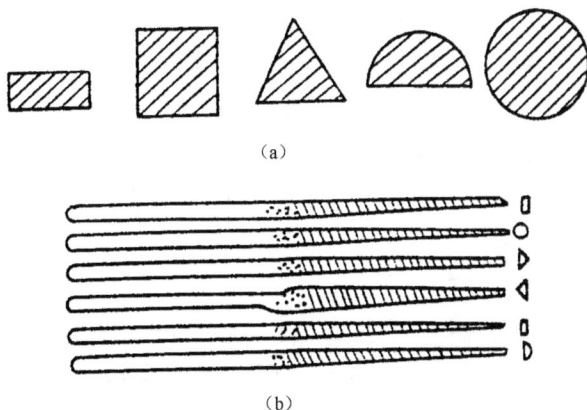

（a）

（b）

图 1-16　普通锉、整形锉的断面

4. 台虎钳

台虎钳又称虎钳或台钳，是常用的夹持工具，用于配合锯割、锉削等工作，是维修电工常用工具。台虎钳分固定式和回转式两种，如图 1-17 所示。其规格以钳口宽度来表示，常用的有 100mm、125mm 和 150mm 等多种。台虎钳安装在工作台上，应使钳身的工作面位于工作台之外，工作台高度一般为 800～900mm。

🐝 **注意**

台虎钳必须牢固地固定在工作台上，活动部分要经常加油保持润滑；夹持工件不可过大、过长，否则需支架支持；不可用钢管接长摇柄，或用手锤敲击摇柄来加大夹持力。

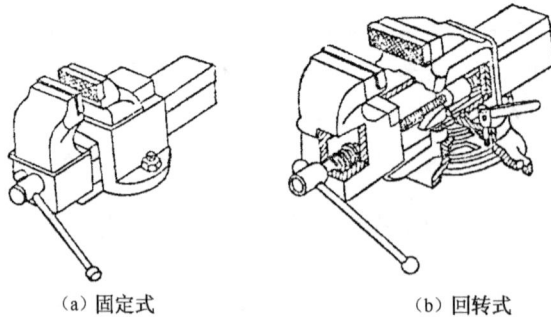

（a）固定式　　　　　　　　　（b）回转式

图 1-17　台虎钳

5. 电钻

电钻是钳工在部件上钻孔的工具，也是维修电工常用的工具。电钻分台钻和手电钻两种，钻孔的部件多为金属材料制成。

（1）台钻是一种小型钻床，通常安装在工作台上，适合对容易搬动的部件进行钻孔，孔径一般在 12mm 以内。台钻设有调节开关，分三挡转速，变速时要先停车。钻孔时钻床主轴应作顺时针方向转动。使用台钻钻孔，台钻和加工部件都处于稳定状态，因此钻孔的位置准确，孔形标准。台钻外形如图 1-18（a）所示。

（2）手电钻是一种手持方式工作的电钻，常用的是手枪式电钻。它的体积小，钻头最大直径有 6mm、10mm 和 13mm 三种规格，使用电源为 220V，也有 36V 的。

手电钻的特点是灵活方便，不受地点限制，主要用于固定设施或台钻不易加工的位置进行钻孔。手电钻由操作者直接手持钻孔，应特别注意安全。使用前要检查外壳接地是否可靠，通电后要检查外壳是否带电，在带电现场操作应戴橡皮手套或穿电工鞋。在潮湿的环境中应采用 36V 低压手电钻，以防触电。手电钻外形如图 1-18（b）和（c）所示。

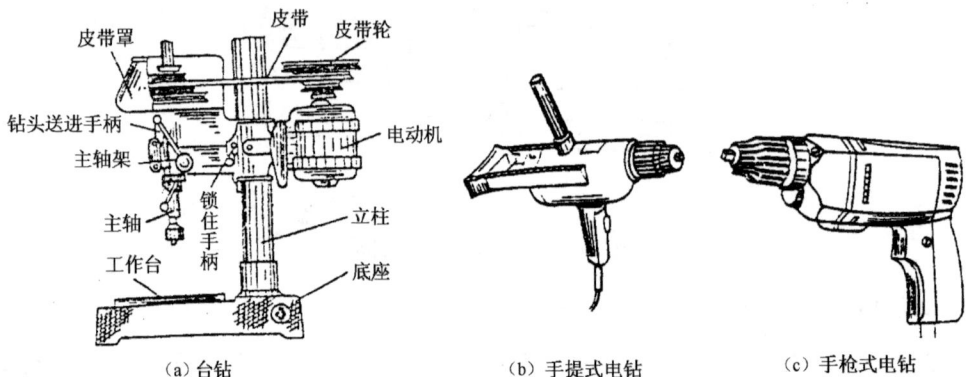

（a）台钻　　　　　　　　（b）手提式电钻　　　　　　　（c）手枪式电钻

图 1-18　电钻

1.2 常用绝缘材料

绝缘材料又称电介质，其电阻率大于 $10^7 \Omega \cdot m$（某种材料制成的长度为 1m、横截面积为 $1mm^2$ 的导线的电阻，叫做这种材料的电阻率）。它在外加电压的作用下，只有微小的电流通过，这就是通常所说的不导电物质。绝缘材料的主要功能是能将带电体与不带电体相隔离，将不同电位的导体相隔离，以确保电流的流向或人身的安全。在某些场合，还起支撑、固定、灭弧、防晕、防潮等作用。

绝缘材料种类繁多，按其形态可分为气体绝缘材料、液体绝缘材料和固体绝缘材料三大类。维修电工常见的主要是固体绝缘材料。

按绝缘材料的化学性质可分为有机绝缘材料、无机绝缘材料和混合绝缘材料。有机绝缘材料主要有橡胶、树脂、麻、丝、漆、塑料等，有较好的机械强度和耐热性能。无机绝缘材料主要有云母、石棉、大理石、电瓷、玻璃等，其耐热性能和机械强度都优于有机绝缘材料。混合绝缘材料是由无机绝缘材料和有机绝缘材料经加工后制成的各种成型绝缘材料，常用做电器的底座、外壳等。

1.2.1 绝缘材料的基本性能

绝缘材料的品质在很大程度上决定了电工产品和电气工程的质量及使用寿命，而其品质的优劣与它的物理、化学、机械和电气等基本性能有关，这里仅就其中的耐热性、绝缘强度、机械性能作一简要的介绍。

1. 耐热性

耐热性是指绝缘材料承受高温而不改变介电、机械、理化等特性的能力。通常，电气设备的绝缘材料长期在热态下工作，其耐热性是决定绝缘性能的主要因素。

绝缘材料在高温环境工作，其性能往往在短时间内显著恶化，如温升使绝缘材料软化，使绝缘塑料因增塑剂挥发而变硬变脆等。绝缘材料在长时间的使用过程中，会发生物理变化和化学变化，使电气性能和机械性能变坏，这就是通常所说的老化。影响绝缘材料老化的原因很多，热是主要因素，温度过高会加速绝缘材料的老化过程。因此对各种绝缘材料都规定了使用时的极限温度，并将绝缘材料按其正常运行条件下允许的最高工作温度，分成七个耐热等级，如表 1-1 所示。

表 1-1 绝缘材料的耐热等级

级 别	绝 缘 材 料	极限工作温度（℃）
Y	木材、棉花、纸、纤维等天然的纺织品，以醋酸纤维和聚酰胺为基础的纺织品，以及易于热分解和熔化点较低的塑料（脲醛树脂）	90
A	工作于矿物油中的和用油或油树脂复合胶浸过的 Y 级材料，漆包线、漆布、漆丝的绝缘及油性漆、沥青漆等	105
E	聚酯薄膜和 A 级材料复合、玻璃布、油性树脂漆、聚乙烯醇缩醛高强度漆包线、乙酸乙烯耐热漆包线	120

续表

级　　别	绝　缘　材　料	极限工作温度（℃）
B	聚酯薄膜、经合适树脂粘合式浸渍涂覆的云母、玻璃纤维、石棉等，聚酯漆包线	130
F	以有机纤维材料补强和石棉带补强的云母片制品，玻璃丝和石棉，玻璃漆布，以玻璃丝布和石棉纤维为基础的层压制品，以无机材料作补强和石棉带补强的云母粉制品，化学热稳定性较好的聚酯和醇酸类材料，复合硅有机聚酯漆	155
H	无补强或以无机材料为补强的云母制品、加厚的 F 级材料、复合云母、有机硅云母制品、硅有机漆、硅有机橡胶聚酰亚胺复合玻璃布、复合薄膜、聚酰亚胺漆等	180
C	不采用任何有机粘合剂及浸渍剂的无机物，如石英、石棉、云母、玻璃和电瓷材料等	180 以上

2．绝缘强度

绝缘材料在高于某一极限数值的电压作用下，通过电介质的电流将会突然增加，这时绝缘材料被破坏而失去了绝缘性能，这种现象称为电介质的击穿。电介质发生击穿时的电压称为击穿电压。单位厚度的电介质被击穿时的电压称为绝缘强度，也称击穿强度，单位为 kV/mm。

需要指出，固体绝缘材料一旦被击穿，其分子结构发生改变，即使取消外加电压，它的绝缘性能也不能恢复到原来的状态。

常用绝缘材料的绝缘强度如表 1-2 所示。

3．机械性能

绝缘材料的机械性能也有多种指标，其中主要一项是抗张强度，它表示绝缘材料承受力的能力。常用绝缘材料的抗张强度如表 1-2 所示。

表 1-2　常用绝缘材料的主要性能

材　料　名　称	绝缘强度（kV/mm）	抗张强度（kg/cm²）	材　料　名　称	绝缘强度（kV/mm）	抗张强度（kg/cm²）
瓷	8～25	180～240	纸	5～7	520（经），245（纬）
玻璃	5～10	140	软橡胶	10～24	70～140
云母	15～78	—	硬橡胶	20～38	250～680
石棉	5～53	520（经）	绝缘布	10～54	135～290
棉纱	3～5	—	纤维板	5～10	560～1050
纸板	8～13	350～700（经）270～550（纬）	干木材	0.8	485～750
			矿物油	25～57	—
电木	10～30	350～770			

1.2.2　绝缘纤维制品

常用的绝缘纤维制品由植物纤维、无碱玻璃纤维和合成纤维制成，包括的品种有绝缘纸和绝缘纸板、玻璃纤维制品、浸渍纤维制品、绝缘层压板等，是绝缘材料的一大类。其中维修电工常用的有绝缘纸（板）和浸渍纤维制品。

1. 绝缘纸（板）

绝缘纸分植物纤维纸和合成纤维纸两类。植物纤维纸由未漂白的硫酸盐木浆经抄纸而成，主要品种有电缆纸、电话纸、电容器纸、卷缠纸和浸渍纸等。合成纤维纸由合成纤维抄纸而成，主要品种有聚酯纤维纸、耐高温纤维纸等。

2. 浸渍纤维制品

浸渍纤维制品以绝缘纤维材料为底材，浸以绝缘漆制成。经过浸漆，漆填充了纤维材料的毛孔和空隙，并在制品表面形成一层光滑的漆膜，与原纤维材料相比，浸渍纤维制品的机械强度、电气性能、耐潮性能、耐热等级都有显著提高。常用的浸渍纤维制品有漆布和漆管。

（1）漆布。漆布按其底材分为棉漆布、漆绸、玻璃漆布和玻璃纤维—合成交织漆布等几类，分别由相应的底材浸以不同的绝缘漆制成。它主要用做电机、电器的衬垫和线圈的绝缘。常用的是 2432 醇酸玻璃漆布，具有良好的电气性能和耐热性、防霉性。

使用漆布时，要包绕严密，不可出现皱折和气囊，不能出现机械损伤，以免影响其电气性能。当漆布与浸渍漆相接触时，应注意两者的相溶性。

（2）漆管。绝缘漆管是由棉、涤纶、玻璃纤维管浸以不同的绝缘漆制成，其耐热、耐油及柔软性能均取决于所用底材和浸渍漆。它主要用做电机、电器的引出线或连接线的绝缘套管。常用的是 2730 醇酸玻璃漆管，通常称黄腊管，具有良好的电气性能和机械性能，耐油、耐热、耐潮性好。

1.2.3 电工用塑料、橡胶和绝缘薄膜

1. 电工用塑料

塑料是由合成树脂或天然树脂、填充剂、增塑剂和添加剂等配合而成的高分子绝缘材料。它有密度小、机械强度高、介电性能好、耐热、耐腐蚀、易加工等优点，在一定的温度压力下可以加工成各种规格、形状的电工设备绝缘零件，是主要的导线绝缘和护层材料。

根据所用树脂类型，塑料可分为热固性塑料和热塑性塑料两类。

（1）热固性塑料：热固性塑料在热压成型后，成为不熔不溶的固化物，热固性塑料只能塑制一次。

常用热固性塑料有酚醛塑料、酚醛玻璃纤维塑料、脲醛塑料等。

（2）热塑性塑料：热塑性塑料在热压或热挤出成型后，仍具有可溶可熔性，可反复多次成型。常用热塑性塑料如下：

① 苯乙烯—丁二烯—丙烯腈共聚物（ABS）。这就是常用的 ABS 塑料，它由苯乙烯、丁二烯和丙烯腈共聚而成。呈象牙色不透明体，有良好的综合性能，主要用于制作各种仪表和电动工具的外壳、支架、接线板等。

② 1010 聚酰胺。俗称尼龙，由癸二酸与癸二胺聚缩而成，呈白色的半透明体，在常温下具有较高的机械强度，良好的冲击韧性、耐磨性、自润滑性和较好的电气性能，主要用来制作插座、线圈骨架、接线板以及机械零部件等，也常用来作绝缘护套、导线绝缘护层等。

③ 聚苯乙烯（PS）。由苯乙烯聚合而成，是无色透明体，有优良的电气性能，主要用做各种仪表外壳、开关按钮、线圈骨架、绝缘垫圈、绝缘套管等。

④ 聚甲基丙烯酸甲脂（PMMA）。PMMA 由甲基丙烯酸甲脂单体聚合而成，俗称有机玻

璃。它是可透光的无色透明体，其电气性能优良，适于制作仪表零件、绝缘零件、接线柱及读数透镜等。

⑤ 聚氯乙烯（PVC）。聚氯乙烯是由氯乙烯聚合而得到的柔软塑料，具有优良的电气性能，主要用做电线电缆的绝缘和护层，用做绝缘时耐压等级为 10kV。PVC 按耐温条件分别为 65℃、80℃、90℃、105℃四种，护层级耐温 65℃。

⑥ 聚乙烯（PE）。聚乙烯具有优良的电气性能，主要用做通信电缆、电力电缆的绝缘和护层材料。

2．电工用橡胶

橡胶分天然橡胶和人工合成橡胶。

（1）天然橡胶：天然橡胶由橡胶树分泌的浆液制成，主要成分是聚异戊二烯，其抗张强度、抗撕性和回弹性一般比合成橡胶好，但不耐热，易老化，不耐臭氧，不耐油和不耐有机溶剂，且易燃。天然橡胶适合制作柔软性、弯曲性和弹性要求较高的电线电缆绝缘和护套，长期使用温度为 60～65℃，耐电压等级可达 6kV。

（2）合成橡胶：合成橡胶是碳氢化合物的合成物，主要用做电线电缆的绝缘和护套材料。

3．绝缘薄膜

绝缘薄膜是由若干高分子聚合物，通过拉伸、流涎、浸涂、车削辗压和吹塑等方法制成。选择不同材料和方法可以制成不同特性和用途的绝缘薄膜。电工用绝缘薄膜厚度在 0.006mm～0.5mm 之间，具有柔软、耐潮、电气性能和机械性能好的特点，主要用做电机、电器线圈和电线电缆的绝缘以及电容器介质。

1.2.4　绝缘粘带

电工用绝缘粘带有三类：织物粘带、薄膜粘带和无底材粘带。

织物粘带是以无碱玻璃布或棉布为底材，涂以胶粘剂，再经烘焙、切带而成。薄膜粘带是在薄膜的一面或两面涂以胶粘剂，再经烘焙、切带而成。无底材粘带是由硅橡胶或丁基橡胶和填料、硫化剂等经混炼、挤压而成。绝缘粘带多用于导线、线圈作绝缘，其特点是在缠绕后自行粘牢，使用方便，但应注意保持粘面清洁。

常用绝缘粘带有黑胶布、聚氯乙烯胶带和涤纶胶带。

图 1-19　黑胶布

（1）黑胶布：又称绝缘胶布带、黑包布、布绝缘胶带，是电工用途最广，用量最多的绝缘粘带。黑胶布是在棉布上刮胶、卷切而成的。胶浆由天然橡胶、炭黑、松香、松节油、重质碳酸钙、沥青及工业汽油等制成，有较好的粘着性和绝缘性能。它适用于交流电压 380V 以下（含 380V）的电线、电缆作包扎绝缘，在−10～+40℃环境范围使用。使用时，不必借用工具即可撕断，操作方便。外形如图 1-19 所示。

黑胶布主要技术性能如下：

绝缘强度在交流 50Hz、1000V 电压下持续 1min 而不击穿；不含有对铜、铝导线起腐蚀作用的有害物质，如果使铜线芯变成蓝黑色、铝芯附有白色粉末物质，则说明该黑胶布有质量问题，不应使用。

黑胶布的宽度有 10mm、15mm、20mm、25mm、50mm 五种规格，常用的是 20mm 的黑胶布。

（2）聚氯乙烯胶带：这是常说的塑料绝缘胶带，它是在聚氯乙烯薄膜上涂敷胶浆卷切而成的，其外形与黑胶布类同。塑料绝缘胶带绝缘性能、粘着力及防水性均比黑胶布好，并且具有多种颜色，它可代替黑胶布。除了包扎电线电缆外，还可用于密封保护层。但使用时不易用手撕断，需用电工刀或剪刀切割。

（3）涤纶胶带：是在涤纶薄膜上涂敷胶浆卷切而成的。其基材薄、强度高而透明，防水性更好，化学稳定性优良。涤纶胶带的用途比塑料绝缘胶带广泛，除可包扎电线电缆外，常用来作密封保护层及胶扎物件。使用时需用剪刀或刀片划痕，然后撕断。

1.3　常用导电材料

导电材料是相对绝缘材料而言的，能够通过电流的物体称为导电材料，其电阻率与绝缘材料相比大大降低，一般都在 $0.1\Omega \cdot m$ 以下。导电材料的主要用途是输送和传递电流。

导电材料分为一般导电材料和特殊导电材料。一般导电材料又称良导体材料，是专门传送电流的金属材料。要求其电阻率小、导热性优、线胀系数小、抗拉强度适中、耐腐蚀、不易氧化等。常用的良导体材料主要有铜、铝、铁、钨、锡、铅等，其中铜和铝是优良的导电材料，主要用于制造电线电缆。

电线电缆的品种很多，按照性能、结构、制造工艺及使用特点分为以下五类：裸导线、电磁线、电气设备用电线电缆、电力电缆、通信电线电缆。一般电工常用的是前四类。在产品型号中，铜的标志是 T，铝的标志是 L，有时铜的标志 T 可以省略，在产品型号中没有标明 T 或 L 的就是表示铜。

1.3.1　裸导线

裸导线是指没有绝缘层的导线，裸导线分裸单线（单股导线）和裸绞线（多股绞合线）两种。裸单线按其截面形状分为圆形截面的圆形裸单线或称圆单线和非圆形截面的裸单线。常用的圆形裸单线有铜质和铝质两种，一般用做电线电缆的线芯。

将多根圆单线绞合在一起的绞合线称为裸绞线。裸绞线比较柔软并具有一定的机械强度，主要用做架空线。其表示方法是将股数和直径写在一起，如 7×2.11 表示用 7 股直径为 2.11mm 的圆单线绞合而成。

1.3.2　电磁线

电磁线是一种在金属线材上覆盖绝缘层的导线，广泛用来绕制电机、变压器、电器设备的绕组或线圈。其材质有铜线或铝线，外形有圆形或扁形。按绝缘特点和用途分为漆包线、绕包线和特种电磁线等。

1. 电磁线型号的含义

电磁线型号的含义为：

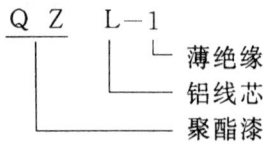

```
Q Z L-1                          S B E C B
      └─ 薄绝缘                          └─ 扁线
    └── 铝线芯                        └── 醇酸浸渍
  └──── 聚酯漆                      └──── 双层
                                  └────── 玻璃丝

  聚酯漆包铝线第一型                双玻璃丝包扁铜线
```

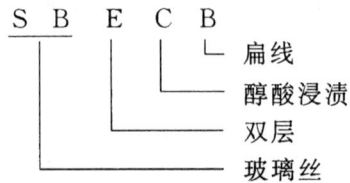

2. 漆包线

漆包线是电磁线的一种，由铜材或铝材制成，其外涂有绝缘漆作为绝缘保护层。漆包线特别是漆包铜线，漆膜均匀、光滑柔软，有利于线圈的自动绕制，广泛用于中小型电工产品中。

漆包线也有很多种，按漆膜及作用特点可分为普通漆包线、耐高温漆包线、自粘漆包线、特种漆包线等，其中普通漆包线是一般电工常用的品种，如 Q 型油性漆包线、QQ 型缩醛漆包线、QZ 型聚脂漆包线。

3. 绕包线

绕包线也是电磁线的一种，它是在漆包线或导线芯上用天然丝、玻璃丝、绝缘纸或合成薄膜等再绕包一层绝缘层而制成的，通常所说的纱包线、丝包线都属于绕包线。

1.3.3　电气设备用电线电缆

电气设备用电线电缆品种繁多，按用途可分为通用电线电缆和专用电线电缆两大类。由于使用条件和技术特性不同，电气设备用电线电缆的结构也不相同。结构简单的电线电缆由导电线芯和绝缘层构成，一般的电线电缆由导电线芯、绝缘层和护层构成，特殊的电线电缆还设有屏蔽层、加强芯、外护层等。

导电线芯由铜材或铝材制成，线芯的根数有单根和多根之分，股数最多的有几千根。

绝缘层的主要作用是电绝缘，对于没有护层的电线电缆还起机械保护的作用。绝缘层大都为橡胶和塑料材质，其耐热等级决定电线电缆的允许工作温度。

护层主要起机械保护作用，它对电线电缆的使用寿命有很大影响，大多数电线电缆采用橡胶和塑料作护层材料，也有使用玻璃丝编织成护层的。

通用电线电缆的品种多，应用广，是维修电工常用的电线电缆。根据其特性及导电线芯、绝缘层、护层的结构和材料的不同分为以下四个系列：B 系列橡皮塑料绝缘电线、R 系列橡皮塑料软线、Y 系列通用橡套电缆和 AV 系列安装用电线电缆。

1. 电气设备用电线电缆型号的含义

电气设备用电线电缆型号的表示方法和含义：

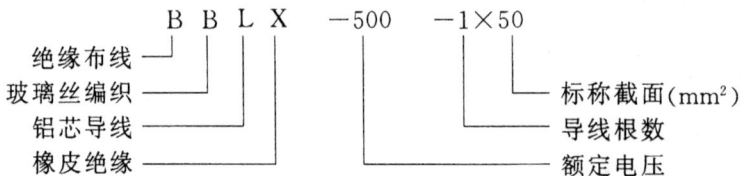

```
            B B L X     -500     -1×50
绝缘布线 ─┘ │ │ │                     └─ 标称截面(mm²)
玻璃丝编织 ─┘ │ │                   └──── 导线根数
铝芯导线 ───┘ │                 └────── 额定电压
橡皮绝缘 ─────┘
```

型号中的字母含义如表 1-3 所示。

表 1-3 电气设备用电线电缆型号中字母含义

分类代号或用途	绝 缘	护 套	派 生
A——安装线	Z——纸	V——聚氯乙烯	P——屏蔽
B——绝缘布线	V——聚氯乙烯	H——橡套	R——软
F——飞机用低压线	F——氟塑料	B——编织套	S——双绞
Y——一般工业移动电器用线	Y——聚乙烯	L——腊克	B——平行
K——控制电缆	X——橡皮	N——尼龙套	D——带形
T——天线	ST——天然丝	SK——尼龙丝	T——特种
HR——电话软线	SE——双丝包	VZ——阻燃聚氯乙烯	P1——缠绕屏蔽

2．B 系列橡皮塑料绝缘电线

B 表示绝缘布线用，该系列电线的特点是结构简单、重量轻、价格较低。它适用于各种动力配电和照明线路，并可用作大中型电气设备的安装线。B 系列绝缘电线交流工作电压为 500V，直流工作电压为 1000V。常用品种如表 1-4 所示。

表 1-4 常用 B 系列橡皮塑料绝缘电线

产品名称	型 号		长期最高工作温度（℃）	用 途
	铜 芯	铝 芯		
橡皮绝缘电线	BX[①]	BLX	65	固定敷设于室内（明敷、暗敷或穿管），也可用于室外，或作设备内部安装用线
氯丁橡皮绝缘电线	BXF[②]	BLXF	65	同 BX 型，耐气候性好，适用于室外
橡皮绝缘软电线	BXR		65	同 BX 型。仅用于安装时要求柔软的场合
橡皮绝缘和护套电线	BXHF[③]	BLXHF	65	同 BX 型。适用于较潮湿的场合和作室外进户线，可代替老产品铅包电线
聚氯乙烯绝缘电线	BV[④]	BLV	65	同 BX 型。但耐湿性和耐气候性较好
聚氯乙烯绝缘软电线	BVR		65	同 BV 型，仅用于安装时要求柔软的场合
聚氯乙烯绝缘和护套电线	BVV[⑤]	BLVV	65	同 BV 型。用于潮湿和机械防护要求较高的场合，可直埋土壤中
耐热聚氯乙烯绝缘电线	BV-105[⑥]	BLV-105	105	同 BV 型。用于 45℃ 以上高温环境中
耐热聚氯乙烯绝缘软电线	BVR-105		105	同 BVR 型。用于 45℃ 及以上高温环境中

① "X" 表示橡皮绝缘。

② "XF" 表示氯丁橡皮绝缘。

③ "HF" 表示非燃性橡套。

④ "V" 表示聚氯乙烯绝缘。

⑤ "VV" 表示聚氯乙烯绝缘和护套。

⑥ "105" 表示耐温 105℃。

3．R 系列橡皮塑料软线

R 表示软线，该系列软线的线芯是由多根细铜线绞合而成的，它除具备 B 系列绝缘线的特点外，其线体比较柔软。R 系列软线大量用做日用电器、仪器仪表的电源线，小型电气设备和仪器仪表内部的安装线，以及照明线路中的灯头线、灯管线。常用软线品种如表 1-5 所示。

表 1-5　常用 R 系列橡皮塑料软线

产品名称	型号	工作电压（V）	长期最高工作温度（℃）	用途及使用条件
聚氯乙烯绝缘软线	RV RVB① RVS②	交流 250 直流 500	65	供各种移动电器、仪表、电信设备、自动化装置接线用，也可用做内部安装线。安装时环境温度不低于-15℃
耐热聚氯乙烯绝缘软线	RV-105	交流 250 直流 500	105	同 RV 型。用于及 45℃ 以上高温环境中
聚氯乙烯绝缘和护套软线	RVV	交流 500 直流 1000	65	同 RV 型。用于潮湿和机械防护要求较高以及经常移动、弯曲的场合
丁腈聚氯乙烯复合物绝缘软线	RFB③ RFS	交流 250 直流 500	70	同 RVB、RVS 型。但低温柔软性较好
棉纱编织橡皮绝缘双绞软线 棉纱编织橡皮绝缘软线	RXS RX	交流 250 直流 500	65	室内日用电器、照明用电源线
棉纱编织橡皮绝缘平型软线	RXB	交流 250 直流 500	65	室内日用电器、照明用电源线

① "B"表示两芯平型。

② "S"表示两芯绞型。

③ "F"表示复合物绝缘。

4．Y 系列通用橡套电缆

Y 表示移动电缆，这一系列也称移动电缆。它是以硫化橡胶作为绝缘层，以非燃氯丁橡胶作为护套，具有抗砸、抗拉和能承受较大机械应力的特点。Y 系列电缆适用于在一般场合下作为各种电气设备、电动工具、仪器和照明电器等移动式电源线。根据其能承受机械外力的不同，分为轻、中、重三种类型，长期最高工作温度为 65℃。常用移动电缆的品种如表 1-6 所示。

表 1-6　常用 Y 系列通用橡套电缆

产品名称	型号	交流工作电压（V）	特点和用途
轻型橡套电缆	YQ②	250	轻型移动电气设备和日用电器电源线
	YQW③		同上。具有耐气候和一定的耐油性能
中型橡套电缆	YZ④	500	各种移动电气设备和农用机械电源线
	YZW		同上。具有耐气候和一定的耐油性能

产 品 名 称	型 号	交流工作电压（V）	特点和用途
重型橡套电缆	YC①	500	同 YZ 型。能承受较大的机械外力作用
	YCW		同上。具有耐气候和一定的耐油性能

① 表中产品均为铜导电线芯。

② "Q"表示轻型。

③ "W"表示户外型。

④ "Z"表示中型。

⑤ "C"表示重型。

5．AV 系列安装用电线电缆

安装用电线电缆包括很多种类，AV 系列安装用电线电缆和电器安装线是主要两类，电工常用的是 AV 系列的聚氯乙烯绝缘安装用电线。

聚氯乙烯绝缘安装用电线的型号、名称、适用范围和使用特性如表 1-7 所示。

表 1-7　AV 系列聚氯乙烯安装用电线型号、名称和适用范围

型 号	名 称	额定电压（V）	芯 数	标称截面（mm²）	适 用 范 围	使 用 特 性
AV	铜芯聚氯乙烯绝缘安装电线	300/300	1	0.03～0.4	适用于交流额定电压 U_0/U 为 300V/300V 及以下电器、仪表和电子设备及自动化装置作安装用电线	U_0/U 为 300V/300V。AV-105 型及 AVR-105 型应不超过 105℃，其他型号应不超过 70℃
AVR	铜芯聚氯乙烯绝缘安装软电线	300/300	1	0.035～0.4		
AVRB	铜芯聚氯乙烯绝缘平型安装软电线	300/300	2	0.12～0.2		
AVRS	铜芯聚氯乙烯绝缘绞型安装软电线	300/300	2	0.12～0.2		
			2	0.08～0.4		
AVVR	铜芯聚氯乙烯绝缘聚氯乙烯护套安装软电缆（电线）	300/300	3～24	0.12～0.4		
AV-105	铜芯耐热 105℃聚氯乙烯绝缘安装电线	300/300	1	0.03～0.4		
AVR-105	铜芯耐热 105℃聚氯乙烯绝缘安装软电线	300/300	1	0.035～0.4		

1.3.4　电力电缆

输配电用的电缆称为电力电缆。电力电缆输配电通常埋设于地下管道或沟道中，不需要大线路走廊，占地少；不受气候和环境影响，送电性能稳定；维护工作量小，安全性好。与架空输出线相比，造价高，输送容量受到限制。

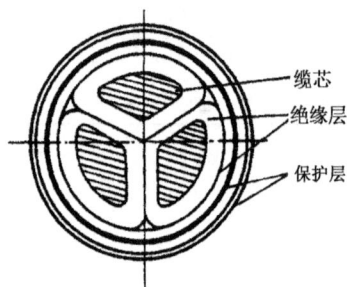

图1-20 电力电缆结构图

电力电缆由导电线芯、绝缘层和保护层三个主要部分构成，如图1-20所示。

导电线芯又称缆芯，通常采用高导电率的铜或铝制成，截面有圆形、半圆形、扇形等多种，均有统一的标称等级。线芯有单芯、双芯、三芯和四芯几种。单芯和双芯电缆一般用来输送直流电和单相交流电；三芯电缆用来输送三相交流电；四芯电缆用于中性点直接接地的三相四线制配电系统，中性线线芯截面较小。当线芯截面大于$25mm^2$时，通常采用多股导线绞合，经压紧成型，以便增加电缆的柔软性并使结构稳定。

绝缘层的主要作用是防止漏电和放电，将线芯与线芯、线芯与保护层互相绝缘和隔开。绝缘层通常采用纸、橡皮、塑料等材料，其中纸绝缘应用最广，它经过真空干燥再放到松香和矿物油混合的液体中浸渍以后，缠绕在电缆导电线芯上。对于双芯、三芯和四芯电缆，除每相线芯分别包有绝缘层外，在它们绞合后外面再用绝缘材料作统包绝缘。

电缆外面的保护层主要起机械保护作用，保护线芯和绝缘层不受损伤。保护层分内保护层和外保护层。内保护层保护绝缘层不受潮湿并防止电缆浸渍剂外流，常用铝或铅、塑料、橡胶等材料制成。外保护层保护绝缘层不受机械损伤和化学腐蚀，常用的有沥青麻护层、钢带铠等几种。

常用电力电缆按所用绝缘材料可分为纸绝缘、橡皮绝缘、聚氯乙烯塑料绝缘和交联聚乙烯绝缘电力电缆。

1.4 特殊导电材料

特殊导电材料是相对一般导电材料而言的，它不是以输送电流为目的，而是为实现某种转换或控制而接入电路中。

常见的特殊导电材料有电阻材料、电热材料、熔体材料和电碳制品等。

1.4.1 常用电阻材料

电阻材料是用于制造各种电阻元件的合金材料，又称为电阻合金。其基本特性是具有高的电阻率和很低的电阻温度系数。

常用的电阻合金有康铜丝、新康铜丝、锰铜丝和镍铬丝等。康铜丝以铜为主要成分，具有较高的电阻系数和较低的电阻温度系数，一般用于制作分流、限流、调整等电阻器和变阻器。新康铜丝是以铜、锰、铬、铁为主要成分，不含镍，是一种新电阻材料，性能与康铜丝相似。锰铜丝是以锰、铜为主要成分，具有电阻系数高、电阻温度系数低及电阻性能稳定等优点，通常用于制造精密仪器仪表的标准电阻、分流器及附加电阻等。镍铬丝以镍、铬为主要成分，电阻系数较高，除可用做电阻材料外，还是主要的电热材料，一般用于电阻式加热仪器及电炉。

1.4.2 常用电热材料

电热材料主要用于制造电热器具及电阻加热设备中的发热元件，作为电阻接入电路，将电能转换为热能。对电热材料的要求是电阻率要高，电阻温度系数要小，耐高温，在高温下抗氧化性好，便于加工成形等。常用电热材料主要有镍铬合金、铁铬铝合金及高熔点纯金属等。

1.4.3　常用熔体材料

熔体材料是一种保护性导电材料，作为熔断器的核心组成部分，具有过载保护和短路保护的功能。

熔体一般都做成丝状或片状，称为保险丝或保险片，统称为熔丝，是维修电工经常使用的电工材料。

1. 熔体的保护原理

接入电路的熔体，当正常电流通过时，它仅起导电作用。当发生过载或短路时，导致电流增加，由于电流的热效应，会使熔体的温度逐渐上升或急剧上升，当达到熔体的熔点温度时，熔体自动熔断，电路被切断，从而起到保护电气设备的作用。

2. 熔体材料的种类和特性

熔体材料包括纯金属材料和合金材料，按其熔点的高低，分为两类：一类是低熔点材料，如铅、锡、锌及其合金（有铅锡合金、铅锑合金等），一般在小电流情况下使用；另一类是高熔点材料，如铜、银等，一般在大电流情况下使用。

常用熔体材料的特性如下：

（1）银。具有高导电性、高导热性、耐腐蚀、延展性好的特点，可以加工成各种尺寸精确和外型复杂的熔体。银用做高质量要求的电力及通信设备上熔断器的熔体。

（2）锡和铅。熔断时间长，宜作小型电动机和普通照明电路保护用的慢速熔体。

（3）铜。熔断时间短，金属蒸气少，有利于灭弧，但熔断特性不稳定，只用做要求较低的熔体。

（4）钨。可作自复式熔断器的熔体。故障出现时切断电路起保护作用，故障消除后自动恢复接通，并可多次使用。

（5）铅合金熔体。铅合金熔体是最常见的熔体材料。如铅锑熔丝，含铅 98%以上、锑0.3%～1.3%；铅锡熔丝，含铅 95%、锡 5%或含铅 75%、锡 25%。在照明电路及其他一般场合使用。

（6）铋、铅、锡、镉、汞合金熔体。由以上五种材料按不同比例组合，可以得到低熔点的熔体材料，熔点范围在 20℃～200℃之间，对温度反映敏感，可用于保护电热设备。

铜熔丝的规格如表 1-8 所示。

表 1-8　铜熔丝的规格

直径（mm）	标称截面（mm²）	额定电流（A）	熔断电流（A）	直径（mm）	标称截面（mm²）	额定电流（A）	熔断电流（A）
0.234	0.043	4.7	9.4	0.70	0.385	25	50
0.254	0.061	5	10	0.80	0.5	29	58

续表

直径（mm）	标称截面（mm²）	额定电流（A）	熔断电流（A）	直径（mm）	标称截面（mm²）	额定电流（A）	熔断电流（A）
0.274	0.059	5.5	11	0.90	0.6	37	74
0.295	0.068	6.1	12.2	1.00	0.8	44	88
0.315	0.078	6.9	13.8	1.13	1.0	52	104
0.345	0.093	8	16	1.37	1.5	63	125
0.376	0.111	9.2	18.4	1.60	2	80	160
0.417	0.137	11	22	1.76	2.5	95	190
0.457	0.164	12.5	25	2.00	3	120	240
0.508	0.203	15	29.5	2.24	4	140	280
0.559	0.245	17	34	2.50	5	170	340
0.60	0.283	20	39	2.73	6	200	400

铅熔丝的规格如表 1-9 和表 1-10 所示。

表 1-9　铅熔丝的规格（铅≥98%、锑 0.3%～1.5%）

直径（mm）	标称截面（mm²）	额定电流（A）	熔断电流（A）	直径（mm）	标称截面（mm²）	额定电流（A）	熔断电流（A）
0.08	0.005	0.25	0.5	0.98	0.75	5	10
0.15	0.018	0.5	1.0	1.02	0.82	6	12
0.20	0.031	0.75	1.5	1.25	1.23	7.5	15
0.22	0.038	0.8	1.6	1.51	1.79	10	20
0.25	0.049	0.9	1.8	1.67	2.19	11	22
0.28	0.062	1	2	1.75	2.41	12	24
0.29	0.066	1.05	2.1	1.98	3.08	15	30
0.32	0.080	1.1	2.2	2.40	4.52	20	40
0.35	0.096	1.25	2.5	2.78	6.07	25	50
0.36	0.102	1.35	2.7	2.95	6.84	27.5	55
0.40	0.126	1.5	3	3.14	7.74	30	60
0.46	0.166	1.85	3.7	3.81	11.40	40	80
0.52	0.212	2	4	4.12	13.33	45	90
0.54	0.229	2.25	4.5	4.44	15.48	50	100
0.60	0.283	2.5	5	4.91	18.93	60	120
0.71	0.40	3	6	5.24	21.57	70	140
0.81	0.52	3.75	7.5				

表 1-10　铅熔丝的规格（铅 75%、锡 25%）

直径（mm）	近似类规线号	额定电流（A）	熔断电流（A）	直径（mm）	近似类规线号	额定电流（A）	熔断电流（A）
0.508	25	2	3.0	1.63	16	11	16.0
0.559	24	2.3	3.5	1.83	15	13	19.0
0.61	23	2.6	4.0	2.03	14	15	22.0
0.71	22	3.3	5.0	2.34	13	18	27.0
0.813	21	4.1	6.0	2.65	12	22	32.0
0.915	20	4.8	7.0	2.95	11	26	37.0
1.22	18	7	10.0	3.26	10	30	44.0

3．熔体的选用

熔体材料的选用要根据电器特点、负载电流大小、熔断器类型等多种因素确定。选用熔体的主要参数是熔体的额定电流，其原则是当电流超过电气设备正常值一定时间后，熔体应熔断；在电气设备正常运行和正常短时间过电流时，熔体不应熔断。通常按下面三种情况分别确定熔体的额定电流：

（1）对于输配电线路，熔体的额定电流应略小于或等于线路的计算电流值；

（2）对于变压器、电炉、照明和其他电阻性负载，熔体的额定电流值应稍大于实际负载电流值；

（3）对于电动机，应考虑启动电流的因素，熔体的额定电流值为电动机额定电流的 1.5～2.5 倍。

1.5　常用安装材料

电工常用安装材料有木制安装材料、塑料安装材料、金属安装材料和电瓷安装材料四类。

1.5.1　木制安装材料

木制安装材料主要有圆木、方木、槽板等，用于安装拉线开关、插座、电表等电器元件及用于敷设绝缘电线等。为了便于安装，木制安装材料选用松软、坚韧、不易开裂的松木、杉木等制成。

木制安装材料制作工艺简单，安装方便，并有一定的机械强度和电气绝缘性能。但由于木材紧缺和外观因素的影响，在很多场合被塑料安装材料所取代。

1．圆木

圆木又称木台或圆台，是安装灯座、开关、插座、灯具等电器底座用的木制安装器材，外形如图 1-21 所示。

圆木多用松木或杉木制成，里面下部车去一部分，形成凹状。按其外径大小分以下 10 种规格：75mm、100mm、125mm、150mm、175mm、200mm、225mm、250mm、275mm、

300mm。应用最多的是 75mm 圆木，用来安装白炽灯、荧光灯和插座等。

2. 方木

方木又称连木，其作用与圆木相同，用来安装灯座、开关、插座等电器，外形如图 1-22 所示。

方木的结构也与圆木相似，面板与挡条用胶粘接或用钉钉接而成凹状，以方便隐蔽接线头。材质多用松木或杉木。方木按安装开关或插座的数量分为：只装一只插座或开关的方木称为单连木；装两只的称为双连木；此外还有三连木、四连木，等等。另有一种可装一只吊线盒和一只拉线开关的专用方木，称为拉线方木，也叫人字木，如图 1-22（c）所示。

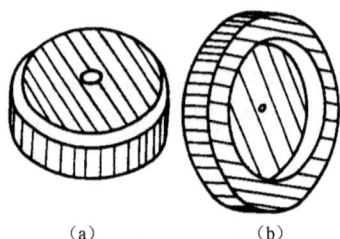

图 1-21　圆木

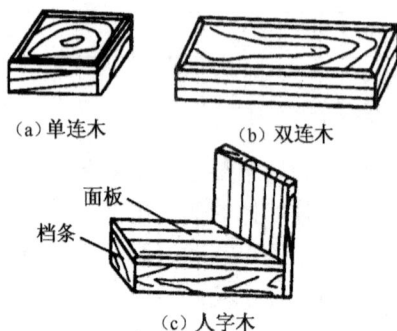

（a）单连木　　（b）双连木

面板

挡条

（c）人字木

图 1-22　方木

3. 槽板

槽板又称木槽板，用木材制成，用于室内布设电线用。槽板由盖板和底板两部分构成。盖板是一块较薄的板条，在相对底板的线槽部位，刻有线痕，作为标记；底板开有线槽，作布线之用。线槽有双线槽和三线槽之分，其外形和一般尺寸如图 1-23 所示，尺寸单位为 mm。

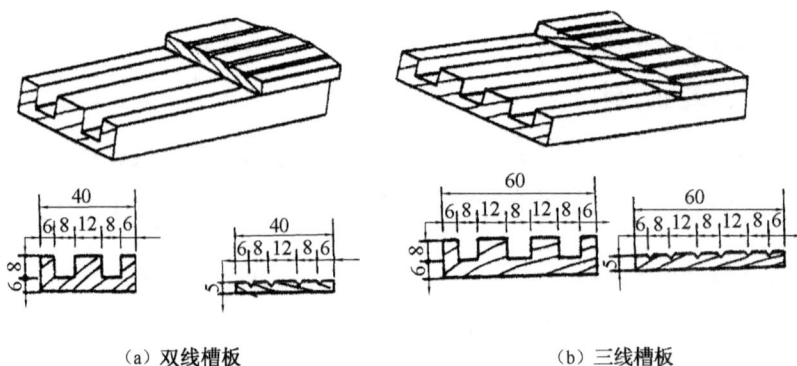

（a）双线槽板　　　　　　　　　（b）三线槽板

图 1-23　槽板

除此之外，木制安装材料还有电表板、熔丝盒子板、配电板等多种，统称为方板。方板也多用杉木或松木制作，规格有多种。

1.5.2　塑料安装材料

塑料安装材料是近几年发展起来的新的电气安装材料，它具有质量轻、强度高、阻燃性、耐酸碱、抗腐蚀能力强的优点，并具有优异的电气绝缘性能，尤为突出的是这类材料造型美观，色彩调和，非常适合室内布线要求。

塑料安装材料除可作普通室内安装布线器材，还适宜在潮湿或有酸、碱等物质的场合使用。

1．塑料安装座

塑料安装座是用来代替木制的圆台或方木，作为安装灯座、插座、开关等电器装置的，呈圆形的称塑料圆台，呈方形的称塑料方木，其外形如图 1-24 所示。

塑料安装座采用新型钙塑材料塑制，与木制的圆台、方木一样可以在上面钉钉子，可以切削，可以拧木螺丝钉，其绝缘性能和防水性能都优于木制的圆台和方木。安装座表面上有穿线孔四个，中央有木螺丝安装孔一个，并标有安装定位线。底壁四周还各有一条薄壁结构，可根据安装的需要削成穿线孔或槽板孔。

塑料圆台有 70mm 和 95mm 两种规格，塑料方木的规格是 70mm。

需要说明的是，塑料安装座不适宜用在高温及受强烈阳光照射的场合，否则容易老化，降低使用寿命。

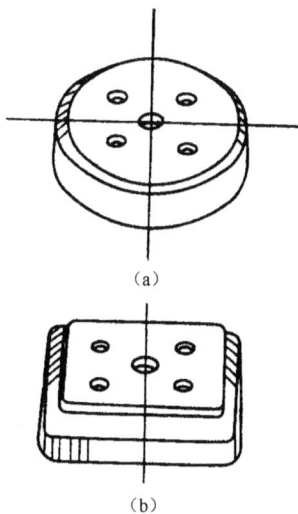

(a)

(b)

图 1-24　塑料安装座

2．塑料槽板

塑料槽板是用来代替木槽板，用于室内明敷布线的安装器材。它以聚氯乙烯树脂粉为主，加入阻燃剂、增塑剂及其他助剂加工而成，又称阻燃 PVC 槽板或合成树脂槽板。塑料槽板具有良好的机械性能和电气性能，呈乳白色，光洁美观，规格齐全，应用广泛。

塑料槽板由槽盖板和槽底板两部分组成，新产品盖板与底板通过卡口直接配合，无须用胶粘合。槽底板内部有的设有隔板，盖板和底板的厚度在 1.2～2.5mm 之间，宽和高有各种规格。如图 1-25 所示为塑料槽板外形和截面图。

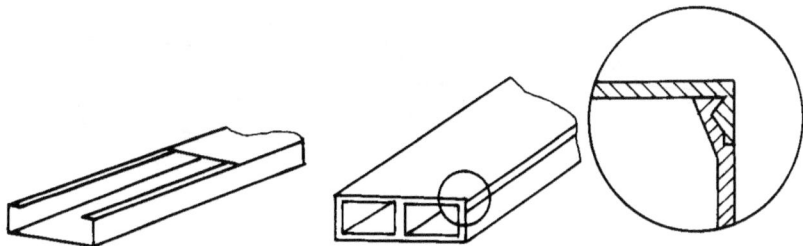

图 1-25　塑料槽板

使用塑料槽板，先将槽底板用元钉、木螺丝或水泥钉固定，配线之后，将槽盖板嵌入盖板卡口即可。

为了使塑料槽板布线的转弯、分引、延长等驳接更为方便和美观，专门为塑料槽板设计了各种配件，主要有角弯、三通、槽线盒等。布线时根据所用塑料槽板的规格选择相应的配件。

需要注意的是，塑料槽板使用的环境温度不能低于−15℃。

3. 塑料线夹和线卡

塑料线夹和线卡的品种很多，通常宜在室内一般场合使用，多用于小截面的电线布线。

图1-26　塑料夹板

（1）塑料夹板：外形与瓷夹板相同，用来固定BV、BLV、BX、BLX型塑料绝缘和橡皮绝缘电线，常用做室内明敷布线。

塑料夹板用塑料制成，分上下两片，呈长形，中间有穿木螺丝的钉孔，下片有线槽，槽内有一条0.5mm高的筋，电线嵌入后不易滑动。如图1-26所示为单线、双线、三线塑料夹板的外形。塑料夹板适合$1\sim2.5mm^2$的电线布线，用4mm×25mm的螺丝固定。

（2）圆形单芯线夹：这种线夹用改性聚苯乙烯塑料制作，用来固定BV、BLV、BX、BLX型塑料绝缘电线和橡皮绝缘电线，适于在潮湿及有酸碱腐蚀的场合使用。

圆形单芯线夹由上盖和底座两部分用螺纹组合而成，呈圆形，像一个瓶盖。底座面上有线槽，有一个线槽的称单线线夹；有两个线槽的称双线线夹；有三个线槽的称三线线夹。图1-27（a）所示为圆形单芯单线线夹外形图。底座中心有一个未穿通的钉孔，除了可用环氧树脂胶粘接外，也可用木螺丝将线夹底座固定在建筑物上。安装底座后，将电线嵌入槽内，把上盖旋入底座，电线就被压紧。底座两边沿敷线方向有准线标记，以保证布线挺直整齐。

（3）长形单芯线夹：这种线夹也用改性聚苯乙烯塑料制成，其适合布线的种类和使用场合与圆形单芯线夹相同。长形单芯线夹由底座，盖子和尼龙螺钉组成，呈长形，中间凸出，外形如图1-27（b）所示。底座面上有线槽，安装时将电线嵌入槽内，盖上盖子，旋紧尼龙螺钉。底座两边沿敷线方向有准线标记，以保证布线挺直整齐。底座中心有一未穿通的钉孔，可以用木螺丝将其固定在建筑物上，也可用环氧树脂胶粘接在建筑物上。

长形单芯线夹有双线和三线两种规格，适用于$1.0\sim2.5mm^2$电线布线。

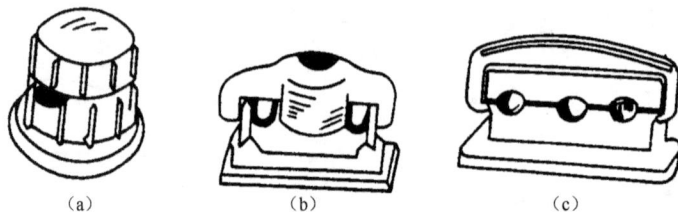

图1-27　塑料单芯线夹

（4）推入式单芯线夹：这种线夹的用途和使用场合与圆形单芯线夹、长形单芯线夹相同，其外形如图1-27（c）所示。它呈长形，由上盖和底座两部分组成。底座面上有线槽，座与上盖的两边通过卡口组合在一起。安装时，将电线嵌入线槽后，把上盖推入底座卡口，电线就被压紧，不会自行松动脱落，使用方便。沿敷线方向设有准线标记，以保证布线挺直整齐。

底座中心有未穿通的钉孔，可用木螺丝将线夹固定在建筑物上，也可用粘接法固定线夹于建筑物上。

推入式单芯线夹只有三线一种规格，适合 1.0～2.5mm² 电线布线。

（5）塑料护套线夹：这种线夹是用改性聚苯乙烯塑料制成的，主要用来固定 BLVV、BVV型护套线，适用于潮湿或有酸碱等腐蚀的场合。

塑料护套线夹有圆形和推入式两种，如图 1-28 所示。圆形护套线夹由上盖和底座两部分组成，通过螺纹组合在一起。使用时护套线嵌入底座后，将上盖旋上，就能将护套线牢固地固定在底座内。推入式护套线夹上下两部分通过两端卡口组合在一起，使用时将护套线嵌入底座后，只须将上部卡子推入，电线就会

图 1-28　塑料护套线夹

被压紧，不会自行松脱。线夹底座可用粘接法固定在建筑物上，固定间距小于或等于 200mm。线夹两边敷线方向有准线标记，以保证布线挺直整齐。

这两种线夹均有双线和三线两种规格，可分别固定 1.0～2.5mm² 的双线和三线护套线。

（6）塑料钢钉电线卡：这种线卡由塑料卡和水泥钉组成，用于一般电线、电子通信用导线作室内外明敷布线。其外形有两种，如图 1-29 所示。

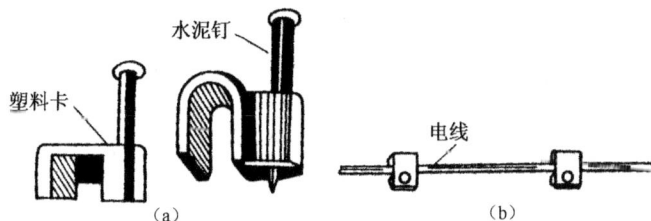

图 1-29　塑料钢钉电线卡

布线时，用塑料卡卡住电线，用锤子将水泥钉钉入建筑物。用塑料电线卡布线，所用电线的外径要与塑料卡线槽相适应，电线嵌入槽内不能太松也不能太紧。

4．塑料电线管

塑料电线管有多种材质，应用较多的有聚氯乙烯管、聚乙烯管、聚丙烯管等，其中聚氯乙烯管应用最为广泛。电线管配线是电气线路的敷设方式之一，具有安全可靠、保护性能好、检修换线方便等优点。早期的电线管采用金属材料，随着电工材料的发展，工艺不断改进，管材也在变化和更新，出现以塑代钢的电线管。最早使用的是硬塑料电线管，之后又有半硬塑料电线管、波纹塑料电线管推出，性能有所改善，目前普遍采用的是无增塑刚性阻燃 PVC塑料电线管，性能更加优良，应用越来越广。

（1）硬型聚氯乙烯管：这种电线管是以聚氯乙烯树脂为主，加入各种添加剂制成的。其特点是在常温下抗冲击性能好，耐酸、耐碱、耐油性能好，但易变形老化，机械强度不如钢管。硬型聚氯乙烯管适合在有酸碱腐蚀的场所作明线敷设和暗线敷设，作明线敷设时管壁的厚度不能小于 2mm，暗线敷设不能小于 3mm。

图 1-30　塑料波纹管

（2）聚氯乙烯塑料波纹管：又称 PVC 波纹管，简称塑料波纹管，是一次成型的柔性管材。具有质轻、价廉、韧性好、绝缘性能好、难燃、耐腐蚀、抗老化等优点，其外型如图 1-30 所示。

PVC 波纹管可以用做照明线路、动力线路作明敷或暗敷布线。其规格按公称直径分为以下 8 种：10mm、12mm、15mm、20mm、25mm、32mm、40mm、50mm。

（3）半硬型聚氯乙烯管：又称塑料半硬管或半硬管。半硬管比硬型塑料管便于弯制，适宜于暗敷布线。其价格比金属电线管低，目前民用建筑应用较多。

（4）可弯硬塑管：又称可挠硬塑管，它采用增强性无增塑阻燃 PVC 材料制成，性能优良，是一种新型电工安装材料。

可弯硬塑管的主要特点如下：

① 防腐蚀，防虫害。金属电线管的弱点是易腐蚀，尤其是在有腐蚀性气体和液体的场合，可弯硬塑管有耐一般酸碱的性能，并不含增塑剂，因此无虫害。可见可弯硬塑管在这方面性能优于金属电线管。

② 强度高，可弯性好。可弯硬塑管强度高、韧性好、老化慢，即使外力压扁到它的直径的一半，也不碎不裂。所以可直接用于现浇混凝土工程中，用手工弯曲，工作效率高。

③ 安全可靠。可弯硬塑管绝缘强度高，重量轻，具有自熄性能，同时传热性较差，可避免线路受高热影响，保护线路安全可靠。

除此之外，可弯硬塑管价格便宜，安装成本低。现在这种电线管广泛用于工业、民用建筑中作明敷或暗敷布线。

1.5.3　金属安装材料

金属安装材料是电工安装材料的重要部分，包括金属线卡、电线管、安装螺栓、金属型材和各种专用电力金具等。这里介绍照明线路、动力线路常用的金属材料。

1. 铝片线卡

铝片线卡又称钢精轧头或铝轧头，用来固定 BVV、BLVV 型护套线。它是用 0.35mm 厚的铝片制成的，中间开有 1～3 个安装孔，其外形如图 1-31（a）所示。

铝片线卡主要用于敷设塑料护套线，作为护套线的支持物，可以直接将塑料护套线敷设在建筑物表面。布线方法简便，在电气照明线路中应用很广。

铝片线卡可以有两种方法固定：一种是用小钉，通过安装孔将铝片线卡直接钉在木结构的建筑物上；另一种用粘接剂将铝片线卡底座粘接在建筑物表面上，铝片线卡固定在底座上。

线卡的规格有 0 号、1 号、2 号、3 号、4 号、5 号，其长度分别为 28mm、40mm、48mm、59mm、66mm、73mm。

铝片线卡的固定底座有两种。

（1）金属线卡底座：又称钢精轧头底板，专用来穿装铝片线卡，使线卡固定于建筑物上。它是用 0.5mm 厚的镀锌铁板冲制而成的，使用时用粘接剂将其粘接于建筑物表面上，其外形如图 1-31（b）所示。尺寸为长 20mm，宽 7.5mm，高 2.1mm。

（2）塑料线卡底座：又称钢精轧头塑料底座，专供穿装铝片线卡。它是用改性聚苯乙烯塑料制成，方形座子中间有穿铝片线卡的长方形孔，座面有供嵌入护套线的凹槽，结构简单，使用时可用粘接剂固定在建筑物上。其外形如图 1-31（c）所示。塑料线卡底座适合安装 BVV、BLVV 型 1.0～2.5mm^2 的塑料护套线，支距小于或等于 200mm，可使用在潮湿场合。规格有双线和三线两种，双线适用于 1 号铝片线卡，三线适用于 2 号铝片线卡。

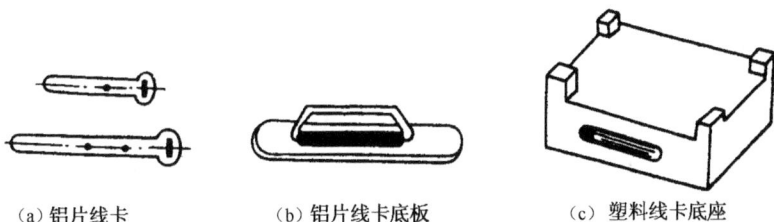

（a）铝片线卡　　　　　　（b）铝片线卡底板　　　　　　（c）塑料线卡底座

图 1-31　铝片线卡

2．金属软管

金属软管是金属电线管的一种，常用的有镀锌软管和防湿金属软管。

（1）镀锌金属软管：就是通常所说的蛇皮管，它为方型互扣无垫料结构，用镀锌低碳钢带卷绕而成。蛇皮管能自由地弯曲成各种角度，在各个方向上均有同样的柔软性，并有较好的伸缩性，其外形如图 1-32 所示。它主要用于路径比较曲折的电气线路作安全防护用，如大型机电设备电源引线的电线管。

镀锌金属软管以公称内径区分规格，6～100mm 共计有 17 种规格。

（2）防湿金属软管：这种金属软管外观上与镀锌金属软管相同，也为方型互扣结构。区别在于中间衬以经过处理的较细的棉绳或棉线作封闭填料，用镀锌低碳钢带卷绕而成。棉绳应紧密嵌入管槽，在自然平直状态下不应露线。在整根软管中，棉绳不应断线。

防湿金属软管按公称内径有 13mm、15mm、16mm、18mm、19mm、20mm、25mm 等 7 种规格。

（3）软管接头：又称蛇皮管接头，专供金属软管与电气设备的连接之用。接头用工程塑料聚酰胺（尼龙）塑制而成，其一端与同规格的金属软管相配合，另一端为外螺纹，可与螺纹规格相同的电气设备、管路接头箱等连接，外形如图 1-33 所示。

图 1-32　镀锌金属软管　　　　　　　　　　图 1-33　软管接头

软管接头有封闭式 TJ-38 和简易式 TJ-350 两种型号。TJ-38 封闭式软管接头规格 10～20mm；TJ-350 简易式软管接头规格 6～51mm。软管接头的规格是以配用金属软管的公称内径来区分的。

3．金属电线管

金属电线管按其壁厚分厚壁钢管和薄壁钢管，简称厚管和薄管，是管道配线重要的安装材料。尽管塑料电线管具有许多优点，但仍有许多场合必须选用金属电线管，以保证电气线路的防护安全。

（1）厚壁钢管：又称水煤气管、白铁管。潮湿、易燃、易爆场所和直埋于地下的电线保护管必须选用厚壁钢管。厚壁钢管有镀锌和黑色管之别，黑色管是没经过镀锌处理的钢管。

（2）薄壁钢管：又称电线管，适合一般场合进行管道配线，也有镀锌管和黑色管之分。

（3）电线管配件：是指管道配线所用的配件。

① 鞍形管卡：用1.25mm厚的带钢冲制而成，表面防锈层有镀锌和考黑两种，外形如图1-34（a）所示，用来固定金属电线管。鞍形管卡有不同规格，以适应各种电线管的安装固定。

② 管箍：又称管接头，用带钢焊接而成，表面平整，防锈层有镀锌和涂黑漆两种，作连接两根公称口径相同的电线管用。管箍分薄管和厚管管箍两种。外形如图1-34（b）所示。

③ 月弯管接头：又称弯头，用带钢焊接而成，防锈层有镀锌和涂黑漆两种，用来连接两根公称口径相同的管，使管路作90°转弯。外形如图1-34（c）所示。

④ 电线管护圈：又称尼龙护圈，用聚酰胺（尼龙）或其他塑料塑制而成，将它装于电线管管口，使电线电缆不致被管口棱角割破绝缘层。

电线管护圈下端呈管状，外径与电线管管口紧密配合，上端呈圆锥形，且大于管口，不致掉落于电线管内。外形如图1-34（d）所示。护圈分薄管用护圈和厚管用护圈，有各种不同规格，以适合不同规格的电线管。

⑤ 地气扎头：又称地线接头、保护接地圈等。将它装在金属电线管上，作为电线管保护接地的接线端子，供连接地线，使整条管路的管壁与地妥善连接，以保证用电安全。它用钢板冲制而成，表面镀锌铜合金防锈。其内径比同规格电线管外径略小，安装在电线管上紧密不松动，保证接触良好。外形如图1-34（e）所示。

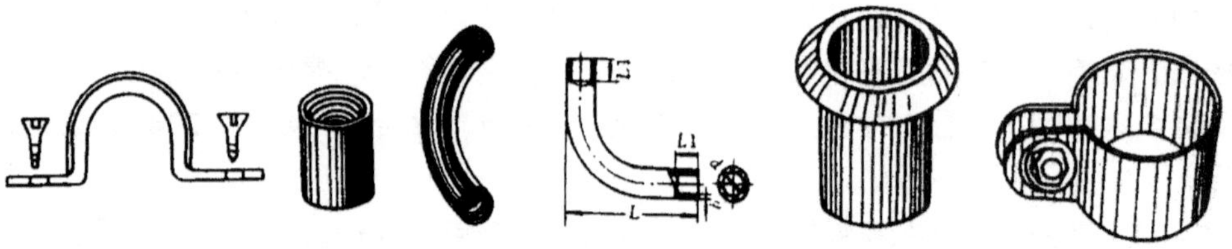

| （a）鞍形管卡 | （b）管箍 | （c）月弯管接头 | （d）电线管护圈 | （e）地气扎头 |

图1-34　电线管配件

4. 膨胀螺栓

在砖或混凝土结构上安装线路和电气装置，常用膨胀螺栓来固定。与预埋铁件施工方法相比，其优点是简单方便，省去了预埋件的工序。按膨胀螺栓所用胀管的材料不同，常用的有钢制膨胀螺栓和塑料膨胀螺栓两种。

（1）钢制膨胀螺栓：简称膨胀螺栓，它由金属胀管、锥形螺栓、垫圈、弹簧垫、螺母五部分组成，如图1-35所示。

将膨胀螺栓的锥形螺栓套入金属胀管、垫片、弹簧垫，拧上螺母；然后将它插入建筑物的安装孔内，旋紧螺母，螺栓将金属胀管撑开，对安装孔壁产生压力，螺母越旋越紧最后将整个膨胀螺栓紧固在安装孔内。

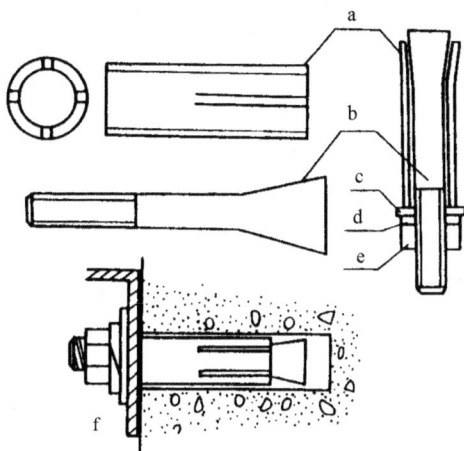

图 1-35　膨胀螺栓

常用的膨胀螺栓有 M6、M8、M10、M12、M16 等规格。安装前，用冲击钻打螺栓安装孔，其孔深和直径应与膨胀螺栓的规格相配合。常用螺栓钻孔规格如表 1-11 所示。

表 1-11　膨胀螺栓钻孔规格

螺栓规格	M6	M8	M10	M12	M16
钻孔直径（mm）	10.5	12.5	14.5	19	23
钻孔深度（mm）	40	50	60	70	100

（2）塑料膨胀螺栓：又称塑料胀管、塑料塞、塑料榫，由胀管和木螺丝组成。胀管通常用聚乙烯、聚丙烯等材料制成。塑料膨胀螺栓的外形有多种，常见的有两种，如图 1-36 所示，其中甲型应用较多。

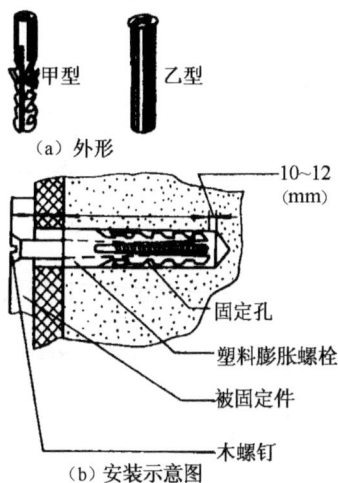

图 1-36　塑料膨胀螺栓

使用时应根据线路或电气装置的负荷，来选择膨胀螺栓的种类和规格。通常，钢制膨胀螺栓承受负荷能力强，用来安装固定受力大的电气线路和电气设备。塑料膨胀螺栓在照明线路中应用广泛，如插座、开关、灯具、布线的支持点都采用塑料膨胀螺栓来固定。

5．金属型材

电工常用的金属型材主要有成型钢材和铝板。

（1）成型钢材：钢材具有品质均匀、抗拉、抗压、抗冲击等特点，而且具有可焊、可铆、可切割等可加工性，因此在电气工程中作为安装材料得到广泛应用。

常用的成型钢材有扁钢、角钢、工字钢、圆钢、槽钢、钢板等。

（2）铝板：这也是电气工程中的常用材料，用来制作设备零部件、防护板、垫板等。

1.5.4　电瓷安装材料

电瓷是用各种硅酸盐或氧化物的混合物制成的，具有绝缘性能好、机械强度高、耐热性能好以及抗酸碱腐蚀的优良性能，其安装材料在高低压电气设备、电气线路中被广泛采用。

1．低压绝缘子

低压绝缘子又称低压瓷瓶，用于绝缘和固定1kV及1kV以下的电气线路。常用的低压绝缘子有以下三种。

（1）低压针式绝缘子：是低压架空线路常用的绝缘子，适合用电量较大、环境比较潮湿、电压在500V以下的交直流架空线路中作导线固定用。

（2）低压蝶式绝缘子：一般用于绝缘和固定1kV及1kV以下线路的终端、转角等，适用场合与针式绝缘子相同。

（3）低压布线绝缘子：主要有鼓形绝缘子和瓷夹板，多用于绝缘和固定室内低压配电和照明线路，其外形如图1-37所示，技术规格如表1-12和表1-13所示。

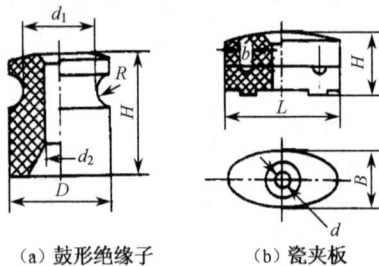

（a）鼓形绝缘子　　　　　（b）瓷夹板

图1-37　低压布线绝缘子

表1-12　鼓形绝缘子技术规格

型　号	抗弯负荷（kg）	主要尺寸（mm）					质量（kg）
		H	D	d_1	d_2	R	
G-30		30	30	20	7	5	0.03
G-35		35	35	22	7	7	0.05
G-38	100	38	38	24	8	7	0.06
G-50	250	50	50	34	9	12	0.14

注：表中"G"表示鼓形绝缘子；字母后面的数字表示绝缘子高度。

表 1-13　瓷夹板技术规格

型　号	线槽数	主要尺寸（mm）					每百只质量（kg）
		L	B	b	H	d	
N-240	2	40	20	6	20	6	3.4
N-251	2	51	22	6	24	7	4.4
N-364	3	64	27	8	29	7	9.5
N-376	3	76	30	8	29	7	12.5

注：表中"N"表示瓷夹板；字母后第一位数字表示槽数；后两位数字为产品长度。

（4）瓷管：在导线穿过墙壁、楼板及导线交叉敷设时，用瓷管作保护管。瓷管分直瓷管、弯头瓷管和包头瓷管三种，常用的长度有 152mm、305mm 等，内径有 9mm、15mm、19mm、25mm、38mm 等，其外形如图 1-38 所示。

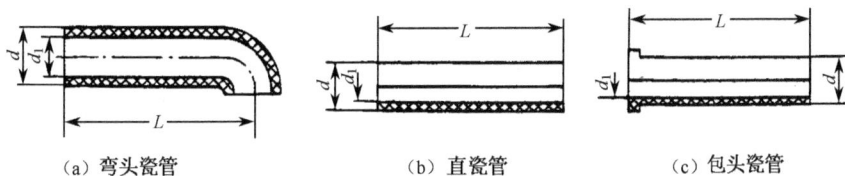

（a）弯头瓷管　　　　　（b）直瓷管　　　　　（c）包头瓷管

图 1-38　瓷管

2．高压绝缘子

高压绝缘子用于绝缘和支持高压架空电气线路。常用的有高压针式绝缘子、高压蝶式绝缘子和高压悬式绝缘子。

习题 1

1．拆开试电笔看看它的结构，简述试电笔有什么用途，使用试电笔应注意哪些问题。

2．使用高压验电器有哪些注意事项？

3．绝缘材料的主要性能指标是什么？

4．电工常用的热塑性塑料有哪几种？

5．简述通用电线电缆的结构和种类。

6．写出以下电线电缆的名称：BX、BLX、BXR、BV、BVV、AV、AVVR。

7．常用的熔体材料有哪些？各有何特点？

8．观察周围布线，看看都采用了哪些安装材料。

第2章 维修电工基本操作

维修电工的工作范围广，要完成维修电工的工作任务，除了要具备必要的电工理论知识，还必须掌握维修电工的基本操作技能。维修电工基本操作包括钳工基本操作、焊接基本操作、线路装配基本操作、常用电工仪表使用技能、电子技术基本操作技能和电工识图基本技能。电工仪表的使用将在第4章讲述，钳工基本操作和焊接基本操作只提出范围和要求，线路装配基本操作和电工识图基本技能是本章的重点内容。

2.1 钳工和焊接基本操作

1. 钳工基本操作

在安装和维修电气线路及电气设备过程中，钳工操作和电工操作密切相关。电气设备的固定、安装、拆卸、装配、部件制作及供电架线都离不开钳工操作。

钳工基本操作包括画线、錾削、矫正、弯曲、锉削、锯割、钻孔、攻丝套扣等。

对维修电工的要求是：掌握钳工的基本操作，主要是指常用钳工工具的使用方法、操作要点及安全注意事项，学会常用钳工量具的使用方法。要做到这一点，必须参阅有关书籍，通过实习培训，在实践中逐步具备钳工基本操作技能。

2. 焊接基本操作

焊接是将两个或两个以上的工件，按一定的形式和位置要求结合在一起的一种方法。电工常用的焊接方法有手工电弧焊和锡焊两种。

（1）手工电弧焊：又称电焊。它使用交流电焊机，通过电弧对工件局部加热，使连接处的金属熔化，再填充金属，使工件连接在一起，是安装和维修大型电气设备时采用的一种加工方法。手工电弧焊属专业性较强的工种，维修电工要在实践中掌握电焊的基本操作方法，要求如下：

① 正确使用交流电焊机、焊钳等电焊工具。

② 根据焊接工件选用适合的焊条和不同的电流值。

③ 按焊接工件的结构、形状、体积和所处的位置，选择适当的焊接方式，如立焊、平焊、横焊、仰焊等。

④ 掌握装配焊件、引弧、运条和收尾等基本焊接方法，其中引弧和运条是操作的难点，应反复实践。

⑤ 必须遵守电焊安全操作规则。

（2）锡焊：又称钎焊，是维修电工常用的焊接方法，所用工具是电烙铁。对锡焊的要求是根据焊接对象，选择适当功率的电烙铁。不仅要掌握电子元件、控制线路的焊接方法，还要掌握电线电缆接头的焊接方法。应注意避免产生虚焊和假焊。

2.2　导线连接的基本操作

在电气安装和线路维修中，经常需要将一根导线与另一根导线连接起来。实现连接的方法有多种，有绞接、焊接、压接和螺栓连接等，用于不同导线的连接。常用的连接工具有电工刀、剥线钳、钢丝钳、压接钳、电烙铁等。对导线连接的基本要求是：导线接头处的电阻要小，不得大于导线本身的电阻值，且稳定性要好；接头处的机械强度应不小于原导线机械强度的 80%；保证接头处的绝缘强度不低于原导线的绝缘强度；导线连接处要耐腐蚀。

2.2.1　绝缘层的处理

导线在连接前，要对导线的绝缘层进行处理，即进行绝缘层的剖削，把导线端头的绝缘层削掉，并将裸露的导体表面清理干净。电磁线的表面涂有绝缘漆，有的绝缘漆外表还有丝、纱等绝缘层，连接前一定要清除。通常，漆包线的绝缘层采用刀片刮掉；线芯截面在 $4mm^2$ 以上的塑料硬线可用电工刀来剖削，塑料软线用钢丝钳剖削；截面在 $4mm^2$ 以下的绝缘电线用剥线钳或钢丝钳来剖削；塑料护套线和护套电缆用电工刀剖削。绝缘层剖削的长度一般在 $50mm\sim150mm$ 之间，截面小的剖短些，截面大的剖长些。剖削绝缘层时应注意尽量不损伤芯线，如损伤较大，应重新剖削。

1．电磁线绝缘层的处理

（1）普通漆包线绝缘层的处理。

① 对于直径在 0.5mm 以上的漆包线，可用刀片刮去线头表面的绝缘漆。其方法是：左手执线头，平放在工作台垫板上，右手用刀片轻刮，不断用左手转动线头，将漆包线线头周围绝缘层清除干净。

② 对于直径在 0.15~0.5mm 的漆包线，一般用细砂纸或砂布对折后夹住漆包线线头，轻轻摩擦，不断转动线头，使线头周围绝缘层清除干净。

③ 对于直径在 0.15mm 以下的漆包线，可用电烙铁清除绝缘层。其方法是：将细砂纸或砂布上放少许松香或焊剂，左手将漆包线线头按在松香或焊剂上，右手用 25W 以下的电烙铁，沾锡后在线头上来回摩擦几次，漆皮就可去掉，同时线头挂锡。

（2）绕包线绝缘层的处理。绕包线在漆包线的外面缠有天然丝、玻璃丝、绝缘纸等绝缘层，这种绝缘层与漆包线接触不十分牢固，做绝缘层处理时可先把丝包或纱包去掉，露出漆包线后按普通漆包线绝缘层处理方法清除即可。

说明

处理电磁线绝缘层后，通常立即用电烙铁进行挂锡，一方面防止铜氧化，方便下一步连接操作，另一方面可以检查绝缘层清除的质量，残存绝缘漆的部位是挂不全锡的。

2．$4mm^2$ 以上电线绝缘层的处理

（1）对于线芯截面在 $4mm^2$ 以上的塑料单芯电线，在做绝缘层处理时可用电工刀剥除，其方法如下：

① 根据所需线头的长度，确定电工刀起始位置，如图 2-1（a）所示。

② 将刀口以 45°角切入塑料层，注意不可触及线芯。然后将刀面与线芯以 15°角向前推进，把绝缘层削出一条缺口，如图 2-1（b）、（c）所示。

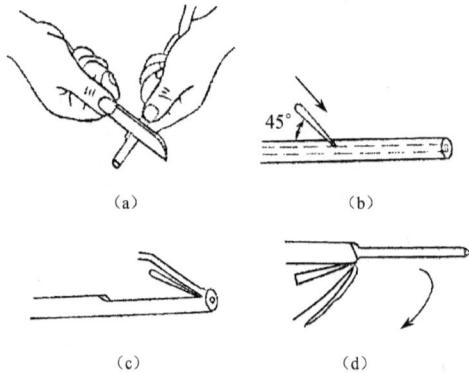

(a)　　　　　　　　　　　　　　45°　　(b)

(c)　　　　　　　　　　　　　　(d)

图 2-1　电工刀剖削绝缘层

③ 将被剖开的绝缘层向后扳翻，用电工刀齐根切去，如图 2-1（d）所示。

对橡皮绝缘电线也可参照此方法处理绝缘层。

（2）对于线芯截面在 4mm² 以上的塑料多芯电线，不能完全用上述方法处理绝缘层，这样会损伤多股芯线。一般做法是按照图 2-1 所示进行操作，但刀口与芯线保持一定距离，走刀完成后芯线外仍有一薄层的绝缘层，然后借助钢丝钳撕破被剥薄的绝缘层，向后扳翻，齐根切去。

3. 4mm² 以下电线绝缘层的处理

线芯截面在 4mm² 以下电线绝缘层的处理可采用剥线钳，也可用钢丝钳。

无论塑料单芯电线，还是多芯电线，线芯截面在 4mm² 以下的都可用剥线钳操作，且绝缘层剖削方便快捷。橡皮电线同样可用剥线钳剖削绝缘层。需注意，选用剥线钳的刃口要适当，刃口的直径应稍大于线芯的直径。

截面在 4mm² 以下的电线，用钢丝钳处理绝缘层的方法如下：确定线头长度位置后，用钢丝钳钳口轻轻切破绝缘层表皮，不能伤及芯线；然后左手拉紧电线，右手适当用力握住钢丝钳头部，向外勒去绝缘层，如图 2-2 所示。应注意，在勒去绝缘层的过程中，右手不可在钳口处施加剪切力，这样会伤及芯线，甚至剪断芯线。

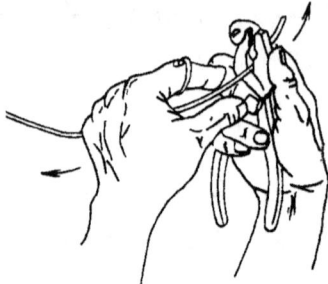

图 2-2　钢丝钳剥削绝缘层

截面在 4mm² 以下、2.5mm² 以上的单芯电线，其绝缘层的剖削也可采用电工刀来操作，操作方法同 4mm² 以上单芯电线的相同。

4．塑料护套线绝缘层的处理

（1）按所需长度，用电工刀刀尖对准芯线缝隙间，划开护套层，如图 2-3（a）所示。

（2）向后将被划开的护套层翻起，用刀齐根切除，如图 2-3（b）所示。

（3）将护套层内的两根线分开，可采用电工刀剖削单芯电线绝缘层的方法去掉绝缘层，即用电工刀在距护套层 20～30mm 处，以 45°角切入一根导线的绝缘层；然后逐渐减少与导线的角度，用力向线端推削，削出一条缺口，扳翻切除绝缘层，完成绝缘层处理过程，如图 2-3（c）所示。两根导线的绝缘层也可以采用剥线钳或钢丝钳来剖削。

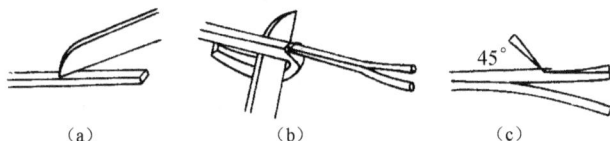

（a）　　　　　　　　（b）　　　　　　　　（c）

图 2-3　塑料护套线绝缘层的剖削

5．花线绝缘层的处理

花线有两层绝缘层，外层是一层柔韧的棉纱编织层，保护内部的两根导线；里层是橡皮绝缘层，保护两根芯线。花线的芯线是多股铜线。剖削绝缘层的方法是：首先用电工刀按所需长度在花线外切割一圈，拉去棉纱织物保护层；在距棉纱保护层 10mm 处，用钢丝钳或剥线钳剖剥去橡皮绝缘层；对于伴有棉纱织物的芯线，应将棉纱织物松散开，用电工刀割去，如图 2-4 所示。

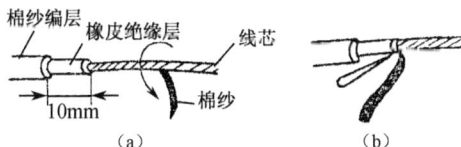

棉纱编层　橡皮绝缘层　线芯

10mm　　　棉纱

（a）　　　　　　　　（b）

图 2-4　剥除花线芯线中的棉纱

花线芯线为多股铜线，且芯线直径较细，所以不用电工刀剖削橡皮绝缘层。

6．橡套电缆绝缘层的处理

橡套电缆最少有两层绝缘保护层，外护套层较厚，为橡皮绝缘保护层；内部每根线芯上又有各自的橡皮绝缘层。其绝缘层处理分两步：用电工刀划开橡皮外护套层，参照切除塑料护套层的方法，切除外护套层，露出多股芯线的绝缘层；根据芯线的截面，采用剥线钳或钢丝钳剖削橡皮绝缘层。

对于有铅包层的电缆，可用电工刀进行剖剥，其方法是：首先确定绝缘层处理位置，然后在此位置上用电工刀切一圈刀痕；之后上下左右扳折，使铅包层由切口处折断，将它从线头上拉掉，露出芯线内绝缘层。

2.2.2　铜芯导线的连接

常用铜导线的芯线有单股和多股之分，多股芯线又有 7 股、19 股、37 股等许多规格，通常按芯线的股数采用不同的连接方法。

1. 单股铜导线的连接

单股铜导线的连接有绞接和缠绕两种方法。

（1）绞接法。通常，截面在 6mm² 以下的铜导线连接采用绞接法。如图 2-5 所示是绞接法示意图。直接连接的操作步骤是：将经过绝缘层处理的二导线相交，互相缠绕 3 圈；然后扳直两线头，将两线头分别在另一导线上紧密绕 5 圈，使两线头分别紧贴在导线上，剪切多余部分，完成电连接。

两导线作为分支连接时，可使支线与干线十字相交，先用手将支线在干线上粗略绕 2~3 圈，再用钳子紧密绕 5 圈以上，缠绕长度约为芯线直径的 8~10 倍，剪切多余的部分，如图 2-5（b）所示。

（2）缠绕法。通常，截面在 6mm² 以上的铜导线连接采用缠绕法，如图 2-6 所示。直接连接时，先将两线端头用钳子略加弯曲，使之合并，然后用直径约 1.5mm 的裸铜线紧密地缠绕在两根导线的并合处。并合处缠绕长度可视连接导线直径而定，通常导线直径在 5mm 以下取 60mm，在 5mm 以上取 90mm。做分支连接时，先将分支导线端头略加弯曲，将并合部分折成直角后，使之与干线并合，其后与直接连接操作相同，如图 2-6（b）所示。

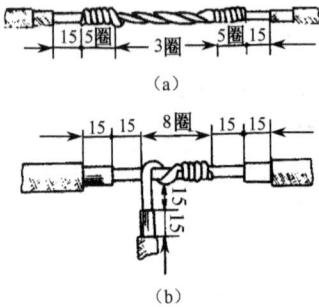

图 2-5 单股铜导线的绞接法

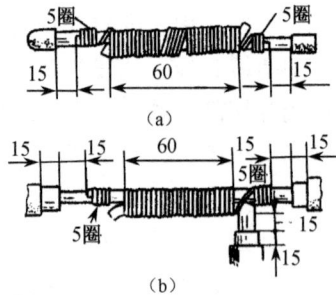

图 2-6 单股铜导线的缠绕法

2. 7 股铜导线的直接连接

7 股铜导线直接连接的操作步骤如下：

① 用砂纸将剖去绝缘层的芯线表面擦净，把接近绝缘层 1/3 段的芯线绞紧，把余下的 2/3 段芯线分散成伞状，逐根拉直。再把两个伞状芯线隔头对叉，如图 2-7（a）所示。

② 将一端的 7 股线按 2、2、3 根分成三组，然后把张开的各线端合拢，紧贴于所连接的导线。接着扳起一组两根芯线，按顺时针方向缠绕于对叉连接处 3~5 圈，余下的线扳直理顺，如图 2-7（b）所示。

③ 用同样的方法，依次缠绕另外两组，顺序是先绕 2 根一组的，后绕 3 根一组的。绕完 3 根一组芯线后，切除多余的芯线，钳平线端。

④ 7 股芯线的另一接头做同样的处理，即完成 7 股铜芯导线的直接连接，如图 2-7（c）所示。

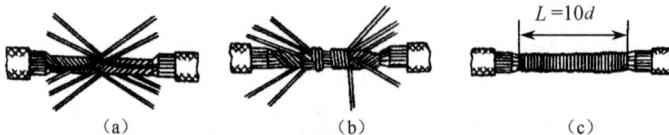

图 2-7 7 股铜导线的直接连接

3．7 股铜导线的分支连接

7 股铜导线分支连接的操作步骤如下：

① 将分支芯线拉直，把近绝缘层 1/8 处的芯线绞紧，分芯线为两组，一组 4 根，一组 3 根。把干线中间撬开，一侧 4 根，一侧 3 根。再把支线中 4 根的一组插入干线芯线当中，3 根一组的位于干线芯线的前面。

② 把 3 根芯线的一组往干线右边按顺时针方向紧紧缠绕 3～5 圈，钳平线端。

③ 把 4 根芯线的一组往干线左边按逆时针方向紧紧缠绕 3～5 圈，钳平线端，完成分支连接，如图 2-8 所示。

19 股以上的铜芯导线的直接连接和分支连接的方法可参照 7 股铜芯导线的连接方法进行，因芯线的数目较多，可适当剪去两线端中间的几根芯线，以便于缠绕。多股铜芯导线也可采用缠绕法连接，其过程与单股铜导线相同。

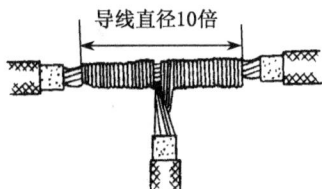

图 2-8　7 股铜导线的分支连接

为了增加连接处的机械强度和改善导电性能，在多股导线的连接处有时还要进行锡焊处理。

2.2.3　铝导线的连接

由于铝极易氧化，并且氧化膜的电阻很高，因此铝导线的连接工艺比铜导线复杂，一般不采用铜导线的绞接法和缠绕法。铝导线连接的方法有螺钉压接法、管压接法、电焊法、气焊法多种，这里介绍常用的螺钉压接法和管压接法。

1．螺钉压接法

这种方法使用瓷接头，又称接线桥，它用瓷接头上接线柱的螺钉来实现导线的连接。瓷接头由电瓷材料制成的外壳和内装的接线柱组成。接线柱一般由铜质材料制作，又称针形接线桩，接线桩上有针形接线孔，两端各有一只压线螺钉。使用时，将需连接的铝导线或铜导线分别插入两端的针形接线孔，旋紧压线螺钉就完成了导线的连接。如图 2-9 所示是二路四眼瓷接头的结构图。

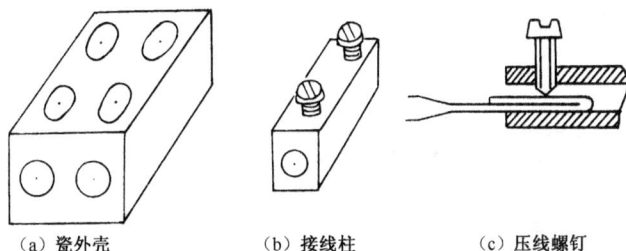

（a）瓷外壳　　　　　　（b）接线柱　　　　　（c）压线螺钉

图 2-9　瓷接头的结构

螺钉压接法适用于负荷较小的单股铝导线的连接，优点是简单易行。其操作步骤如下：

① 把削去绝缘层的铝芯线头的表面氧化膜去掉，涂上中性凡士林膏，如图 2-10（a）所示。

② 作直接连接时，先把每根导线在接近线端处卷 2～3 圈，以备线头断裂后伸直再用。然后把四只线头插入相应的两只瓷接头的四个接线孔内，旋紧接线柱的螺钉，完成直接连接，如图 2-10（b）所示。

③ 作分支连接时，把分支导线的两个芯线线端分别插入两个瓷接头的接线柱，旋紧螺钉，如图 2-10（c）所示。

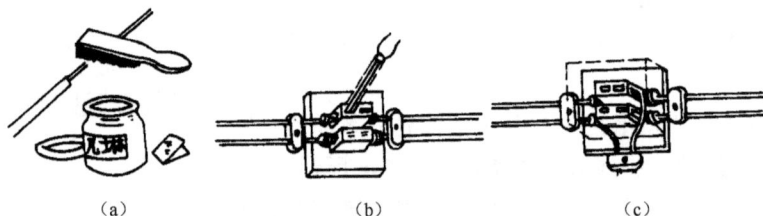

（a）　　　　　　（b）　　　　　　（c）

图 2-10　单股铝导线的螺钉压接法

④ 完成连接后，在瓷接头上应加盒盖，盒盖可以由塑料或木材制成。

2. 管压接法

这是利用铝压接管，又称铝套管，使用压接钳，实现铝导线的连接。管压接法适用于较大负荷铝导线的连接。

对于 $10mm^2$ 以下的单股铝导线，多用铝压接管进行局部压接，操作方法如下：

① 根据铝线规格选择适当的铝压接管，剥去导线两端的绝缘层约 55mm。

② 用电工刀或钢丝刷清除铝芯表面和压接管内壁铝氧化层，涂上中性凡士林油。

③ 把两根导线线端插入压接管，使导线线端重叠部分的长度略长于压接管。

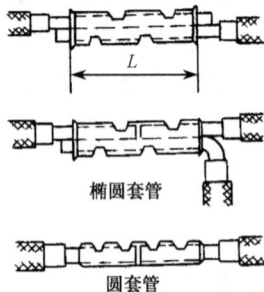

椭圆套管

圆套管

图 2-11　铝导线的管压接法

④ 用压接钳进行压接，使压接钳压到必要的极限尺寸，并使压坑的中心线处于同一条直线上。如图 2-11 所示为连接示意图。

需要说明的是，铝压接管有椭圆形和圆形两种，上述操作所用的是应用较普通的椭圆形压接管。

对于多股大截面铝导线的连接，其过程与单股铝导线基本相同，但所用压接管采用圆形的。需要注意的是，以上只粗略地介绍了铝导线连接过程，在实际操作中对不同规格的铝导线所用的压接管、压接坑的距离和数目都有具体的规定。因此在操作之前要查阅有关材料，务必按技术要求进行操作。

2.2.4　电磁线的连接

普通的漆包线经过绝缘层剖削以后，都可以参照单股铜导线的连接方法，截面较小的漆包线采用绞接法连接，截面较大的采用缠绕法连接。需要说明的是，为了保证连接处对电阻的要求和机械强度的要求，导线连接后都要进行锡焊。

对于直径在 2mm 以上的圆铜导线的连接，有时采用套接法。其操作步骤如下：

① 选好与导线直径相适应的连接套管。套管采用厚度在 0.6～0.8mm 的镀锡铜皮卷制而

成，长度一般为导线直径的 8～10 倍，接缝处留有缝隙，如图 2-12
所示。

②　将经过绝缘层处理的两线头相对插入套管，使线头顶端对
接在套管中间。

③　进行锡焊，使焊锡充分浸入套管内部，充满中间缝隙，将
线头和套管铸成整体。

图 2-12　连接套管

矩形导线截面在 25mm² 以下的也可采用套接法连接。套接法多用于连接导线长度没有重
叠余量的场合。

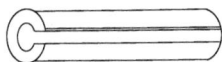

2.2.5　导线与接线螺钉的连接

低压线路与低压电器、照明器具通常是通过接线螺钉实现连接的，常用的接线螺钉有针
孔式、螺钉平压式和瓦型式三种。

1．导线与针孔式接线柱的连接

针孔式接线柱就是瓷接头所用的针形接线桩，利用压线螺钉实现与导线连接。主要用于
室内线路中某些电器的连接，如熔断器、刀开关及监测仪表等。

（1）单股芯线与针孔式接线柱的连接。若芯线直径小于针孔，最好将芯线线头折成双股
后并排插入针孔，使压线螺钉顶紧双股芯线中间；若芯线直径较粗，也可直接用单股插入针
孔，但芯线插入前，应将线头稍微向着针孔上方弯曲，以防止压线螺钉稍松时线头脱出。

（2）多股芯线与针孔式接线柱的连接。多股芯线与针孔式接线柱相接，先要将芯线线头
进一步绞合紧，注意线径与针孔的配合。

若绞紧后线径与针孔的大小相适合，将线头插入针孔，旋紧螺钉直接压接，如图 2-13（a）
所示；若针孔过大，可用一单股芯线在线头上密绕一层，以增大线头直径，然后进行插入压
接，也可选一根直径相宜的裸导线作绑扎线来增大线头的直径，如图 2-13（b）所示；若针
孔过小，可将芯线线头散开，适量减去中间几股，绞合紧后进行压接，如图 2-13（c）所示。

使用针孔式接线柱应注意，无论单股或多股芯线的线头，在插入针孔时一定要插到底，
不能使绝缘层进入针孔，孔外裸线的长度不应大于 3mm。

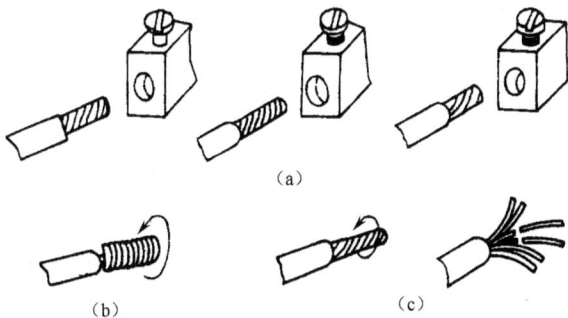

图 2-13　多股芯线与针孔式接线柱的连接

2．导线与平压式接线螺钉的连接

平压式接线螺钉利用半圆头、圆柱头或六角头螺钉加垫圈将线头压紧，完成电连接。对

载流量小的导线多采用半圆头接线螺钉，如常用的拉线开关、插座、普通灯头、吊线盒等。载流量稍大的导线采用其他两种形式的接线螺钉。

（1）小载流量导线与半圆头接线螺钉的连接。载流量较小的单股芯线压接时，应将线头制成压接圈，压接圈的制法如图 2-14 所示。用半圆头接线螺钉穿过垫圈、压接圈，旋紧半圆头螺钉，压紧导线线头，完成电连接。载流量较小的多股芯线也可将线头制成压接圈，采用上述方法完成电连接。如图 2-15 所示为多股芯线压接圈的做法。

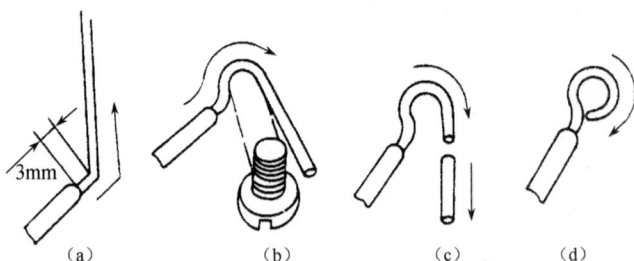

图 2-14　单股芯线压接圈的做法

图 2-15　多股芯线压接圈的做法

（2）导线与圆柱头接线螺钉的连接。载流量稍大，直径大于 1.5mm 以上的导线作平压式连接，一般采用圆柱头接线螺钉，压接力量大。压接方法可参照（1），作成压接圈完成电连线。

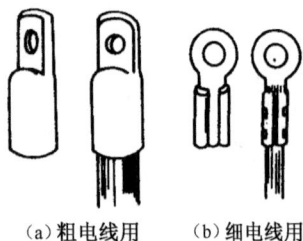

（a）粗电线用　（b）细电线用

图 2-16　接线鼻

（3）导线通过接线鼻与接线螺钉连接。接线鼻又称接线耳，俗称线鼻子，是铜质接线片。对于大载流量的导线，如截面在 $10mm^2$ 以上的单股线或截面在 $4mm^2$ 以上的多股线，由于线粗，不易弯成压接圈，同时弯成圈的接触面会小于导线本身的截面，造成接触电阻增大，在传输大电流时产生高热，因而多采用接线鼻进行平压式螺钉连接。接线鼻的外形如图 2-16 所示，从 1A 到几百 A 有多种规格。

用接线鼻实现平压式螺钉连接的操作步骤如下：

① 根据导线载流量选择相应规格的接线鼻。

② 对没挂锡的接线鼻进行挂锡处理后，对导线线头和接线鼻进行锡焊连接。

③ 根据接线鼻的规格选择相应的圆柱头或六角头接线螺钉，穿过垫片、接线鼻、旋紧接线螺钉，将接线鼻固定，完成电连接。

接线鼻应用较广泛，大载流量的电气设备，如电动机、变压器、电焊机等的引出接线都采用接线鼻连接；小载流量的家用电器、仪器仪表内部的接线也是通过小接线鼻来实现的。

3. 导线与瓦型接线柱的连接

瓦型接线柱采用的是瓦型垫圈，如图 2-17 所示。接触器、继电器、控制变压器等低压电器都利用瓦型垫圈进行导线平压式连接。连接时，为防止线头脱落，应将芯线线头除去氧化层后弯成 U 形，再用瓦形垫圈进行压接。如需两个线头同时接入，应按图 2-17（b）所示进行连接。

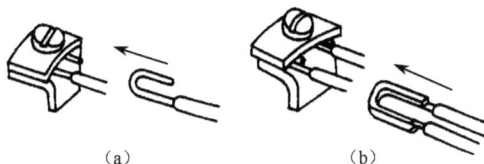

（a）　　　　　　　　　　　（b）

图 2-17　导线与瓦型接线柱的连接

采用接线螺钉的连接方法需要注意的是，无论单芯或多股导线制作压接圈，其弯曲的方向一定要与接线螺钉旋紧方向一致，即按顺时针方向弯折。

2.2.6　导线绝缘强度的恢复

导线连接完成后应恢复其绝缘强度，在连接处进行绝缘处理。对于低压供电线路，通常采用 20mm 宽的黄蜡带和黑胶布作绝缘材料，对连接处进行绝缘缠绕。操作方法如下：

（1）将黄蜡带从导线左边距连接处约 40mm 处开始缠绕，黄蜡带与导线保持约 55° 的倾角，每圈重叠带宽的 1/2，如图 2-18（a）、（b）所示。

（2）缠绕一层黄蜡带后，用黑胶布接在黄蜡带的尾端，按另一倾斜方向缠绕一层黑胶布，其重叠部分仍为带宽的 1/2，如图 2-18（c）、（d）所示。

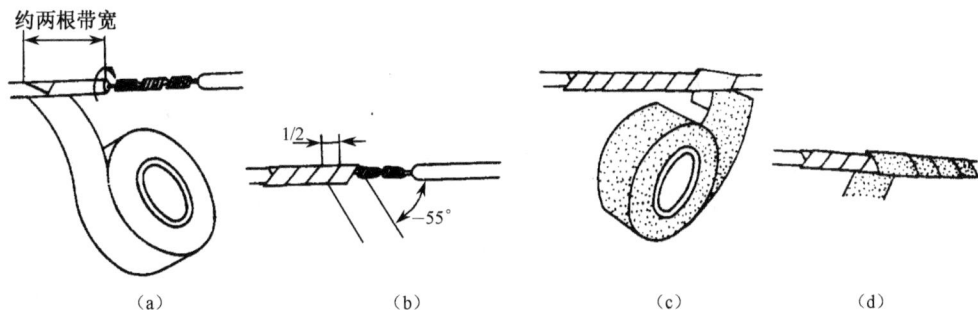

约两根带宽

（a）　　　　　　　（b）　　　　　　　（c）　　　　　　　（d）

图 2-18　绝缘带的包缠

（3）缠绕时，绝缘带应紧缠导线，绝不能露出芯线。

（4）处理 220V 供电线路连接处时，先缠绕一层黄蜡带，再缠绕一层黑胶布，也可只缠绕两层黑胶布。

（5）处理 380V 供电线路连接处时，必须先缠绕 1～2 层黄蜡带，再缠绕一层黑胶布。

2.3　室内配线的基本操作

室内配线的基本操作是维修电工的基本功之一。室内配线又称室内布线，其基本操作内容包括配线前的导线穿墙处理、固定件的埋设和室内基本配线方式的操作。

2.3.1　导线穿墙处理

在供电配线的过程中，户外与户内、室与室之间的导线要穿越墙壁，对穿墙配线的要求是导线穿墙必须经过穿墙套管。

导线穿墙的操作步骤如下：

（1）根据配线的需要选择穿墙套管，常用的穿墙套管有三种，即瓷管、钢管和硬塑料管。照明线路使用较多的是瓷管。按穿墙导线的根数和截面确定穿墙套管的管径，一般管内导线的总面积不应大于穿墙套管有效截面的40%。

（2）按配线要求在墙上标划出穿墙孔位置，如需排列多根穿墙套管，应做到一管一孔，并使穿墙孔水平均匀地排列。

（3）根据穿墙套管的管径，钻打墙孔。

对于木质墙体，通常使用木钻或普通电钻来钻打墙孔。

对于砖或混凝土结构的墙体，通常使用电锤或冲击钻钻打墙孔。

不具备条件的也可使用凿子来錾打墙孔，錾打方法及注意事项如下：

① 按所用穿墙套管的管径选择凿子的外径。

② 錾打砖结构墙孔时，应选用图1-8（e）所示的由无缝钢管制的长凿。

③ 錾打混凝土结构墙孔时，应选用图1-8（c）所示的由中碳圆钢制成的长凿。

④ 穿墙孔应錾得平直，防止出现前大后小的喇叭状。

（4）进户瓷管必须每线采用一根弯头瓷管，户外一侧弯头要向下。

（5）穿墙套管置于穿墙孔后，应用水泥等填封管墙之间的空隙，使穿墙管固定。

（6）导线穿墙的两侧要采用绝缘子，使导线固定。

2.3.2　固定件的埋设

电气设备和配线都要求固定，一般采用螺栓或焊接固定在基础、墙、柱或其他支撑物上。但对混凝土或砖结构的支撑物，都必须事先进行固定件的埋设，作为固定电气设备和线路的支撑点。固定件埋设的方法有几种，如预埋铁件、留孔埋设、木榫埋设、膨胀螺栓固定等。通常根据被固定的电气设备的负荷大小，采取相应的方法。

固定大、中型电气设备，因其安装负荷重，固定件埋设一般采用预埋铁件和留孔埋设的方法。所谓预埋铁件，是在混凝土和砖结构中，预先埋设带有弯钩圆钢脚的铁板或开尾叉的角钢，作为固定电气设备的支撑点。留孔埋设是在按设计图纸浇混凝土基础时留出孔洞，以便混凝土二次灌浆来固定设备的地脚。这两种固定件埋设的操作，通常由土建部门根据相关图纸进行施工。

维修电工在室内配线经常采用木榫埋设和膨胀螺栓两种方法进行固定件埋设。

1．木榫的埋设

对于安装负荷较轻的线路或电气装置，可用木榫埋设的方法来安装支撑点。木榫埋设又称打孔埋设，是在砖或混凝土结构上人工凿孔，然后埋设木榫，利用木榫来固定线路或电气装置。操作步骤如下：

（1）木榫孔的錾打。

① 按电气装置线路的位置，标划出木榫孔位置。

② 砖结构木榫孔的錾打，可选用小扁凿。木榫孔应錾打在两砖之间的夹缝中，呈矩形。按图 2-19（a）所示方法进行。

③ 水泥结构木榫孔的錾打，可选用麻线凿，按图 2-19（b）所示方法进行，木榫孔应錾打成圆形。

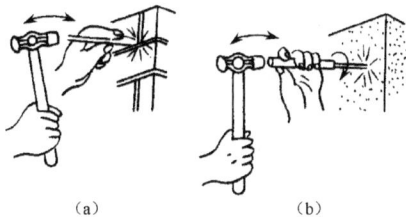

图 2-19　木榫孔的錾打

④ 木榫孔径应略小于木榫 1～2mm，孔深应略长于木榫约 5mm。

⑤ 木榫孔应与墙面保持垂直，不可歪斜，孔径的口和底应一致，防止出现口大底小的喇叭状。

（2）木榫的削制。

① 木榫应选用干燥松木制成。

② 用于砖结构的木榫，使用电工刀削成截面为长 12mm、宽 10mm 的矩形；用于水泥结构木榫，削成截面对边距离为 8mm 的正八边形。木榫的长度一般为 25～40mm。

③ 木榫前后粗细要均匀，不可削成锥体形。木榫的头部应倒角，以便于打进木榫孔。

（3）木榫的安装。把带有倒角的木榫头部塞入木榫孔，用手锤轻击。打入 1/3 后，检查木榫是否与墙面垂直，如出现歪斜应及时纠正。木榫与孔的松紧程度应合适，防止过紧而打烂木榫尾部，过松固定不牢固。木榫全部进入榫孔后应与墙面平齐，如有松动、尾部打烂等现象，应更换木榫，重新安装。

冲击钻、电锤现在使用得比较普遍，木榫孔多采用冲击钻或电锤来打孔。使用冲击钻或电锤打木榫孔应根据负荷的轻重选择合适直径的钻头，木榫的截面制成圆形。

2．膨胀螺栓的埋设

在砖或混凝土结构上安装线路、电气装置，目前多采用膨胀螺栓来进行固定。膨胀螺栓的种类与规格请见第 1 章常用安装材料的有关内容。膨胀螺栓埋设的操作步骤如下：

（1）根据安装负荷的大小，选择相应的膨胀螺栓的种类，室内布线一般多采用塑料膨胀螺栓。

（2）按使用膨胀螺栓的规格选择相应的冲击钻或电锤的钻头。

（3）按电气装置线路的位置，在安装构件上标划出膨胀螺栓安装孔的位置。

（4）用冲击钻或电锤按标划的位置打安装孔，使用的冲击钻或电锤应与安装面垂直，保证安装孔垂直于安装面。安装孔的深度要大于膨胀螺栓的长度。

（5）对于塑料膨胀螺栓，将胀管嵌入安装孔，用手锤轻敲，使胀管口与安装面齐平，通过旋紧螺钉，使之紧固在安装构件上。对于钢制膨胀螺栓，将穿有螺栓的胀管嵌入安装孔，用手锤轻敲，使胀管口与安装面平齐，通过旋紧螺母，使之紧固在安装构件上。

2.3.3　夹板配线

夹板分瓷夹板和塑料夹板两种，其配线方法相同。夹板配线方法简单，布线费用少，安装和维修方便，适用于干燥、无机械损伤、用电量较小的场合。夹板有单、双、三线三种，又分大、中、小三号，应根据导线的条数和线径的粗细，选用适当规格的夹板。采用夹板配线，铜导线的截面不应小于 $1mm^2$，铝导线的截面不应小于 $1.5mm^2$，导线的最大截面应小于 $10mm^2$，导线与建筑物表面的距离不得小于 10mm。导线敷设的高度应距地面 2m 以上，在接至开关、插座等电器时，允许减为 1.3m。同时夹板配线还要考虑到室内走线的美观。

夹板配线的操作步骤如下。

1. 定位和画线

首先按电气装配图确定灯具、开关、插座和配电板等电器的安装位置，然后确定导线的敷设位置。确定导线敷设位置后，确定导线起始端、穿墙位置、转角、终端等处的夹板安装位置，最后确定导线敷设路径中夹板的安装位置。

各种电器，如开关、灯具、插座等距其接线端 50mm 处都应安装夹板，距导线转角、分支 50mm 处也应安装夹板。导线中间相邻夹板的距离在 0.6～0.8m 之间，排列要对称均匀。

定位用粉线袋画线，在建筑物表面标出导线所经过的路径，并在开关、灯具、插座和配电板固定点的中心处做标记。

2. 固定夹板

对于敷设于木结构建筑物的夹板，可直接用木螺丝固定，所用木螺丝的长度一般 2 倍于夹板的高度。敷设于砖或混凝土结构建筑物的夹板，多采用木榫和塑料膨胀螺栓的方法固定。此外，夹板也可采用环氧树脂粘接法固定，具体方法请按环氧树脂粘接剂调制配方和使用方法的有关规定进行。

3. 导线穿墙处理

导线需穿墙走线时，应按画线标记凿打穿墙孔，选用穿墙套管。

4. 敷设导线

固定好夹板，即可敷线。将盘绕的导线依次放线，放线时应避免导线打结。若导线弯曲，可用抹布和螺丝刀木柄将导线捋直；敷线时，先将两条导线一端送入夹板槽，拧紧木螺丝使其固定，然后按画线所示，把导线嵌入下一个夹板槽。为使导线平直绷紧，应一只手紧拉导线，另一只手旋紧木螺丝，压紧夹板，用同样方法旋紧所有夹板。

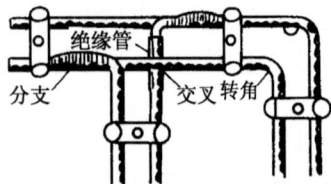

图 2-20　夹板配线

如图 2-20 所示为夹板配线图。由图可见，导线转弯处应装两只夹板；导线分支处应装三只夹板；导线交叉处必须加绝缘套管，如瓷套管或塑料管。

2.3.4　瓷瓶配线

瓷瓶配线是利用瓷瓶支撑导线的一种配线方法。瓷瓶较瓷夹板高，机械强度大，适用于用电量较大而又比较潮湿的场合。用电量大、跨度较大的车间、厂房多采用瓷瓶配线。瓷瓶配线，导线较细一般采用鼓形瓷瓶，导线较粗采用针形瓷瓶。配线力求整齐，尽量沿房屋沿线、墙角敷设。走线应平直，瓷瓶排列要均匀。

瓷瓶配线的步骤与夹板配线基本相同。定位和画线、导线穿墙处理可按夹板配线进行。

现对固定瓷瓶和敷设导线加以说明。

1. 固定瓷瓶

瓷瓶的固定同样可采用瓷夹板木榫固定方法。但是瓷瓶较高，导线较粗，要求机械强度大，用木榫固定应适当地增加木榫的宽度和长度。用电量较大的瓷瓶配线，瓷瓶的负荷较大，多将瓷瓶安装在钢铁支架上，钢铁支架用螺栓固定在墙上或房架上。如图 2-21 所示为瓷瓶在钢铁支架上的固定，图中 L 的尺寸在 $70\sim100mm$ 之间。

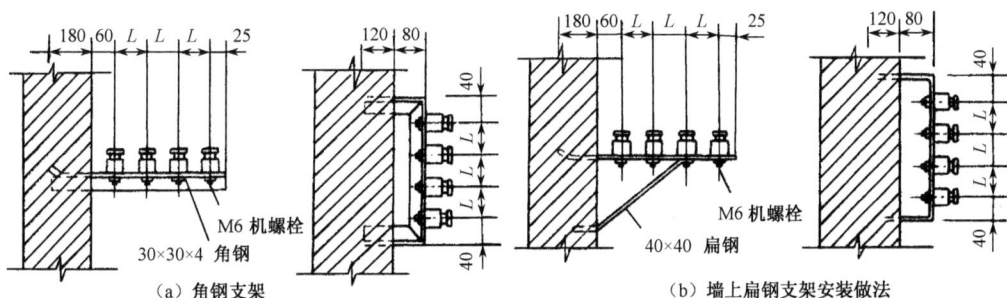

（a）角钢支架　　　　　　　　　　　　（b）墙上扁钢支架安装做法

图 2-21　瓷瓶在钢铁支架上的固定

2. 敷设导线

敷设导线应从一端开始，将导线按要求绑扎在瓷瓶上，然后捋直导线，依次经过其他瓷瓶。通常将导线的另一端绑扎固定后，再绑扎中间的瓷瓶和导线。其具体操作如下：

（1）终端导线的绑扎。绑扎的方法如图 2-22（a）所示。绑扎线直用绝缘线，绑扎线的线径和绑扎圈数如表 2-1 所示。

表 2-1　终端导线绑扎线线径及圈数

导线截面（mm）²	绑线直径（mm）			绑线圈数	
	纱包铁芯线	铜芯线	铝芯线	公圈数	单圈数
1.5～10	0.8	1.0	2.0	10	5
10～35	0.89	1.4	2.0	12	5
50～70	1.2	2.0	2.6	16	5
95～120	1.24	2.6	3.0	20	5

（2）中间导线的绑扎。中间瓷瓶和导线的绑扎有单绑法和双绑法两种，方法如图 2-22（b）、（c）所示。通常截面在 $6mm^2$ 以下的导线采用单绑法，绑扎线用 0.8mm 的铁芯线。截面在 $10mm^2$ 以上的导线采用双绑法，绑扎线用 1.0mm 以上的铁芯线。

（3）导线在同一平面曲折时，瓷瓶应在导线曲折角的内侧；导线有分支，应在分支处设置瓷瓶来支持导线；导线有交叉，应在导线上套绝缘管保护。

（4）平行的两根导线进行瓷瓶配线，两线之间的距离应大于 70mm，瓷瓶应处于导线的同一侧或处在导线的外侧，不应设在两根导线的内侧。

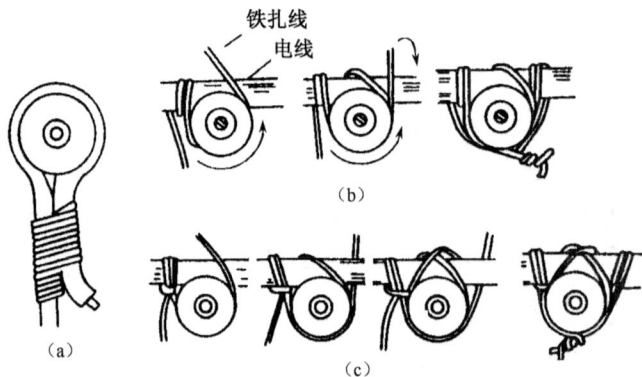

图 2-22　瓷瓶配线的绑扎

2.3.5　槽板配线

常用的槽板有木槽板和塑料槽板，其配线方法相同。槽板配线适用于办公室、生活间、学校、图书馆等照明配线。

槽板配线的定位和画线、导线穿墙、木榫或膨胀螺栓的固定与前述几种配线方法相同。

1. 固定槽底板

按导线路径固定槽底板。通常在距槽底板的两端约 40mm 处作为固定点，配线路径两个固定点之间的距离一般不大于 500mm。对于木结构安装面，可用木螺丝或铁钉固定槽底板。对于砖或混凝土结构的安装面，可用水泥钉固定或者用塑料膨胀螺栓固定。

使用木槽板配线，木槽板的安装钉应通过槽底板中间的木脊与安装面固定。两块槽底板直接拼接时，应在端口锯平或成 45°角；转角处拼接时，两槽底板应成 45°角，并把转弯处线槽内侧削成圆形，以防敷线时碰伤导线绝缘；槽板 T 型拼接时，可垂直拼接或夹角拼接，要去掉槽底板的筋。拼接要保证线槽对准，拼接紧密，走线顺畅。如图 2-23 所示为槽板连接方法示意图。

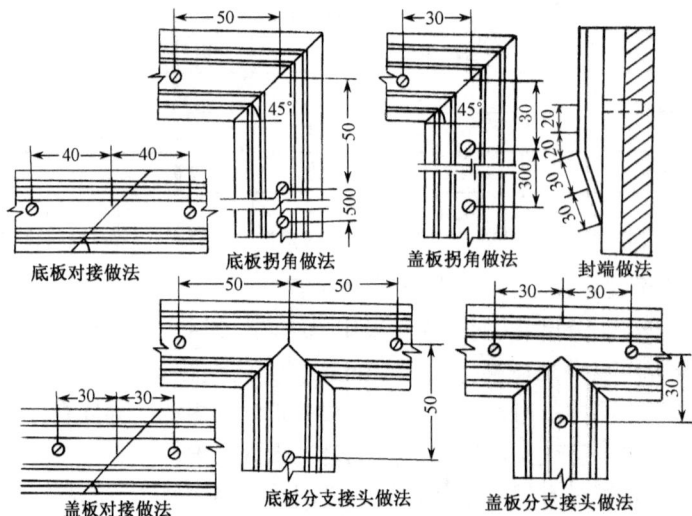

图 2-23　槽板配线

使用塑料槽板配线，安装钉应尽量与槽底板相平。槽底板拼接时，拼接方法与木槽板相同，槽板 T 型拼接时多采用垂直拼接，锯割所用的工具是手钢锯。槽板拼接也可选择弯角、三通、槽线盒等配件，配线方便、美观。

2．敷设导线

固定好槽底板后，就可敷设导线。槽板所敷导线应是绝缘线，铜导线截面不应小于 0.5mm^2，铝导线截面不应小于 1.5mm^2。

使用木槽板配线，敷线时每一线槽只敷设一根导线。槽内的导线不应有接头。必须有接头时要安装接线盒，接头留在接线盒内。槽板配线要避免导线相交，必须相交时，应把一条支路的槽板锯短，把导线套上绝缘套管，跨过另一条支路的槽板。

使用塑料槽板配线，线槽内导线的总截面，包括绝缘层在内一般为线槽截面的 30% 左右。

3．固定盖板

在敷设导线的同时固定盖板。对于木槽板，通常用小铁钉将盖板钉在槽底板木脊上，两钉之间的距离应小于 300mm。盖板的连接处应与槽底板的连接处错开。对于塑料槽板，通过盖板和槽底板的卡口可方便地固定在一起。

4．槽板配线的电器安装

采用槽板配线，槽板的一端或中间不直接安装灯头、开关、插座等电器，安装电器应用圆木台或塑料圆台相接。相接时，先把圆木台挖出豁口，扣在槽板上。当导线敷设到灯具、开关、插座等电器处，一般留出 100mm 长的线头，以便连接。

2.3.6　塑料护套线配线

塑料护套线是一种具有塑料保护层的双芯或多芯绝缘导线，具有防潮、耐腐蚀、价格低等优点。塑料护套线可以利用铝片线卡或塑料钢钉线卡作为支撑物，直接敷设在空心板、墙壁以及其他建筑物表面，安装方便。塑料护套线还可以敷设在天棚内作暗线安装。护套线的铜芯截面应在 0.5mm^2 以上。

1．画线定位

根据电源进线和用电器的位置，确定导线路径并画线。同时，对所有固定线卡的位置作出标记。

2．线卡的固定

常用的线卡有铝片线卡和塑料钢钉线卡两种。应根据所用塑料护套线选择合适的线卡种类和规格。线卡的种类与规格请见第 1 章有关内容。在照明线路中使用较多的是 0 号和 1 号铝片线卡。

铝片线卡的固定有两种方法，一种是用铁钉或水泥钉，直接将铝片线卡固定在安装面上；另一种先固定铝片线卡的底座，底座有金属线卡底座和塑料线卡底座，通常用粘接剂固定在安装面上，然后穿装铝片线卡。固定好的铝片线卡包绕塑料护套线，如图 2-24（a）所示。线卡的距离在 150～300mm 之间。在距开关、插座和灯具的圆台 50mm 处都应设置线卡。

3．敷设导线

在固定线卡的同时敷设导线。导线应择直，走线应横平竖直。导线的连接应通过接线盒、瓷接头或借用其他电器的接线柱进行；护套线转角时，转弯处圆弧要大，转弯前后应各设一个铝片线卡；两根护套线应尽量避免交叉，必须交叉时，交叉处应用 4 只线卡固定导线。如图 2-24（b）所示为塑料护套线配线示意图。

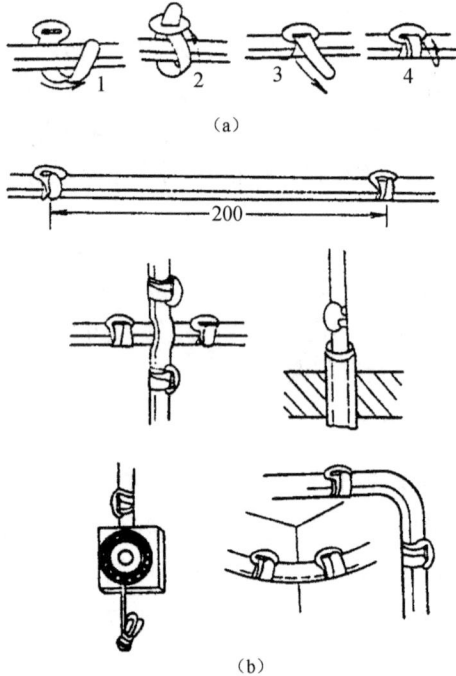

（a）

（b）

图 2-24　塑料护套线配线

2.3.7　线管配线

把绝缘导线穿在管中实现配线称为线管配线。线管配线有防潮、耐腐、导线不受机械损伤等优点。但其安装复杂，维修不便，造价较高。

线管配线操作步骤简述如下。

1．选择线管

根据敷设现场，选择线管类型。对于潮湿和有腐蚀性气体的场所，一般采用水煤气管，腐蚀性较大的场所采用硬塑料管，干燥的场所多用电线管。根据穿管导线的根数和截面来确定线管的内径，一般要求穿管导线的总截面，包括绝缘层在内不应超过线管内径截面的 40%。

2．线管落料

按敷设导线路径，决定线管的长度，由此进行落料。落料前应检查线管的质量，对有裂缝、瘪陷部分要事先除去。

3．弯管

根据实际走线，对弯曲部位，应进行弯管处理。金属管、塑料管弯管所用的工具和操作方法各有不同，应按有关规定进行弯管。

4．接管

无论明配管还是暗配管，管与管之间要连接。通常钢管采用管箍连接，塑料管采用插入连接，如图 2-25 所示。线管的连接较复杂，应按有关操作规定进行。

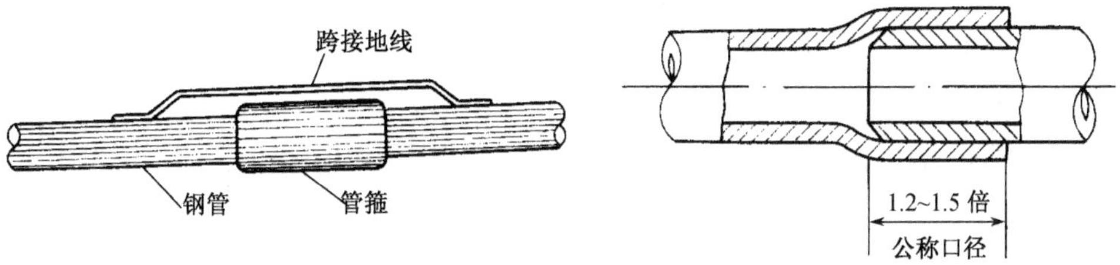

（a）管箍连接　　　　　　　　　　　　（b）插入连接

图 2-25　线管的连接

5．线管的固定

线管明线敷设，应采用管卡支撑。在线管的直线部分，两管卡的距离在 1.5m～3.5m 之间。线管弯曲处两侧、线管与电器相连端都应设管卡固定。暗线敷设的线管一般在土建施工中预埋，其操作按要求进行。

6．线管的接地

用金属管作线管时，线管必须可靠接地。通常用直径 6～10mm 的圆钢将各金属管相连，在配线的始、末端分别与接地体相连，使所有线管都可靠接地。

7．线管穿线

在线管固定好后，进行线管穿线。穿线前先用压缩空气或用钢丝绑抹布，清除管内的杂物和水分，穿线一般用直径 0.12mm 的钢丝做引线，将导线穿入线管。完成穿线后，将线管端口的导线根据线路图接入各电气设备。

2.4　电子元器件的检测

常用电子元器件的检测是电子技术操作的最基本的内容，通过检测电子元器件的训练，培养学生使用万用表的基本功，掌握检测常用电子元器件的方法。

2.4.1　电子元器件安装和焊接的注意事项

（1）在安装和焊接前，对所用的电子元器件要明确其规格型号，应符合使用条件。

（2）焊接前，二极管、三极管、晶闸管等各引线脚要认定，必要时要作出记号，以示区别。电解电容器要分清正负极引线。

（3）电子元器件安装中需要引线脚弯曲时，弯曲处距离壳体不应小于 5mm，以免引线齐根折断。

（4）电子元器件在安装之前，焊脚要刮净，并用松香水或无腐蚀性焊剂上锡。

（5）根据电子元器件引线的粗细，选择适当功率的电烙铁来焊接。

（6）在保证焊锡熔化情况下，电烙铁与电子元器件的接触时间应尽可能短。

（7）杜绝假焊和虚焊。

（8）在维修中改焊电子元器件时，要注意不触动其他元器件和导线。改焊后，应对改焊过的地方用酒精棉清除污垢、焊剂等，改动过的导线、元器件都要复位。

2.4.2　电阻的检测

1．电阻值的正常测量

测量电阻的阻值，使万用表的选择开关置电阻挡，先进行调零再将万用表的两只表笔与被测电阻两端线相接，万用表指针即可反映出被测电阻值。

测量时应注意：

（1）当万用表指针偏离刻度线中央位置较远时，应改变电阻挡量程，尽量使指针处于刻度线中央位置。因为指针越靠近中央位置，反映电阻值准确度越高。

（2）操作者应避免双手同时与被测电阻两端线接触，以防影响测量值，尤其在测量大电阻值时更应注意。

（3）在线测量电阻时，要考虑到电阻与其他元件的关系，为保证测量结果的准确，可焊开电阻的一端。

2．电阻的检查

维修电工接触较多的是 RT 碳膜电阻、RJ 金属膜电阻和大功率电阻。电阻损坏主要有烧断和击穿两种情况，有时经外观检查就可见其烧焦表面。用万用表电阻挡作进一步检查可判定其好坏：用大电阻挡测量，电阻值为无限大或接近无限大，表明电阻烧断；用小电阻挡测量，电阻值为零或接近零，表明电阻短路。

2.4.3　电容器的检测

电容器的精确检测需用专门的电桥来进行，维修电工可用万用表作粗略的检测，判断其好坏。有的万用表设有测量电容器的挡，可将电容器的两个端线接入指定的插座，指针指示电容值。此外使用指针式万用表的电阻挡，利用电容器充放电的特性，大致判断电容器的好坏，与已知容量的电容器相比较，估计其电容量。下面介绍用万用表电阻挡检测电容器的方法。

1．几千皮法～0.1μF 小容量电容器的检测

使用万用表大电阻挡，如 500 型万用表的×10k 挡，将电容器两端线分别与万用表两表笔相连，根据检测现象，可判定电容器质量：

① 正常电容器：表针稍摆一个小角度后复位，对调两个表笔位置重复测量，仍出现上述现象，说明电容器正常。

② 短路电容器：表针指零或摆动幅度较大，且不复位，说明电容器短路或严重漏电。

③ 开路电容器：表针完全不动，对调两表笔位置测量，仍然不动，说明电容器开路。

对于几千 pF 小容量电容器，如使用万用表×100k 挡检测，指针摆动明显，判断结果更可靠。

2. 0.1μF～1μF 电容器的检测

0.1μF～1μF 电容器的检测可以参照上述检测方法进行，使用万用表的×10k 挡。不同的是测量正常电容器时，指针的摆动角度有明显增大，并能复位。短路和断路现象与上述相同。

3. 电解电容器的检测

电解电容器的电容量都较大，都在 1μF 以上，与一般电容器不同的是有正极和负极之分。使用时，电容器的正极接高电位，负极接低电位。检测时用万用表的×1k 挡。

（1）电解电容器好坏的判定。先将电解电容器两端线短接放电，然后用万用表的黑表笔与电容器正极相连，红表笔与电容器负极相连。

① 正常电容器：指针有较大的摆动，然后慢慢复位。

② 短路电容器：指针指零或接近于零，并且不复位，表明电容器短路或严重漏电。

③ 开路电容器：指针完全不动或稍动一点且不复位，表明电容器断路。

（2）电容量的估算。根据电容量越大则指针偏转角越大的道理，测量已知电容量的电容器，观察指针偏转角度，然后与被测电容器的偏转角相比较，可估算出被测电容器的粗略容量。须注意的是，电解电容器的实际容量往往比标称容量大得多。

（3）电解电容器的极性判定。当电解电容器极性标记不清时，可用万用表来判别，其方法是利用电解电容器反接比正接漏电明显的特点，将被测电容器两端线短接放电，然后两端分别与万用表表笔相接，记下指针返回原点的位置。再次将电容器两端线短接放电，对调两表笔位置，与电容器相接，记下指针返回原点的位置。比较两次测量指针返回的位置，其中指针返回原点或距离原点较近的一次是电容器正接，这时黑表笔所接触的电容器端线是正极。

2.4.4 二极管的检测

常用的二极管材料有锗和硅的两种。锗材料二极管多用于检波，如 2AP 系列；硅材料二极管多用于整流、稳压，如 2CP 系列、2CZ 系列和 2CW 系列。二极管的正向电阻小，反向电阻大。锗材料的电阻小，硅材料的电阻大。通过对二极管正反向电阻的测量，可大致判定二极管的好坏和极性。

1. 二极管好坏的判定

二极管正、反向电阻差越大越好，二者接近说明二极管已损坏。检测锗二极管时，万用表置×1k 挡。

① 正常二极管。万用表黑表笔与二极管正极相连，红表笔与二极管负极相连，呈正接，电阻值应在 3kΩ以下；黑表笔与二极管负极相连，红表笔与正极相连，呈反接，指针应基本不动。

② 短路二极管。万用表红、黑表笔分别与二极管正、负极相连，指针趋于零点，红、黑表笔互换位置，指针仍指零点，表明二极管已短路。

③ 断路二极管。万用表红、黑表笔分别与二极管负、正极相连，指针若不动或基本不动，表明二极管已断路。

检测硅二极管时，用万用表×10k 挡进行如上操作。正常硅二极管的正向电阻值应小于 10kΩ，反向测量指针基本不动。若用×1k 挡测量其反向电阻，指针应不动。

2. 二极管极性的判定

二极管极性标记不清时，可用万用表电阻挡来判定。将万用表置×1k 挡，两只表笔与二极管两端相连测量电阻值；表笔对调再测量一次。其中测得电阻值较小时，为二极管正向电阻，这时黑表笔相连的二极管接线端为二极管正极，红表笔相连一端为负极。测得电阻值较大时，黑表笔所接为负极，红表笔所接为正极。如图 2-26 所示为二极管极性判定示意图。

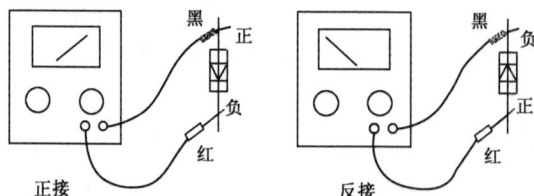

图 2-26　二极管极性判定示意图

2.4.5　三极管的检测

三极管具有两个 PN 结，按其结构组成有 PNP 型和 NPN 型两种，所用材料分锗材料和硅材料。下面介绍几类常见三极管检测的操作方法。

1. PNP 型锗材料三极管

PNP 型锗材料三极管包括 3AX 系列、3AG 系列、3AD 系列等，可以看做由两个二极管构成，如图 2-27（a）所示。通常用万用表×1k 电阻挡来进行检测。

（1）三极管好坏的粗略判定。

① 正常三极管。万用表的黑表笔接三极管的 e 极，红表笔接 b 极，其阻值约为几千欧；黑表笔接 c 极、红表笔接 b 极，其阻值也约为几千欧；黑表笔接 e 极、红表笔接 c 极，其阻值约为几千欧；红、黑表笔对调重复上述测量，其阻值在数十千欧以上。上述测试结果表明三极管基本上是好的。

② 短路三极管。用万用表分别测量 e、b 极，c、b 极，e、c 极的电阻，其中有一组正反向两次测量的阻值都为零或趋于零，表明三极管短路。

③ 断路三极管。重复上述测量，如其中一组正反向电阻都趋于无限大，表明三极管断路。

（2）三极管管脚的判定。当三极管管脚标记不清时，可用万用表进行判定。

① 判别 b 级：用万用表红表笔依次与三极管三个极相连，用黑表笔接触其他两个极。当红表笔所连的极与黑表笔所接触的其他两个极同时出现较小电阻值时，红表笔所连的极即为三极管 b 极。

② 判别 e、c：用红、黑表笔分别测量其余两个极，测量电阻值较小时，黑表笔所连的极为 e 极，红表笔所连的极为 c 极；测量电阻值较大时，黑表笔所示为 c 极，红表笔为 e 极。

2. NPN 型硅材料三极管

NPN 型硅材料三极管包括 3DG 系列、3DD 系列等，它可看做由图 2-27（b）所示的两个二极管所构成。因为是用硅材料制成的，通常用万用表×10k 挡进行检测。

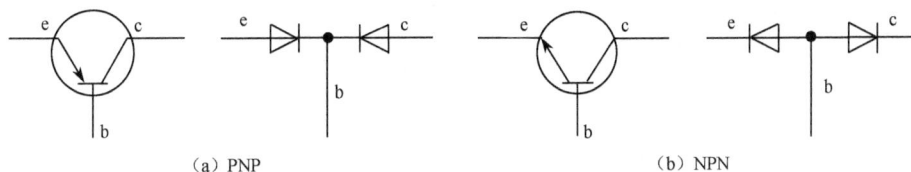

（a）PNP　　　　　　　　　　　　　　　　（b）NPN

图 2-27　PNP、NPN 型三极管检测示意图

（1）三极管好坏的粗略判定。

① 正常三极管：万用表的红表笔接 e 极，黑表笔接 b 极，其阻值在 10kΩ 以下，表笔对调，呈现大阻值；红表笔接 c 极，黑表笔接 b 极，其阻值在 10kΩ 以下，表笔对调，指针基本不动；红表笔接 e 极，黑表笔接 c 极，表针基本不动，对调表笔，呈现大阻值。上述测试结果表明三极管基本是好的。

② 短路三极管：用万用表分别测量三极管 e、b、c 之间的电阻值，如果某两极间出现正反向测量值都趋近于零，表明三极管短路。

③ 断路三极管：重复上述测量，如果某两极间出现正反向的测量值都趋于无限大，表明三极管断路。须说明的是，e、c 极之间正反向电阻值之差不如锗材料三极管明显，检测时应予注意。

（2）三极管管脚的判定。

① 判定 b 极：将黑表笔依次与三极管三个极相连，用红表笔接触其他两极，当同时出现较小电阻值时，黑表笔所连的极为三极管的 b 极。

② 判定 e、c 极：用红、黑表笔对调测 e、c 之间的电阻值，其中电阻值较大时，黑表笔所接的管脚为 c 极，红表笔所接的管脚为 e 极。

另外，也可以利用人体实现偏置，判别 e、c 管脚。做法是用双手分别捏紧两个表笔的金属部分和三极管的 e、c 管脚，然后用舌尖接触三极管的 b 极。人体电阻作为三极管的偏置电阻，使万用表的指针向小阻值一侧偏转。将红、黑表笔对调，重复上述测量。比较万用表指针两次的偏转角，其中偏转角较大的一次，黑表笔所接的管脚是三极管 c 极，红表笔所接为 e 极。

除了 PNP 型锗材料三极管、NPN 型硅材料三极管，常见的还有 PNP 型硅材料三极管（如 3CG 系列）和 NPN 型锗材料三极管（如 3BX 系列）。PNP 型硅材料三极管的检测可将万用表置×10k 挡，参照 PNP 型锗材料三极管的检测进行。NPN 型锗材料三极管的检测可将万用表置×1k 挡，参照 NPN 型硅材料三极管的检测进行。

需要说明的是，上述检测过程所给的测量电阻值只供参考。因不同型号的三极管，极间的电阻值不同，即使同一型号的三极管，极间电阻值也有差异。对一个管子来说，极间电阻值不是常数，用不同的电阻挡测量的电阻值差异也很大。

2.4.6　晶闸管的检测

晶闸管可看做由三只二极管所构成，如图 2-28 所示。用万用表×1k 电阻挡，可对晶闸管进行简易检测。

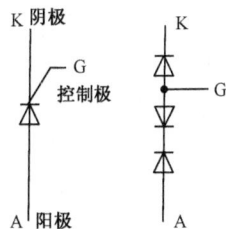

图 2-28　晶闸管检测示意图

1．晶闸管好坏的粗略判定

正常晶闸管进行电阻测量应有如下反应：测量阴极和阳极间的电阻，其正反向电阻值都应很大，万用表指针基本不动；测量阴极和控制极间的电阻，应反映出二极管的特点，即红表笔接阴极，黑表笔接控制极，呈小电阻值，约几千欧，表笔对调呈大电阻值；测量控制极与阳极间的电阻，其正反向都应呈现大阻值。

测量中出现与上述相反的情况，表明晶闸管质量不好或损坏。常见的现象有：阴极、阳极间电阻值为零或很小，表明晶闸管短路损坏；阴极、阳极间电阻值不是很大，表明其性能不好；控制极与阴极正反向电阻都很大或很小，表明晶闸管断路或短路损坏。

2．晶闸管管脚的判定

用万用表×1k电阻挡分别测量晶闸管各管脚间的正反向电阻，其中两管脚间的电阻较大值在100kΩ以上，对调表笔，测得较小值在3kΩ以下，表明这两个极是阴极和控制极。在较小电阻值时，黑表笔所接的管脚为控制极，红表笔所接管脚为阴极，另一空管脚就是阳极。

2.5　电力工程电路图

电力工程电路图又称电气工程电路图，简称电路图，它是电力工程的"语言"，在电力工程中是表达和交流信息的重要工具，任何电力工程都是依据电路图进行施工的。维修电工应该有意识地从简单到复杂学会识图，根据电路图来检查和维护各种电气设备，根据电路图进行配线和安装电气设备。

2.5.1　电力工程电路图简述

在初中物理课中讲过：用导线将电源和负载连接起来，构成电路，将电路画在图纸上就形成了电路图。但这种电路图反映的仅是电原理线路，多用于电子技术工程。对于电力工程，这种简单的电路图往往不能反映电气元件的规格、型号、安装要求、线路敷设方式以及其他一些特征，不能作为电气线路安装和维修的依据。维修电工所接触的主要是电力工程电路图，它是按照电气动作原理或安装配线的要求，把所需的电源、电气设备、控制电器及导线连接起来构成电路，然后按国家统一规定的标准和符号画在图纸上形成的。

电力工程电路图反映的是电气工程的技术信息，由于其表达对象、提供信息类型及表达方式的不同，形成了多种不同的电力工程电路图。常见的电力工程电路图有电气系统图、电气原理图和电气装配图三种。

1．电气系统图

电气系统图又称概略图或框图，它是用符号或带注释的框概括地表示系统或分系统的组成、相互关系及主要特征的一种简图。系统图以简洁的方式表达电气设计的总体方案、简要的工作原理和主要组成，其突出特点是简单明了，使人对电气工程的总体结构和典型线路一目了然。在系统图中，通常用单线代表三线构成电气线路图，所以也称为单线系统图。

2．电气原理图

电气原理图是根据电气系统的工作原理绘制的，用来表示电气系统各部分的相互关系、工作原理及作用，不涉及电气设备和电器元件的实际结构和安装情况。

电气原理图能清楚地反映电流流经的路径、电气设备与控制电器的相互关系和工作原理，它是研究电气工作原理和分析故障的依据。技术人员和电工通过电气原理图能很快地发现接线的错误或运行中的故障。

3. 电气装配图

电气装配图也叫电气安装接线图。它是根据电气设备和电器元件的实际结构和安装情况绘制的，用来表示接线方式、电气设备及电器元件的位置、接线场所的形状、特征及尺寸。安装接线图是电力工程施工的主要图纸，它往往与平面布置图画在一起，着眼于电气线路的安装配线。

除此之外，电力工程电路图还有展开接线图、平面布置图、剖面图等。

2.5.2　电路图的组成

电力工程电路图一般由电路、技术说明和标题栏三部分组成。电路是电路图的主体。

1. 电路

将所需的电源、电气设备和控制电器用导线连接起来，构成闭合回路，以实现电气设备的预定功能，这种回路的总体叫做电路。

电力工程的电路通常分为两部分：主电路和辅助电路。主电路也叫一次回路，是电源向负载输送电能的电路，包括电源设备、控制电器和负载等。主电路在图中用粗实线表示，位于辅助电路的左侧或上部。通常，主电路通过的电流较大，使用的线径较粗。辅助电路也叫二次回路，是对主电路进行控制、保护、监测、指示的电路，包括控制电器、仪表、指示灯等。辅助电路用细实线表示，位于主电路的右侧或下部。辅助电路的电流较小，使用的线径也较细。

电路是电路图的主要构成部分。构成电路的电器元件的外形和结构比较复杂，在电路图中要采用国家统一规定的图形符号和文字符号来表示电器元件的不同种类、规格以及安装方式。对于比较简单的电路，有的只绘制其电气原理图，以反映电路的工作过程和特点；有的只绘制电气装配图，以反映各电器元件的安装位置和配线方式。对于比较复杂的电路，同时绘制电气原理图和电气装配图。此外，对于比较复杂的辅助电路，有时要绘制其展开接线图，在电气工程施工中有时要求绘制平面布置图和剖面图。

2. 技术说明

电路图中的文字说明和元件明细表等，总称为技术说明。在文字说明中注明电路的某些要点及安装要求等，通常写在电路图的右上方。元件明细表列出电路中元器件的名称、符号、规格和数量等。元件明细表一般位于标题栏的上方，表中的序号自下而上编排。

3. 标题栏

标题栏位于电路图的右下角，栏内注有工程名称、图名、图号，还有设计人、制图人、审核人、批准人的签名和日期等栏目。标题栏是电路图的重要技术档案，栏目中的签名者对图中的技术内容要各负其责。

2.5.3　电气符号

电路图是利用电气符号来表示其构成和工作原理的，因此要看懂电路图，必须了解电气符号的含义、标注原则和使用方法。电气符号包括图形符号、文字符号和回路标号。

1．图形符号

图形符号是用国家标准所规定的图形及标记、字符来表示某一设备或概念，它分为基本符号和一般符号。

（1）基本符号：该符号不表示独立的电器元件，只说明电路的某些特征。例如，"～"表示交流；"—"表示直流。

（2）一般符号：用以表示一类产品和这类产品特征的一种符号。例如；"Ⓜ"表示交流电动机；"θ"表示双绕组变压器。

2．文字符号

文字符号是用来表示电气设备、装置和元器件种类及功能的字母代码，分为基本文字符号和辅助文字符号两种。

（1）基本文字符号。基本文字符号有单字母符号和双字母符号两种表示方式。单字母符号是按大写的拉丁字母将各种电气设备、电器元件划分为23大类，每大类用一个专用字母符号表示。如"C"表示电容器类，"R"表示电阻类。需要将大类进一步划分，以便较详细和更具体地表述电气设备、电器元件时，采用双字母符号。双字母符号由一个表示种类的单字母符号后加另一字母组成，如"GB"表示蓄电池，其中"G"为电源的单字母符号。

（2）辅助文字符号。辅助文字符号是用来表示电气设备、装置和元器件及线路的功能、状态和特征的。如"SYN"表示同步，"L"表示限制，"RD"表示红色等。

3．回路标号

电路图中，回路上标注的文字符号和数字标号统称回路标号，用来表示各回路的种类和特征。回路标号一般由三位或三位以下的数字组成，按照"等电位"的原则进行标注。所谓等电位的原则，即为回路中连接在一点的所有导线具有同一电位而标注相同的回路标号。

常用的图形符号、基本文字符号和辅助文字符号如表2-2、表2-3和表2-4所示。

表2-2　常用图形符号

名　　　称	图　形　符　号	文　字　符　号
开关		QS
单极开关		QS
三极开关		QS
闸刀开关	同上	QS
组合开关	同上	QS
控制器或操作开关		SA
按钮		SB
启动按钮		SB
停止按钮		SB

名　称	图 形 符 号	文 字 符 号
复合按钮		SB
接触器		KM
线圈		KM
常开触点		KM
常闭触点		KM
带灭弧装置的常开触点		KM
带灭弧装置的常闭触点		KM
中间继电器		KA
速度继电器		KA
电压继电器		KA
一般线圈		KA
欠压继电器的线圈	U<	KA
过电流继电器的线圈	I>	KA
常开触点		KA
常闭触点		KA
热继电器		FR
热元件		FR
常闭触点		FU
熔断器		T
单相变压器		LH
信号灯		T
三相自耦变压器		M
三相鼠笼式异步电动机		M
串励直流电动机		M
并励丰流电动机		M

表 2-3　常用基本文字符号

设备、装置和元器件种类		基本文字符号	
		单字母符号	双字母符号
组件	晶体管放大器	A	AD
部件	集成电路放大器		AJ
非电量到电	压力变换器	B	BP
量变换器	位置变换器		BQ
电容器	电容器	C	
保护	熔断器	F	FU
发生器电源	蓄电池	G	GB
信号器件	指示灯	H	HL
继电器接触器	交流继电器	K	KA
	接触器		KM
变压器	控制变压器	T	TC
	电力变压器		TM
电感器	感应线圈	L	
电动机	电动机	M	
	同步电动机		MS
测量设备	电流表	P	PA
试验设备	电度表		PJ
电力电路的开关器件	断路器	Q	QF
	隔离开关		QS
控制电路的开关器件	选择开关	S	SA
	按钮开关		SB

表 2-4　常用辅助文字符号

名　称	文 字 符 号	名　称	文 字 符 号
交流	AC	断开	QFF
自动	A，AUT	闭合	ON
直流	DC	输出	OUT
接地	E	保护	P
高	H	保护接地	PE
低	L	保护接地与中性线共用	PEN
手动	M，MAN	不接地保护	PU
中性线	N	信号	S

2.5.4　连接线

在电力工程电路图中，各种图形符号的相互连线统称连接线，在图中起着连接各种设备、元件的图形符号的作用，代表电气工程中的各种导线。连接线是构成电力工程电路图的重要组成部分，了解连接线的表示方法和含义是电工识图的基础。

1．导线的一般表示方法

（1）导线的一般符号。如图 2-29（a）所示导线的一般表示符号，可用于表示一根导线、导线组、电线、电缆、传输电路、母线、总线等。这一符号可根据具体情况加粗、延长或缩小。

（2）导线根数的表示法。当用导线的一般符号表示一组导线时，若需反映导线根数，可用小斜线表示。数量较少时，4 根以下用短斜线数目代表导线根数，如图 2-29（b）所示；数量较多时，可用一小斜线标注数字表示，数字表示导线的根数，如图 2-29（c）所示。

（3）导线特征的表示法。在电力工程电路图中，有时需反映出导线的材料、截面、电压、频率等特征，要在导线上方、下方或中断处加注识别标志。导线的特征通常采用符号标注，在横线上面标出电流种类、配电系统、频率和电压等；在横线下方标出电路的导线数乘以每根导线的截面（mm^2），若导线的截面不同，可用"+"将其分开；导线材料可用化学元素符号表示。如图 2-29（d）所示，表示电路有 3 根相线、1 根中性线，交流频率为 50Hz，电压为 380V，相线截面为 $6mm^2$，中性线截面为 $4mm^2$，导线材料为铝。如图 2-29（e）所示标注，可表示导线的型号、截面及安装方法等，即导线型号为 BLV（铝芯塑料绝缘线），截面为 3mm×4mm，安装方法用管径 ϕ25mm 的塑料管，沿墙暗敷（QA）。

（4）导线换位表示法。在某些情况下需要表示电路相序的变更，极性的反向、导线的交换等，可采用图 2-29（f）所示的方式标注，表示 L_1 相与 L_3 相换位。

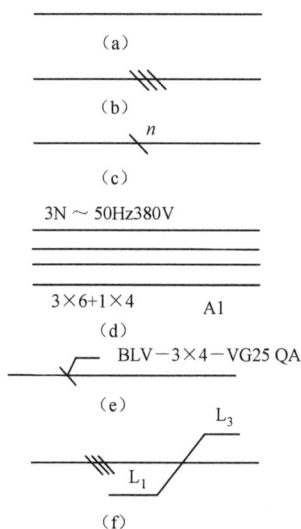

图 2-29　导线的表示方法

2．连接线的分组和标记

配电线束、多芯电线电缆、母线、总线等都可视为平行连接线。对于多条平行连接线，应按功能分组。不能按功能分组的，可以任意分组，每组不多于三条。组内线的距离应不小于 5mm，以便进行各种标注。组间的距离应大于线间距离。

为了反映连接线的功能或去向，可以在连接线上加注信号名或其他标记。标记通常标注在连接线或连接线组的上方或左方，也可以标注在连接线的中断处。如图 2-30 所示的几种标注，表示连接线的功能"TV"，传输电流"I"，传输波形"⌐⌐"等。

图 2-30　连接线的标记

3. 连接线的连续表示法和中断表示法

反映连接线的去向和接线关系，有连续表示法和中断表示法。

（1）连接线的连续表示法。连续表示法是将连接线头尾用导线连通的表示方法。连接线可以用多线也可以用单线表示。为了避免线条过多，保持图面的清晰，对多条去向相同的连接线常采用单线表示。若连接线两端处于不同位置，必须在两个相互有连接关系的线端加注标记，如图 2-31（a）所示，加注标记表明 A—A、B—B、C—C、D—D 的连接关系。若连接线两端都按顺序编号，且线组内线数相同，在不致引起错接的情况下，允许省略标记，如图 2-31（b）可简化成如图 2-31（c）所示。若有一组线，各自按顺序连接，则可按如图 2-31（d）所示的方法，按顺序编号，用单线表示。

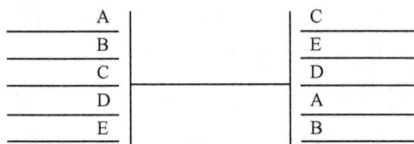

（a）加注对应标记（线组两端导线编号顺序不同）

（b）按顺序标记（线组两端导线编号顺序相同）

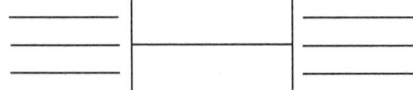

（c）将（b）中标记省略

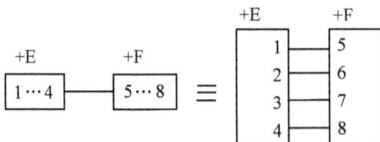

（d）线组两端导线编号顺序相同

图 2-31　连接线的单线表示法

在电气装配图中，当单根导线汇入用单线表示的一组连接线时，可采用如图 2-32（a）所示的方法。汇接处为一短斜线，其方向应便于识别连接线进入或离开汇总线的方向，连接线的末端标注相同的标记符号。当需要表示出导线根数时，可采用如图 2-32（b）所示的方法。电缆的芯线汇入电缆可采用如图 2-32（c）所示的方法，在电缆两端的芯线上都分别标注芯线号，图中表示从 +A-X_1 的 1、3 端子引出的线号为 1、2 的两根芯线通过 107 号电缆，与 +B-X_2 的 2、1 端子相连接。

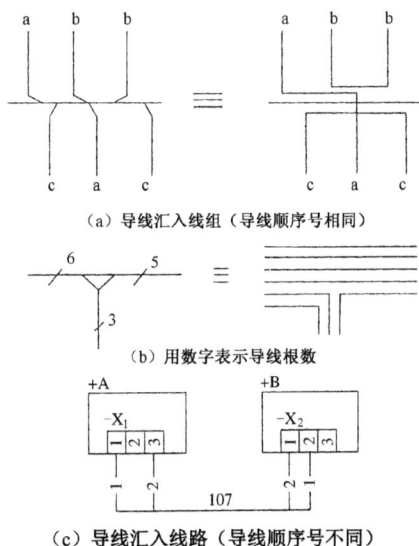

(a) 导线汇入线组（导线顺序号相同）

(b) 用数字表示导线根数

(c) 导线汇入线路（导线顺序号不同）

图 2-32　汇总线的单线表示法

（2）连接线的中断表示法。电路图中的连接线可能穿过图中符号较密集的区域，也可能从一张图纸连到另一张图纸，出现连接线较长的情况，这时连接线可以中断，以使图面清晰，但在连接线的中断处应加相应的标记，如图 2-33 所示。

如图 2-33（a）所示，中断线两端标注相同字母，表明 A—A 连接。

如图 2-33（b）所示，去向相同的线组，在图中中断处的两端分别标注 A、B、C、D 符号，表示去向。

如图 2-33（c）所示为一条连接线需要连接到另一张图纸上采用的中断线表示方法。1 号图上的 L 线在 C_4 区中断，24 号图上的 L 线在 A_4 区中断，则中断线的标注方法在 1 号图上标注为 $24/A_4$，在 24 号图上为 $1/C_4$，表示 L—L 连接。

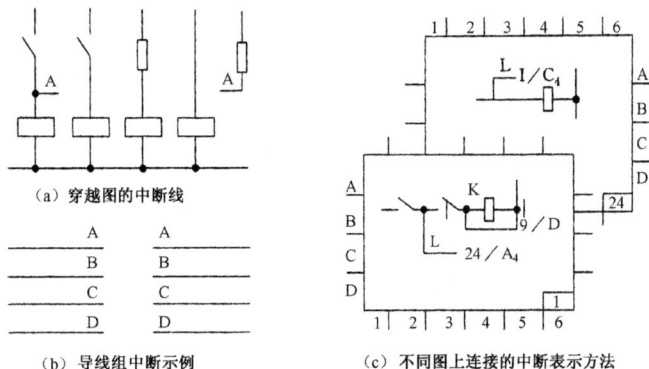

(a) 穿越图的中断线

(b) 导线组中断示例

(c) 不同图上连接的中断表示方法

图 2-33　中断线的标记方法

此外，还可以用符号标记表示连接线的中断。如图 2-34（a）所示的是连接线不中断的表示方法，表明项目-A 的 1 号端子与项目-B 中的 2 号端子相连，-A 的 2 号端子与-B 中的 1 号端子相连，无须做标记。如图 2-34（b）所示是以中断线表示，要在中断处作符号标记。-A 的 1 号端子连线的中断处标注 "-B：2"，表示该连线应与-B 中的 2 号端子相连；-A 的 2 号端子连线的中断处标注 "-B：1"，表示该连线与-B 中的 1 号端子相连。同样地，在项目-B 的连接线中断处也要作相应的标注。

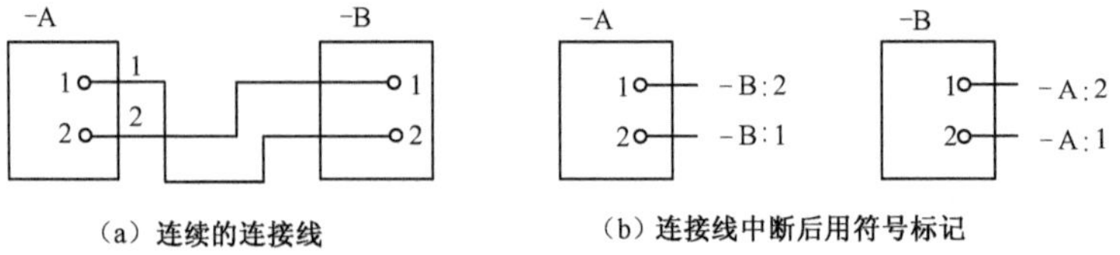

（a）连续的连接线　　　　　　　（b）连接线中断后用符号标记

图 2-34　中断线的符号标记方法

2.5.5　图纸画法的其他规定

（1）直流电源可用线条加符号"＋"、"－"表示，交流电源可用 L_1、L_2、L_3 及 N 表示。

（2）主电路通常用粗实线画出，辅助电路用细实线画出。凡是直接电连接的导线交叉点，在图中用黑圆点标注，未用黑圆点标注的交叉线表示无直接电连接关系。

（3）在主电路和辅助电路中，各电器元件的动作顺序通常按从左到右、从上到下的规律排列，其目的是为阅读和分析提供方便。

（4）图中电器的触点都按不通电、不受外力作用的断、合状态画出。如带电磁线圈的电器按线圈未通电时标注触点系统的断合状态，手动或机动控制装置应标注动作前的零位状态。

（5）对于比较复杂的电路图，为了检索电路，方便阅读，在图的上方或下方用数字标注图区编号。有时在图区编号的下方或上方用汉字注明该图区的元器件功能，以便于分析电器的工作原理。

（6）电器的技术参数有时可在图中标注，标注的方法是在电器代号的相应位置用小号字体注明元器件型号和有关技术参数。例如，采用导线的型号、截面，配线的方法，继电器电流动作范围及整定值等。

2.6　电工应用识图

2.6.1　识图的基本方法和步骤

1．识图的基本方法

（1）从简单到复杂，循序渐进识图。初学识图要本着从易到难，从简单到复杂的原则。一般来讲，照明电路比电器控制电路简单，单项控制电路比系列控制电路简单，复杂的电路都是简单电路的组合。从看简单的电路图开始，搞清每一电气符号的含义，明确每一电器元件的作用，理解电路的工作原理，为复杂电路的识图打下基础。

（2）结合电工基础理论识图。供电系统、电力拖动和各种控制电路都是根据电工基础理论设计的。电工识图，着重是对电气原理图的理解，要具备电工基础理论知识。因此结合电工基础理论识图，容易搞清电路的电气原理，并提高识图的速度。

（3）结合电器元件的结构和工作原理识图。电路中的各种电器元件是电路的重要组成部分，如常用的各种继电器、接触器、控制开关、互感器、熔断器等。在识图时，首先要了解这些电器元件的结构、性能、相互控制关系及在电路中的作用，才能理解整个电路的工作原理，看懂电路图。

（4）结合典型电路识图。所谓典型电路，就是常见的基本电路。较复杂的电路都是由若干基本电路所组成。掌握并熟悉常见的基本电路，如常用电气设备的基本控制电路、电动机基本控制电路、常用电器元件基本控制电路等。结合典型电路识图，有利于对复杂电路的理解，能较快地分清电路的主次环节，搞清电路的工作原理。

2．识图的基本步骤

识图一般由阅读图纸说明开始，然后读电气原理图，其次看电气安装图，最后看展开接线图、平面布置图、剖面图等。

（1）阅读图纸说明。识图时，首先要阅读图纸说明，明确设计内容和施工要求，抓住识图要点。图纸说明的内容包括图纸目录、技术说明、元件明细表和施工说明书等。

（2）阅读标题栏。了解电气工程名称和图纸名称。

（3）读系统图。主要了解整个系统或分系统的概况，即系统的基本组成、相互关系及主要特征，为进一步理解电气原理图打下基础。

（4）读电气原理图。读电气原理图是电工识图的主要环节，其目的是明确电路的构成、各电器元件的作用和整个电路的工作原理。读图顺序如下：

① 分清主电路和辅助电路。

② 分析主电路。通常从下往上读主电路，即从电气设备开始，经电器控制元件直到电源。搞清主电路路径，明确供电电源和负载的关系。比较简单的主电路也可从上往下读。

③ 分析辅助电路。从上而下、从左向右读辅助电路，即从电源开始，顺次看各条辅助回路。搞清各回路的构成、各电器元件的工作情况和相互联系；分析辅助电路几种工作状态，进一步明确辅助电路对主电路的控制关系。

（5）读电气安装图。电气安装图是根据电气原理图绘制的，应对照原理图来看电气安装图。读图从主电路开始，由电源引入端，按回路顺序，查阅各控制电器元件，直到电气设备。然后读辅助电路，由电源开始，按回路查阅各电器元件，直到回电源另一端。

（6）读展开接线图。应对照电气原理图，从上到下或从左到右来读展开接线图。在读展开接线图时应注意，动作电器元件的接点往往接在其他回路中，看图时要与原理图一一对应，形成完整的电路。

（7）读平面布置图和剖面图。读平面布置图主要是了解土建平面概况，明确主要电气设备的位置，结合剖面图进一步搞清电气设备的空间布置，以便实施安装接线的整体计划。

2.6.2　识图举例

1．电力系统示意图

如图 2-35 所示为电力系统示意图，是单线系统图。图中的各电气符号为图形符号，其含义为：如图中标注，有发电机、升压变压器、降压变压器、输电线路和电能用户。

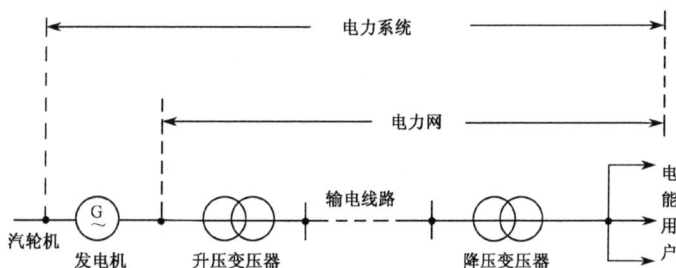

图 2-35　电力系统示意图

发电厂发电机生产的电能除供本厂和附近用户外，绝大部分要经过升压变压器将电压提高，再由高压输电线远距离输送至用电中心，再经过降压变压器降压，将电能分配到电能用户。发电、变电、输电、配电和用电等环节构成一个发、供、用的整体，称为电力系统。

2．6kV～10/0.4kV 配电变电所电气系统图

如图 2-36 所示为 6kV～10/0.4kV 配电变电所电气主电路图，也是单线系统图。各电气符号的含义如下：

（1）图形符号。如图 2-36 中标注，高压侧有高压隔离开关、负荷开关、高压断路器、电力变压器、熔断器、电压互感器、电流互感器、避雷器等；低压侧有低压断路器、低压母线、隔离开关、断路器、熔断器、电流互感器。

（2）文字符号。高压侧有 QS_1、QS_2——高压隔离开关，QF_1——高压断路器，QF_2——负荷开关，FU_1、FU_2、FU_3、FU_4——熔断器，T——电力变压器，FV——避雷器，TA_1——电流互感器，TV——电压互感器。低压侧有 QS_3、QS_4、QS_5、QS_6——低压隔离开关，QF_3、QF_4——低压断路器，FU_5、FU_6——熔断器，W_2、N——低压母线，TA_2、TA_3——电流互感器。

电源由 6kV～10kV 架空线或电缆引入，经高压隔离开关 QS_1，和高压断路器 QF_1 送到电力变压器 T。当负荷在 315kVA 以下时，也可采用跌开式熔断器 FU_1、隔离开关 QS_2 和熔断器 FU_2 组合、负荷开关 QF_2 和熔断器 FU_3 组合代替 QS_1、QF_1 对变压器实施高压控制。

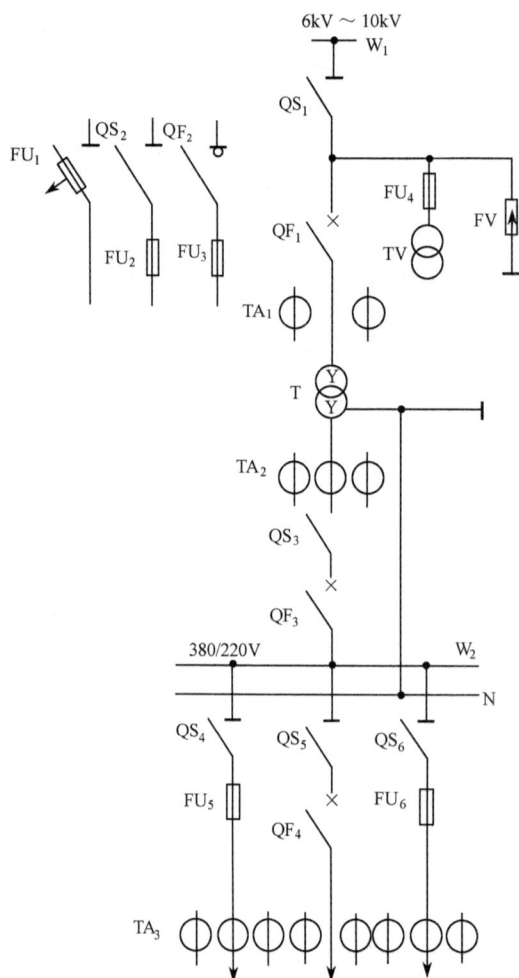

图 2-36　6kV～10/0.4kV 配电变电所电气系统图

经变压器 T 降压后，400/230V 低压进入低压配电室，经隔离开关 QS$_3$ 和低压断路器 QF$_3$ 送至低压母线，以后通过低压刀开关 QS$_4$ 及熔断器 FU$_5$、隔离开关 QS$_6$ 及熔断器 FU$_6$、隔离开关 QS$_5$ 及断路器 QF$_4$ 将电能送到各用电点。低压断路器 QF$_3$ 是低压总开关。

高、低压侧均装有电流互感器及电压互感器，用于测量及保护。为了防止雷电波侵入变电所，在进线处安装有避雷器 FV。

目前，中小型厂矿、企业、城镇、乡村的电力供应多采用 6kV～10/0.4kV 的配电变电所供电。

3. 单相照明配电线路

如图 2-37 所示为单相照明配电线路。各电气符号的含义如下：

（1）图形符号。如图中标注，有双极开关、熔断器、照明灯等。

（2）文字符号。L——单相电源端，N——中性线。当开关合上，照明电路工作。照明用电容量较小时，多采用单相制供电。

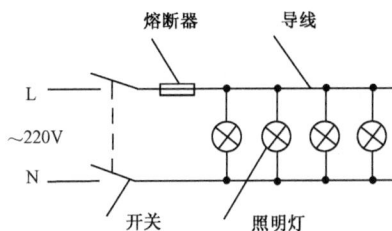

图 2-37　单相照明配电线路

4. 三相四线制照明配电线路

如图 2-38 所示为三相四线制照明配电线路。各电气符号的含义如下：

（1）图形符号。如图中标注，有双极开关、三极开关、熔断器、照明灯等。

（2）文字符号。L$_1$、L$_2$、L$_3$——三相交流电源端，N——三相四线制的中性线。合上三极开关，三相四线制照明配电线路供电，各双极开关控制各分支照明电路。当照明用电容量较大时，需要把照明负载均匀地分配到三相线路上，采用 380/220V 三相四线制供电线路，以便使供电系统三相负载保持平衡。

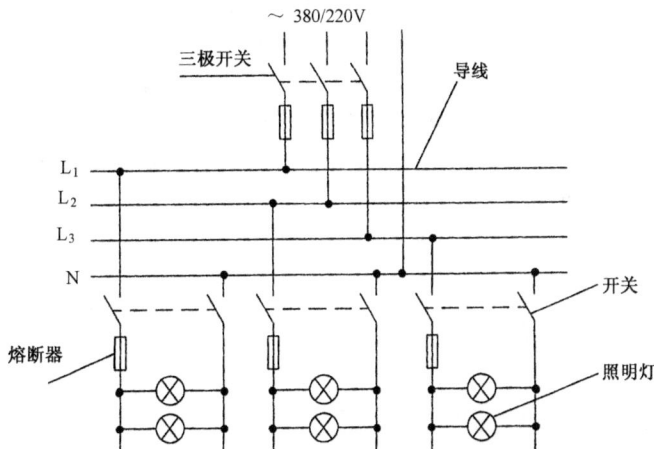

图 2-38　380/220V 三相四线制照明配电线路

5. 电动机启动控制电气原理图

如图 2-39 所示为鼠笼式电动机启动控制电气原理图。其中各电气符号的含义如下：

（1）图形符号。见图中各图形的标注。

（2）文字符号。QS——隔离开关，FU——熔断器，KM——接触器，FR——热继电器，SB₁、SB₂——按钮开关。

（3）回路标号。L_1、L_2、L_3——三相交流电源端，L_{11}、L_{12}、L_{13}——隔离开关以下的回路，L_{21}、L_{22}、L_{23}——熔断器以下的回路，L_{31}、L_{32}、L_{33}——接触器主触点以下的回路，U_1、V_1、W_1——交流电动机定子绕组的首端。

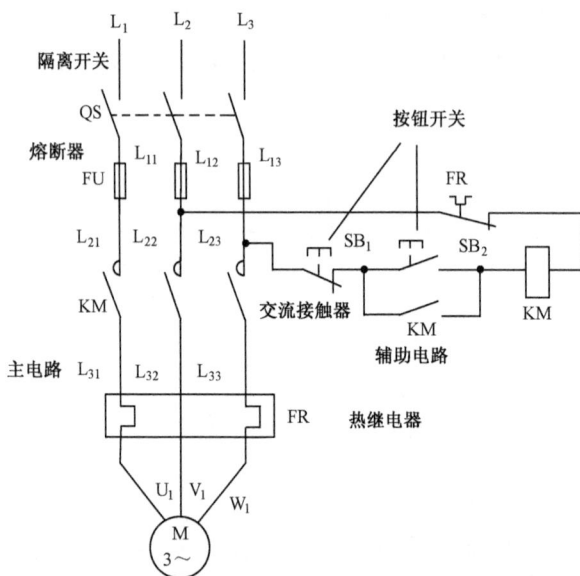

图 2-39　电动机启动控制电气原理图

看左侧主电路，主电路路径为三相电源经隔离开关 QS——熔断器 FU——交流接触器主触点 KM——热继电器热元件 FR——交流电动机 M。看右侧辅助电路，其路径为电源经热继电器动断触点 FR——接触器线圈 KM——启动按钮 SB₂——停止按钮 SB₁，返回电源另一端。

（4）电路工作原理。合上手动隔离开关 QS，按启动按钮 SB₂，辅助电路接通，接触器线圈 KM 通电，KM 主触点接通，KM 辅助触点自锁，电动机 M 启动。按停止按钮 SB₁，接触器线圈 KM 释放，KM 主触点切断，电动机 M 停止转动。热继电器 FR 作为主电路过载保护，当负载电流过大时，热继电器热元件动作，辅助电路 FR 触点切断，接触器 KM 线圈释放，KM 主触点切断，起保护电动机作用。

习题 2

1．维修电工基本操作包括哪些内容？

2．准备几段常见的塑料护套线、花线，亲手用电工刀、钢丝钳完成其绝缘层的处理。

3．简述单股铜线的连接方法。

4．简述 7 股铜线的连接方法。

5．如何恢复 220V、380V 线路导线连接处的绝缘强度？

6．室内配线之前要做哪些准备工作？

7．室内配线有哪几种配线方式？

8．简述电子元器件安装和焊接的注意事项。

9．如何用万用表测量电阻的阻值？如何检测电阻的好坏？

10．如何用指针式万用表检测电容器的好坏？

11．如何用万用表检测二极管的好坏？怎样判定标记不清的二极管的正负极？

12．如何用万用表检测三极管的好坏？怎样判定标记不清的三极管的三只管脚？

13．如何用万用表检测晶闸管的好坏？

14．什么叫电力工程电路图？常见的电力工程电路图有哪几种？

15．举例说明导线的一般表示方法。如何表示导线的根数？如何表示导线的特征？

16．用单线表示一组连接线时都必须加注标记吗？中断线的两端都必须加注标记吗？

17．简述识图的基本方法和步骤。

第3章 常用低压电器

低压电器是指工作电压在交流 1000V、直流 1200V 以下的低压线路和电气控制系统中的电器元件。低压电器的种类很多，根据使用目的的不同可分为：用来接通和切断电源的开关，如闸刀开关、转换开关、接触器、磁力启动器和补偿器等；用来保护线路和电气设备安全的保护器，如熔断器、热继电器、过电流继电器、零电压或过电压继电器等；用来对生产设备进行自动控制，使生产设备按工艺要求进行自动生产的控制电器，如行程开关、时间继电器等。

本章主要介绍常用的开关、断路器、熔断器、继电器等电器的工作原理、使用方法和维修等方面的知识。

3.1 低压刀开关

低压刀开关又称闸刀开关，是一种用来接通或切断电路的手动低压开关。用低压刀开关来接通和切断电路的时候，在刀刃和夹座之间会产生电弧。电路的电压越高，电流越大，电弧就越大。电弧会烧坏闸刀，严重时还会伤人。所以低压刀开关一般用于电流在 500A 以下，电压在 500V 以下的不常开闭的线路中。

低压刀开关的种类很多，常用的有开启式负荷开关、铁壳开关和板形刀开关。

3.1.1 开启式负荷开关

开启式负荷开关就是通常所说的胶木闸刀开关，其结构和图形符号如图 3-1 所示。胶木闸刀开关的底座为瓷板或绝缘底板，盒盖为绝缘胶木，它主要由闸刀开关和熔丝组成。这种闸刀开关的特点是结构简单，操作方便，因而在低压电路中应用广泛。

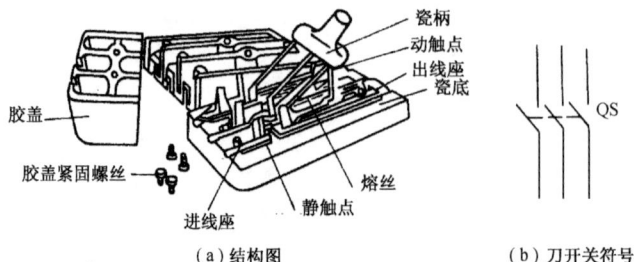

（a）结构图　　　　　　　　（b）刀开关符号

图 3-1　HK 系列闸刀开关和图形符号

开启式负荷开关主要作为照明电路和小容量 5.5kW 及 5.5kW 以下动力电路不频繁启动的控制开关。

常用闸刀开关有 HK 系列，其型号含义如下：

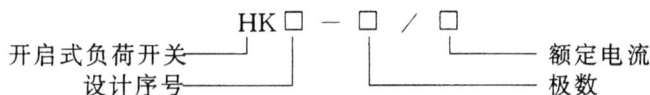

$$HK\ \square\ -\ \square\ /\ \square$$

开启式负荷开关———————　　　　　　———额定电流
设计序号———————————　　　———极数

如表 3-1 所示为 HK 系列开启式负荷开关的技术数据。

安装闸刀开关时注意电源线应该接在开关夹座，即静触点的一侧，负载线经过熔丝接在闸刀的另一侧；另外，闸刀开关应垂直安装，并且合闸时向上推闸刀。如果反装，闸刀开关容易因震动而误合闸。

表 3-1　HK 系列闸刀开关技术数据

型　号	额定电流（A）	极　数	额定电压（V）	可控制电动机容量（kW）
HK1	15	2	220	1.5
	30			3.0
	60			4.5
	15	3	380	2.2
	30			4.0
	60			5.5
HK2	10	2	250	1.1
	15			1.5
	30			3.0
	10	3	380	2.2
	15			4.0
	30			5.5

3.1.2　铁壳开关

铁壳开关又称封闭式负荷开关，主要由闸刀、熔断器、夹座和铁壳等组成。它和一般闸刀开关的区别是装有与转轴及手柄相连的速断弹簧。铁壳开关的外形和内部结构如图 3-2 所示。速断弹簧的作用是使闸刀与夹座快速接通和分离，从而使电弧很快熄灭。为了保证安全，铁壳开关装有机械联锁装置，使开关合闸后箱盖打不开；箱盖打开时，开关不能合闸。

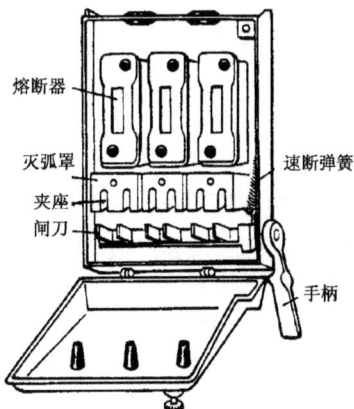

图 3-2　铁壳开关

铁壳开关适用于工矿企业、农村电力排灌和电热、照明等各种配电设备中，供手动不频繁地接通与分断电路，以及作为线路末端的短路保护之用。

常用的铁壳开关有 HH 系列，其型号含义为：

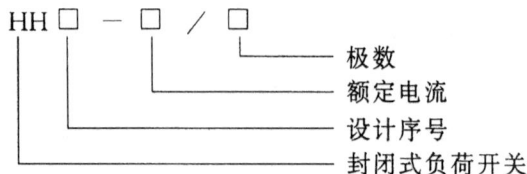

HH □ — □ ／ □　──── 极数
　　　　　　　　　　　　额定电流
　　　　　　　　　　设计序号
　　　　　　　封闭式负荷开关

如表 3-2 所示为 HH 系列铁壳开关的技术数据。

表 3-2　HH 系列铁壳开关的技术数据

型　号	额定电流（A）	额定电压（V）	极　数	熔体主要参数		
				额定电流（A）	线径（mm）	材料
HH3	15	440	2，3	6	0.26	紫铜丝
				10	0.35	
				15	0.46	
	30			20	0.65	
				25	0.71	
				30	0.81	
	60			40	1.02	
				50	1.22	
				60	1.32	
HH4	15	380	2，3	6	1.08	软铅丝
				10	1.25	
				15	1.98	
	30			20	0.61	紫铜丝
				25	0.71	
				30	0.80	
	60			40	0.92	
				50	1.07	
				60	1.20	

3.1.3　板形刀开关

板形刀开关又称板用刀开关，它的结构简单，安装方便，其外形如图 3-3 所示。操作方式分为杠杆牵动式和手柄式两种。极数有二极和三极。额定电压为 380V，额定电流有 200A、400A、600A、1000A 和 1500A 等多种。

板形刀开关主要用做成套配电装置中的隔离开关；当开关带有灭弧罩并用杠杆操作时，也能接通和切断负荷电流。

常用的板形刀开关有 HD、HS 系列，其型号含义为：

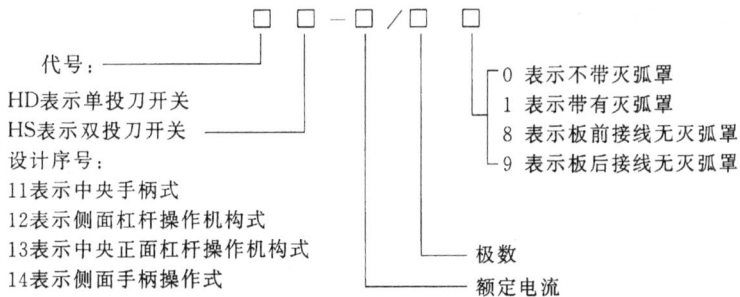

代号：
HD 表示单投刀开关
HS 表示双投刀开关
设计序号：
11 表示中央手柄式
12 表示侧面杠杆操作机构式
13 表示中央正面杠杆操作机构式
14 表示侧面手柄操作式

额定电流
极数

0 表示不带灭弧罩
1 表示带有灭弧罩
8 表示板前接线无灭弧罩
9 表示板后接线无灭弧罩

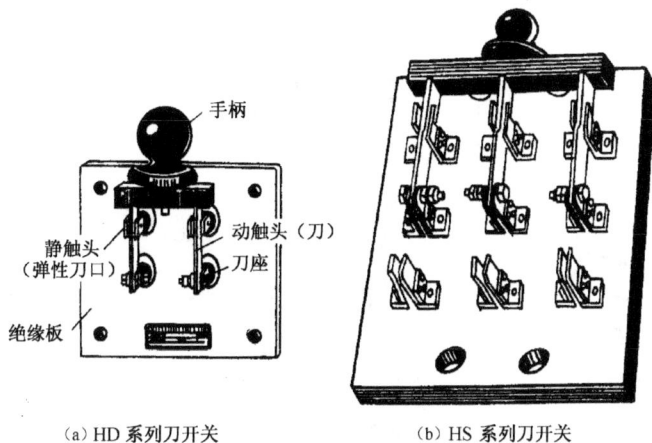

(a) HD 系列刀开关　　　　　　　　(b) HS 系列刀开关

图 3-3　板形刀开关

HD、HS 板形刀开关的技术数据如表 3-3 所示。

表 3-3　HD、HS 板形刀开关的技术数据

型　　　号	额定电流（A）	极　　数	转换方式	结构形式
HD11—□/□8	100，200，400		单投	中央手柄操作式
HD11—□/□9	100，200，400，600，1000	1，2，3		
HS11—□/□			双投	
HD12—□/□1	100，200，400，600，1000	2，3	单投	侧方正面杠杆操作式（带灭弧罩）
HS12—□/□1			双投	
HD12—□/□0	100，200，400，600，1000	2，3	单投	侧方正面杠杆操作式（不带灭弧罩）
HS12—□/□0			双投	
HD13—□/□1	100，200，400，600，1000	2，3	单投	中央正面杠杆操作式（带灭弧罩）
HS13—□/□1			双投	
HD13—□/□0	100，200，400，600，1000，1500	2，3	单投	中央正面杠杆操作式（不带灭弧罩）
HS13—□/□0	100，200，400，600，1000		双投	
HD14—□/31	100，200，400，600	3	单投	侧面手柄操作式（带灭弧罩）
HS14—□/30				侧面手柄操作式（不带灭弧罩）

3.1.4　转换开关

转换开关又称组合开关，它的结构与上述刀开关不同，通过驱动转轴实现触点的闭合与分断，也是一种手动控制开关。转换开关通断能力较低，一般用于小容量电动机的直接启动、

电动机的正反转控制及机床照明控制电路中。它结构紧凑、体积小、操作方便。

如图 3-4 所示为 HZ10—10/3 型转换开关的结构示意图及图形符号。它有三对静触片，分别装在三层绝缘垫板上，并分别与接线柱相连，以便和电源、用电设备相接。三对动触片和绝缘垫板一起套在附有手柄的绝缘杆上，手柄每次转动 90°，使三对动触片同时与三对静触片接通和断开。顶盖部分由凸轮、弹簧及手柄等零件构成操作机构，这个机构由于采用了弹簧储能，可使开关迅速闭合及切断。

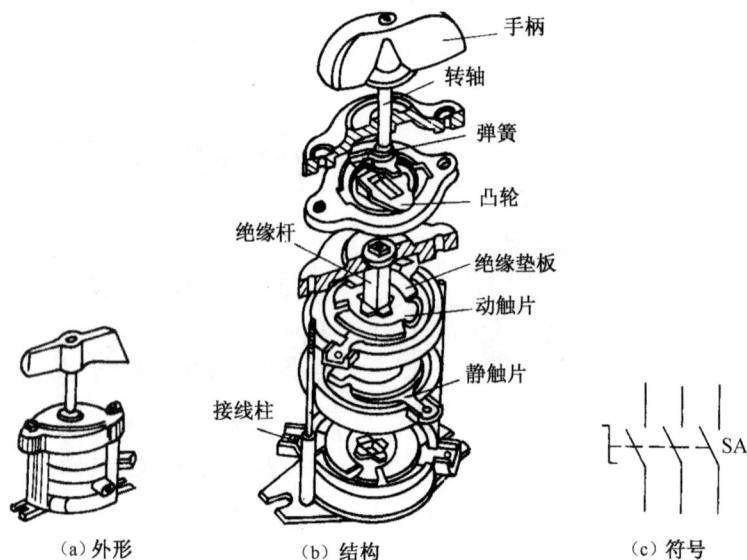

（a）外形　　　　　（b）结构　　　　　（c）符号

图 3-4　HZ10—10/3 转换开关和图形符号

HZ 系列转换开关型号的含义为：

常用的转换开关有 HZ1、HZ2、HZ3、HZ4、HZ10 等系列产品。其中 HZ10 系列转换开关具有寿命长、使用可靠、结构简单等优点，技术数据如表 3-4 所示。

表 3-4　HZ10 系列转换开关的技术数据

型　号	额定电压（V）		额定电流（A）	极　数
	交　流	直　流		
HZ10—10/2	380	220	10	2
HZ10—10/3			10	3
HZ10—25/3			25	3
HZ10—60/3			60	3
HZ10—100/3			100	3

3.2　低压断路器

断路器又称自动空气断路器、自动空气开关或自动开关，俗称自动跳闸，是一种可以自动切断故障线路的保护电器，即当线路发生短路、过载、失压等不正常现象时，能自动切断电路，保护电路和用电设备的安全。

低压断路器的作用是在低压电路中分断和接通负荷电路，常用做供电线路的保护开关、电动机及照明系统的控制开关。

常用断路器根据其结构和功能不同分为小型及家用断路器、塑壳式断路器、万能式断路器和漏电保护断路器四类。如图 3-5 所示的是塑壳式断路器的外形结构图及图形符号。

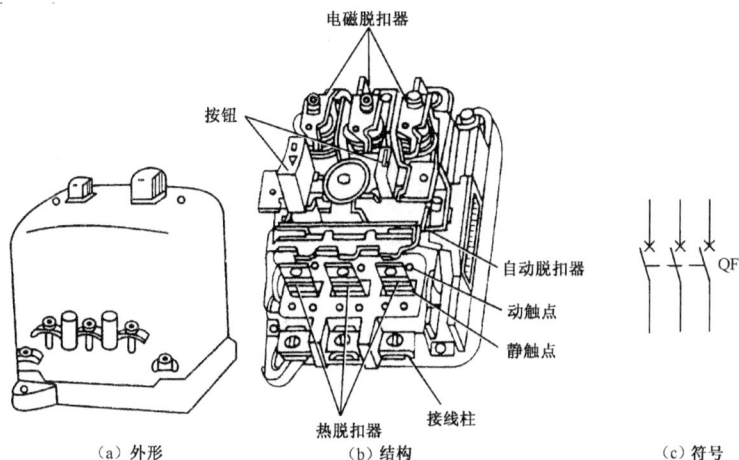

图 3-5　DZ5—20 自动开关及图形符号

低压断路器型号的含义为：

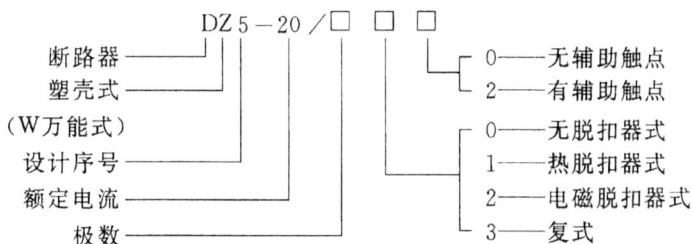

3.2.1　断路器的结构和工作原理

低压断路器的类型很多，但其基本结构和工作原理相同，主要由三个基本部分组成：触点和灭弧系统、各种脱扣器、操作机构。

触点系统是低压断路器的执行元件，用以接通或分断电路。由于分断大的电流，切断时将产生电弧，所以断路器必须设置灭弧装置。

断路器设有多种脱扣器，常见的有过载脱扣器、短路脱扣器、欠压脱扣器等。按脱扣动作原理可分为电磁脱扣器和热脱扣器两种。电磁脱扣器可作为短路脱扣器，它的电磁铁线圈串联在主电路中，当电路出现短路时，就吸合衔铁，使操作机构动作，将主触点断开，执行短路保护。热脱扣器可作过载脱扣器，由双金属片和发热元件组成。发热元件串联在主电路中，当电路过载时，过载电流流过发热元件，使双金属片受热弯曲，导致操作机构动作，将主触点断开，执行过载保护。欠电压脱扣器多为电磁脱扣器，其线圈两端的电压通常就是主电路电压，当电压消失或降低到一定数值以下时，电磁吸引力不足以继续吸合衔铁，在弹簧力的作用下使操作机构动作，执行欠电压保护。

操作机构是执行各个脱扣器动作指令、控制主电路触点接通与切断的装置，通常为四连杆式弹簧储能机构。它有两种操作方式：手动操作和电动操作。断路器设有手动脱扣按钮和合闸按钮或分闸与合闸手柄。图中 DZ5 型为按钮式断路器，手动脱扣按钮为红色按钮，按下此钮，操作机构动作，手动脱扣，完成分闸；合闸按钮为绿色，按下此钮，操作机构动作，完成合闸。

断路器的工作原理如图3-6所示。当按下绿色按钮时，图中的锁扣"3"钩住搭钩"4"，使串联在主电路中的三对主触点闭合，主电路处于接通状态。

当线路正常工作时，电磁脱扣器"6"所产生的吸力不能使它的衔铁"8"吸合。如果线路发生短路产生很大的短路电流，电磁脱扣器的吸力增加，将衔铁吸合。在衔铁吸合过程中撞击杠杆"7"，将搭钩顶下去，在弹簧"1"的拉力作用下，主触点"2"断开，切断主电源。如果线路上电压下降或失去电压，欠电压脱扣器"11"的吸力减小或失去吸力，衔铁"10"被弹簧"9"拉开，撞击杠杆，将搭钩顶开，主触点"2"断开，切断主电路。当线路过载时，过载电流使发热元件温度升高，双金属片"12"受热弯曲，将杠杆顶开，主触点断开而切断主电路。

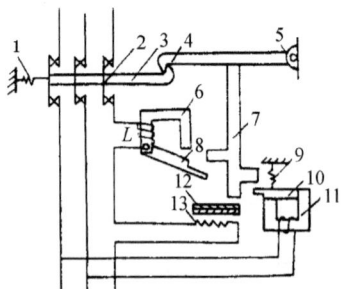

1、9—弹簧；2—主触点；3—锁扣；4—搭钩；
5—转轴；6—电磁脱扣器；7—杠杆；8，10—衔铁；
11—欠电压脱扣器；12—双金属片

图 3-6　断路器工作原理图

3.2.2　小型及家用断路器

小型及家用断路器通常指额定电压在 500V 以下、额定电流在 100A 以下的小型低压断路器。这一类型断路器的特点是体积小、安装方便、工作可靠，适用于照明线路、小容量的动力设备作过载与短路保护，广泛用于工业、商业、高层建筑和民用住宅等各种场合，逐渐取代开启式闸刀开关。

1．DZ47—60 系列小型塑壳断路器

DZ47—60 系列小型塑壳断路器是目前流行的一种断路器，具有过载与短路双重保护的高分断小型断路器。适用于交流 50Hz，单极 230V，二、三、四极 400V，电流至 60A 的线路中作过载和短路保护，同时也可以在正常情况下不频繁地通断电器装置和照明电路，尤其适用于工作、商业和高层建筑的照明配电系统。如图3-7所示为DZ47—60断路器外形。

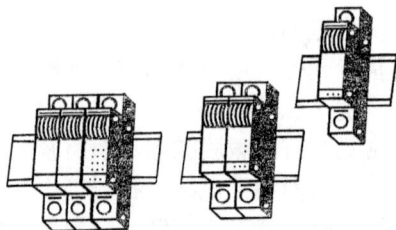

图 3-7　DZ47—60 断路器外形

（1）DZ47—60 断路器的分类。

① 按用途分：DZ47—60C 型，用于照明保护；DZ47—60D 型，用于电动机保护。

② 按额定电流分：C 型有 1A，3A，5A，10A，15A，20A，25A，32A，40A，50A，60A；D 型有 1A，3A，5A，10A，15A，20A，25A，32A，40A。

③ 按极数分：有单极、二极、三极、四极四种。

（2）基本技术规格。DZ47—60 断路器的基本技术规格如表 3-5 所示。

表 3-5　DZ47—60 断路器基本技术规格

型　　号	额定电流（A）	极　　数	额定电压（V）	分断能力（A）
DZ47—60C 型	1～40	1	230/400	6000
		2，3，4	400	
	50～60	1	230/400	4000
		2，3，4	400	
DZ47—60D 型	1～40	1	230/400	4000
		2，3，4	400	

断路器的机械电气寿命大于 4000 次。

（3）外形及安装尺寸。DZ47—60 断路器为导轨安装，其外形尺寸和安装导轨尺寸如图 3-8 所示。

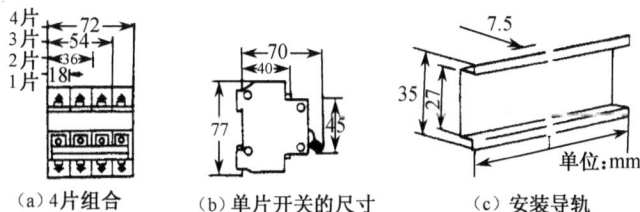

（a）4 片组合　　　（b）单片开关的尺寸　　　（c）安装导轨

图 3-8　DZ47—60 断路器外形及安装尺寸

断路器动触点只能停留在合闸（ON）位置或分闸（OFF）位置。多极断路器为单极断路器的组合，动触点应机械联动，各极同时闭合或断开。垂直安装，手柄向上运动时，触点向合闸（ON）位置方向运动。

2．C45、NC100 系列小型塑壳断路器

（1）C45 系列断路器是采用法国梅兰日兰公司技术制造的产品，具有限流特性和高分断能力，分照明线路保护和电机动力保护两种类型。适用于交流 50Hz 或 60Hz，额定工作电压至 415V，额定电流至 60A 的电路中作照明、动力设备和线路的过载与短路保护，主要用于工业、商业、高层建筑等场合。

断路器的极数有单极、二极、三极和四极四种。二、三、四极断路器由单极断路器组合而成，内部脱扣器用联动杆相连，手柄用联动罩连在一起。

（2）NC100 系列断路器最大额定电流为 100A，C45 可用于系统的末端，而 NC100 常作为 C45 的上级开关。

NC100、C45 断路器的外形及安装尺寸与 DZ47 系列相同，采用导轨式安装方式。C45、NC100 断路器技术规格如表 3-6 所示。

表 3-6 C45、NC100 系列小型塑壳断路器技术规格

型　　号	额定电压（V）	额定电流（A）	分断电流（A）	断路器性能及说明
C45N—C□/1P		1，3，6，	600	1. C□——为 C 型脱扣特性曲线（5～10L_n 瞬时脱扣）
C45N—C□/2P	AC240/415V	10，16，20		2. □——开关额定电流（A）
C45N—C□/3P		25，32，40	4500	3. 适用于 25mm^2 及以下的导线
C45N—C□/3		50，63		4. C 型适用于照明配电系统的保护
C45AD—D□/1P		1，3，6		1. D□——为 C 型脱扣特性曲线（5～10L_n 瞬时脱扣）
C45AD—D□/2P	AC240/415V	10，16，20，	4500	2. □——开关额定电流（A）
C45AD—D□/3P		25，32，40		3. 适用于 25mm^2 及以下的导线
C45AD—D□/4P				4. D 型开关适用于电动机配电系统的保护
NC100H—C、D□/1P			1P：4000	1. 也有 C 型和 D 型开关
NC100H—C、D□/2P	AC240/415V	50，63，	2P：10000	2. □——开关额定电流
NC100H—C、D□/3P		80，100	3P：10000	3. 50A～63A 适用于 35mm^2 及以下导线
NC100H—C、D□/4P			4P：10000	4. 8A～100A 适用于 5000mm^2 及以下导线

注：1. 本系列自动开关由天津梅兰日兰有限公司生产。

2. 1P、2P、3P、4P 分别表示单极、双极、三极、四极自动开关。

常用的小型及家用断路器还有：DZ15 系列是国产小型断路器，但体积比 DZ47 系列大；S060 系列是引进德国 ABB 公司技术制造的小型断路器。

3.2.3 普通塑壳断路器

普通塑壳低压断路器又称装置式断路器，常用的型号有 DZ5、DZ10、DZ12、DZ20 等系列。如图 3-9 所示为 DZ10、DZ12 系列断路器的外形图。

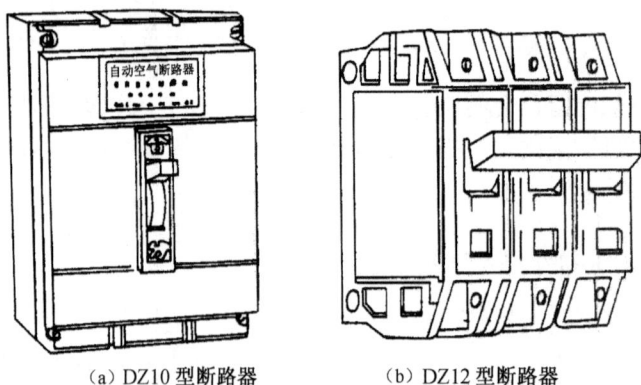

　　(a) DZ10 型断路器　　　　　　(b) DZ12 型断路器

图 3-9 DZ10、DZ12 塑壳断路器外形图

1. DZ20 系列断路器

DZ20 系列塑壳断路器额定电流 1250A，额定工作电压交流 380V、直流 220V。在正常工作条件下可作为线路不频繁转换及电动机的不频繁启动之用，对电源、线路及用电设备的过载、短路和欠电压等故障进行保护。

DZ20 系列断路器包括 100A、200A、400A、630A 和 1250A 五个壳架等级的额定电流，按照通断能力分为一般型（T）、较高型（J）和高分断能力型（G）三个级别。它具有较高的分断能力，交流 380V 可达 42kA。除了有欠电压脱扣器分励脱扣器外，还具有报警触点和两组辅助触点。

DZ20 断路器的封闭式塑料外壳采用玻璃纤维增强不饱和聚酯新材料，其机械强度、电气绝缘性能优良。

2. 其他普通塑壳断路器

TO、TG 系列断路器是引进日本寺崎公司技术制造的产品，适用于交流 50Hz 或 60Hz、额定工作电压 660V、额定电流至 600A 的条件下做不频繁线路转换，在线路发生过载、短路以及欠压时起跳闸保护作用。

H 系列断路器是引进美国西屋公司技术制造的产品，适用于交流 50Hz 或 60Hz、额定工作电压至 380V、直流额定电压至 250V、额定电流至 3000A 的配电线路中，用做线路或电气设备的过载、短路和欠电压保护，以及在正常条件下作不频繁地分断和接通线路用。M611型电动机保护用断路器是引进德国 ABB 公司技术制造的产品，主要用于交流电压至 660V，直流电压至 440V，电流为 0.1～25A 的电路中，作为三相鼠笼型异步电动机的过载、短路保护以及不频繁启动控制用。

3.2.4　万能式断路器

万能式断路器又称框架式断路器，通常断路器所有部件，如触点系统、各种脱扣器均安装在一个钢制框架内。这种断路器内设多种脱扣器，有较多的结构变化，较高的短路分断能力和较高的稳定性，适合在较大容量的线路中作控制和保护用。

万能式断路器的操作方式有多种，如手动、杠杆传动、电动机传动、电磁铁操作以及压缩空气操作等。内设数量较多的辅助触点，以满足低压断路器自身继电保护及信号指示的需要。它广泛地应用于工企变配电站，作为接通和断开正常工作电流，以及作不频繁的电路转换。

常用的万能式断路器如下：

DW10 系列低压断路器的额定电压为交流工频 380V 和直流 440V，额定电流有 200A、400A、600A、1000A、1500A、2500A 及 4000A 七个等级，操作方式有直接手柄操作、杠杆操作、电磁铁操作和电动机操作四种，其中 2500A 及 4000A 两个等级的断路器需要采用电动机操作。DW10 系列断路器广泛使用在各种容量的电路中，作为控制和保护用。

DW16 系列断路器适用于交流工频，额定工作电压至 660V，额定电流至 630A 的电路，是 DW10 的换代产品。

DW15 系列为一般万能式低压断路器，适用于交流工频、额定工作电压至 1140V、额定电流至 400A 的陆上和煤矿井下配电线路中，用来分配电能、保护线路及电气设备的过载、短路和欠电压，也可在正常工作条件下作不频繁启动控制。

此外，还有 ME 系列空气断路器、AH 系列断路器、AE 系列断路器，这是引进外国技术生产的断路器。

3.2.5　漏电保护断路器

漏电保护断路器又称剩余电流保护断路器，是为了防止低压线路中发生人身触电和漏电火灾、爆炸等事故而研制的漏电保护装置。当人身触电或设备漏电时能够迅速切断电路，使人身或设备受到保护。这种断路器具有断路器和漏电保护的双重功能。

漏电保护断路器一般分为单相家用型和工业型两类。漏电保护有电磁式电流动作型、电压动作型和晶体管或集成电路电流动作型等。

1. 结构与工作原理

电磁式电流动作型漏电保护断路器是由断路器和漏电保护装置所组成，漏电保护装置包括零序电流互感器和漏电脱扣器两部分。如图 3-10 所示为电磁式电流动作型漏电保护装置原理图。

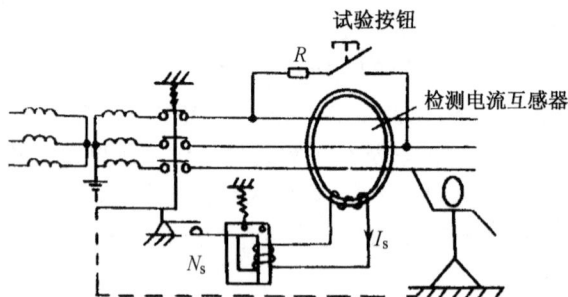

图 3-10　电磁式电流动作型漏电保护装置原理图

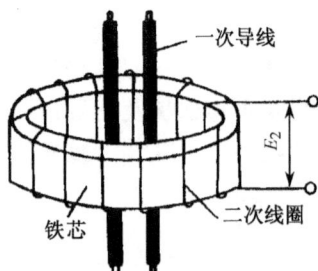

图 3-11　零序电流互感器

零序电流互感器是用来检测漏电流的，其结构如图 3-11 所示。互感器采用高导磁率的坡莫合金制成环形铁芯。铁芯的原边绕组即一次线圈，由两根或几根负载导线穿过铁芯或在铁芯上绕数圈。铁芯的副边绕组即二次线圈缠绕一定的匝数。原边绕组以单极二线为例，穿过铁芯的两根导线，一根接相线，另一根接零线。若负载线路上没有漏电流存在，那么零序电流互感器的原边绕组两根导线上流过的电流大小相等，方向相反，在铁芯中的磁通相抵消，互感器的二次线圈中的感应电动势 E_2 也为零。当负载线路上发生漏电或触电事故时，相线经人体或电气设备与地构成回路，返至零线，这时原边绕组两根导线上流过的电流大小不相等，在铁芯中产生的磁通也就不为零，互感器二次线圈中便产生感应电动势 E_2。漏电或触电电流越大，二次感应电动势 E_2 也越大。零序电流互感器作为检测元件，其作用就是把检测到的漏电触电信号变换成二次回路的工作电压 E_2，将 E_2 加在漏电脱扣器线圈上，产生二次回路的工作电流，从而推动脱扣器动作。

漏电脱扣器是漏电保护装置的执行部件，它根据零序电流互感器的输出信号即二次回路的工作电流，决定漏电脱扣器是否动作。

漏电脱扣器有几种不同的结构原理，拍合式漏电脱扣器在正常工作状态时，衔铁处于打开位置，当线圈中有零序电流互感器输出的信号通过并且达到规定的数值时，衔铁被迅速吸合，同时带动和衔铁相连的打击臂，打击臂的机械冲击力使主触点的锁扣脱扣跳闸，完成切断主电路电源的目的。

在图 3-10 所示的电路中，主电路的三相导线一起穿过零序电流互感器铁芯、互感器的二次线圈和漏电脱扣器线圈相接。漏电脱扣器的衔铁借助永久磁铁的磁力被吸住，拉紧了释放弹簧。线路正常运行时，三相电流的矢量和为零，互感器的二次线圈无输出，衔铁保持被吸状态。当出现漏电或人身触电时，漏电或触电电流通过大地回到变压器的中性点，因而三相电流的矢量和不为零，互感器二次线圈产生感应电流，在漏电脱扣器铁芯中出现感应电流的交变磁通。这个交变磁通的正半波或负半波总要抵消永久磁铁对衔铁的吸力，当感应电流达到一定值时，漏电脱扣器释放弹簧的反力使衔铁释放，在释放过程中衔铁联动杠杆打击主触点的锁扣，使其脱扣跳闸，切断主电路。这种释放式电磁脱扣器灵敏度高、动作快，且体积小，能有效地起到触电保护作用。

图中的试验按钮是为保证漏电保护断路器长期可靠工作所设的常开测试按钮，与电阻 R 串联后，跨接于两相电路上。选择电阻 R 的值使回路电流等于或略小于规定的漏电动作电流。当按下试验按钮后，漏电保护断路器立即断开，以确认其漏电保护性能完好。通常要求每月测试一次。

2. DZ47LE 系列漏电保护断路器

DZ47LE 系列漏电保护断路器由 DZ47 小型断路器和漏电脱扣器拼装组合而成，适用于交流 50Hz，额定工作电压至 400V，额定电流至 63A 的线路中。漏电保护断路器具有漏电、触电、过载和短路等保护功能，主要用于建筑照明和配电系统的保护。

漏电保护断路器型号的含义：

```
DZ 47 LE □-□/□□-□
                │  │  │ │ └── 额定剩余动作电流
                │  │  │ └──── 当带有不可分断的中性线时用N表示
                │  │  └────── 极数
                │  └───────── 壳架等级额定电流
                │  └───────── 中性线接线方式派生代号
                └──────────── 特殊派生代号（电子式漏电断路器）
                └──────────── 设计代号
                └──────────── 塑料外壳式断路器
```

DZ47LE 漏电保护断路器的基本技术参数如表 3-7 所示。

表 3-7　DZ47LE 漏电保护断路器的基本技术参数

额定电流（A）	额定电压（V）	过载脱扣器额定电流（A）	额定短路通断能力（A）	额定漏电动作电流（mA）	额定漏电不动作电流（mA）	分断时间（s）
32	230	6，10	6000	30	15	<0.1
	400	16，20　25，32		50	25	
63	230	40，50，63	4500	100	50	
	400			300	100	

DZ47LE 漏电断路器使用的注意事项如下：

（1）DZ47 断路器与漏电脱扣器拼装成漏电断路器后方可通电试验，否则将烧坏内部器件。

（2）在通电检查试验前，应根据电路图，分清电源端和负载端。电源端由断路器 N、1、3、5 端子引入；负载端由漏电脱扣器 N、2、4、6 端子接出，不可接错。辅助电源由断路器两侧端子引入，接通辅助电源，漏电脱扣器才能正常工作。

（3）漏电断路器因被控制电路发生故障而分闸后，需查明原因，排除故障。因漏电动作后漏电指示按钮凸起指示，按下指示按钮后方可合闸。

（4）漏电断路器安装运行后要定期检测其漏电保护性能，通常每月检测一次，按下试验按钮时，漏电脱扣器应立即动作脱扣，确认断路器工作正常。

（5）漏电断路器仅对负载侧接触相线或带电壳体与大地接触进行保护，但是对同时接触两相线的触电不能保护，请注意安全用电。

其他漏电保护断路器有 DZL12、DZL15、DZL16、DZL18 等系列。

3.2.6 断路器的选择、维护和检修

1. 低压断路器的选择

（1）低压断路器的一般选用原则。

① 首先根据用途选择低压断路器的型式及极数；

② 断路器的额定工作电压大于或等于线路额定电压；

③ 断路器的额定电流大于或等于线路计算负载电流；

④ 断路器的额定短路通断能力大于或等于线路中可能出现的最大短路电流，一般按有效值计算；

⑤ 断路器欠压脱扣器额定电压等于线路额定电压。

（2）配电用断路器的选用。配电用断路器作为电源总开关和负载支路开关，在配电线路中分配电能，并对线路中的电线电缆和变压器等提供保护。因此配电用断路器的额定电流较大，短路分断能力较大，通常选择万能式低压断路器。

（3）电动机保护用断路器的选用。采用闸刀开关、负荷开关、组合开关、接触器、电磁启动器来控制电动机，其短路保护需要设置熔断器。熔断器一相熔断将导致电动机缺相运行，因而烧毁电动机的事故时有发生。若选择断路器来控制和保护电动机，因断路器本身就具有短路保护能力，不需要再借助熔断器作短路保护，因此能消除电动机缺相运行的隐患，同时能提高线路运行的安全性和可靠性。电动机保护用断路器多选择塑壳式断路器，其参数选择原则如下：

① 长延时动作电流整定值等于电动机的额定电流；

② 6 倍长延时动作电流整定值的可返回时间大于或等于电动机的实际启动时间；

③ 瞬时动作电流整定值：对于笼型异步电动机，为 8～15 倍脱扣器额定电流；对于绕线型异步电动机，为 3～6 倍脱扣器额定电流。

（4）家用断路器的选用。家用断路器是指民用照明或用来保护配电系统的断路器。照明线路的容量一般都不大，通常选择塑壳式断路器作为保护装置，主要用来控制照明线路在正常条件下的接通和分断，并提供过载与短路保护。目前较流行的家用断路器是小型塑壳断路器，如 DZ47 系列、C45 系列，住宅建筑、办公楼均采用这一类断路器。其参数选择原则

如下：

① 照明线路保护用断路器应具有长延时过电流脱扣器，脱扣器的整定值等于或略小于线路的计算负载电流。

② 断路器瞬时过电流脱扣器的整定值应等于 6 倍线路计算负载电流。

2．断路器的使用与维护

（1）断路器在安装前应将脱扣器电磁铁工作面的防锈油脂抹净，以免影响电磁机构的动作值。

（2）断路器与熔断器配合使用时，熔断器应装于断路器之前，以保证使用安全。

（3）电磁脱扣器的整定值一经调好后就不允许随意变动，长期使用后要检查其弹簧是否生锈卡住，以免影响其动作。

（4）断路器在分断短路电流后，应在切除上级电源的情况下，及时地检查触点。若发现有严重的电灼痕迹，可用干布擦去；若发现触点烧毛，可用砂纸或细纹锉小心修整，但主触点一般不允许用锉刀修整。

（5）应定期清除断路器上的积尘和检查各种脱扣器的动作值，操作机构通常每两年在传动部分加注润滑油。

（6）灭弧室在分断短路电流后或长期使用后，应清除灭弧室内壁和栅片上的金属颗粒和黑烟灰，以保证有良好的绝缘。

3．断路器的故障排除

断路器常见故障现象和排除方法如表 3-8 所示。

表 3-8　低压断路器常见故障和排除方法

故 障 现 象	原 因 分 析	排 除 方 法
手动操作断路器不能闭合	a. 欠电压脱扣器无电压或线圈损坏 b. 储能弹簧变形，导致闭合力减小 c. 反作用弹簧力过大 d. 机构不能复位再扣	a. 检查线路，施加电压或更换线圈 b. 更换储能弹簧 c. 重新调整弹簧反力 d. 调整再扣接触面至规定值
电动操作断路器不能闭合	a. 操作电源电压不符 b. 电源容量不够 c. 电磁铁拉杆行程不够 d. 电动机操作定位开关变位 e. 控制器中整流管或电容器损坏	a. 调换电源 b. 增大操作电源容量 c. 重新调整或更换拉杆 d. 重新调整 e. 更换损坏元件
有一相触头不能闭合	a. 一般型断路器的一相连杆断裂 b. 限流断路器斥开机构的可折连杆之间的角度变大	a. 更换连杆 b. 调整到原技术条件规定值
分励脱扣器不能使断路器分断	a. 线圈短路 b. 电源电压太低 c. 再扣接触面太大 d. 螺丝松动	a. 更换线圈 b. 调换电源电压 c. 重新调整 d. 拧紧

故 障 现 象	原 因 分 析	排 除 方 法
欠电压脱扣器不能使断路器分断	a. 反力弹簧变小 b. 若为储能释放，则储能弹簧变小或断裂 c. 机构卡死	a. 调整弹簧 b. 调整或更换储能弹簧 c. 消除卡死原因（如生锈）
启动电动机时断路器立即分断	a. 过电流脱扣器瞬动整定值太小 b. 脱扣器某些零件损坏，如半导体器件、橡皮膜等损坏 c. 脱扣器反力弹簧断裂或脱落	a. 调整瞬动整定值 b. 更换脱扣器或更换损坏零部件 c. 更换弹簧或重新装上
断路器闭合后经一定时间自行分断	a. 过电流脱扣器长延时整定值不能 b. 热元件或半导体延时电路元件变化	a. 重新调整 b. 更换
断路器温升过高	a. 触头压力过低 b. 触头表面过分磨损或接触不良 c. 两个导电零件连接螺钉松动 d. 触头表面油污氧化	a. 调整触头压力或更换弹簧 b. 更换触头或清理接触面，更换断路器 c. 拧紧 d. 清除油污或氧化层
欠电压脱扣器噪声大	a. 反作用弹簧反力太大 b. 铁芯工作面有油污 c. 短路环断裂	a. 重新调整 b. 清除油污 c. 更换衔铁或铁芯
辅助开关不通	a. 辅助开关的动触桥卡死或脱落 b. 辅助开关传动杆断裂或滚轮脱落 c. 触头不接触或氧化	a. 拨正或重新装好触桥 b. 更换传动杆或更换辅助开关 c. 调整触头，清理氧化膜

3.3　低压熔断器

熔断器是一种最简单而且有效的保护电器。熔断器串联在电路中，当电路或电器设备发生过载和短路故障时，有很大的过载和短路电流通过熔断器，使熔断器的熔体迅速熔断，切断电源，从而起到保护线路及电器设备的作用。

熔断器主要由熔体和安装熔体的熔管（或熔座）两部分组成。熔体是熔断器的主体，最常用的熔体材料是熔丝，熔丝一般用电阻率较高的易熔合金制成，如铅锡合金、铅锑合金等，还有用高熔点的铜制成，参见第1章有关部分。熔管是熔体的保护外壳，在熔体熔断时还有灭弧作用。

每一种规格的熔体都有额定电流和熔断电流两个参数。通过熔体的电流小于熔体的额定电流时，熔体是不熔断的；当通过熔体的电流超过它的额定电流并达到熔断电流时，熔体便会发热熔断。通过熔体的电流越大，熔体温度上升越快，所以熔断也就越快。熔断电流一般是额定电流的 $1.3\sim2.1$ 倍。

熔管有三个参数：额定工作电压、额定电流和断流能力。若熔管的工作电压大于其额定工作电压值，当熔体熔断时有可能出现电弧不熄灭的危险。熔管内熔体的额定电流必须小于或等于熔管的额定电流。熔管的断流能力是指熔管能切断最大电流的能力。当电流超过这个数值时，熔体熔断后电弧有不熄灭的可能。

常用的几种熔断器和图形符号如图3-12所示。

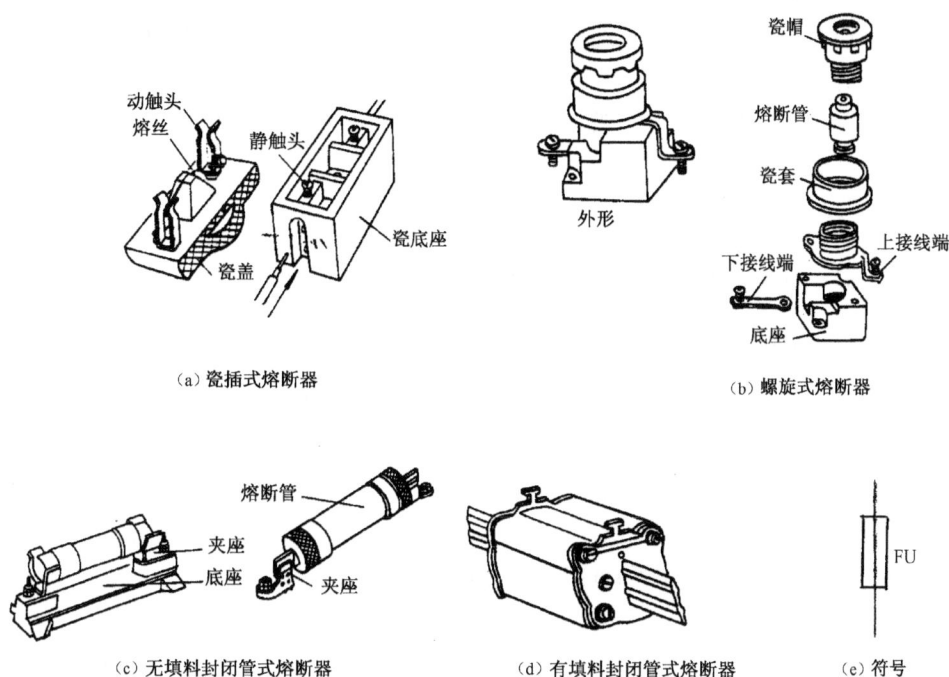

（a）瓷插式熔断器　　　　　　　　　　　　（b）螺旋式熔断器

（c）无填料封闭管式熔断器　　　（d）有填料封闭管式熔断器　　　（e）符号

图 3-12　熔断器和图形符号

3.3.1　低压熔断器型号的含义和主要技术数据

1．熔断器型号的含义

熔断器型号的含义为：

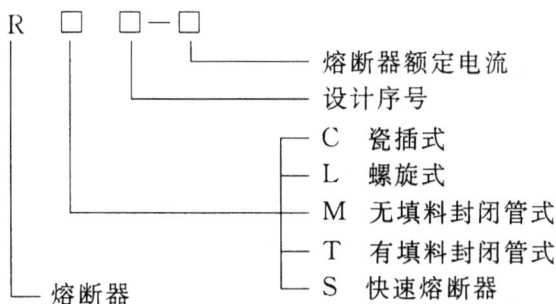

熔断器额定电流
设计序号
C　瓷插式
L　螺旋式
M　无填料封闭管式
T　有填料封闭管式
S　快速熔断器
熔断器

2．主要技术数据

（1）额定电压：熔断器长期工作时和分断后能够承受的电压，其电压值一般等于或大于电气设备的额定电压。熔断器的额定电压值有 220V、380V、500V、600V、1140V 等规格。

（2）额定电流：指熔断器能长期通过的电流，即在规定的条件下可以连续工作而不会发生运行变化的电流，它取决于熔断器各部分长期工作时的允许温升。熔断器额定电流值有 2A、4A、6A、8A、10A、12A、16A、20A、25A、32A、40A、50A、63A、80A、100A、125A、

160A、200A、250A、315A、400A、500A、630A、800A、1000A、1250A 等规格。

（3）额定功率损耗：指熔断器通过额定电流时的功率损耗。不同类型的熔断器都规定了最大功率损耗值。

（4）分断能力：分断能力通常指熔断器在额定电压及一定的功率因数下切断的最大短路电流。

3.3.2　常用的低压熔断器

熔断器的形式是多种多样的，最常见的有下列几种。

1．瓷插式熔断器

瓷插式熔断器又叫瓷插保险。如图 3-12（a）所示，它是 RC1 型熔断器，由瓷底座、瓷盖、静触头、动触头及熔丝五部分组成。熔丝装在瓷盖上两个动触头之间。电源和负载线可分别接在瓷底座两端的静触头上。瓷底座中有一个空腔，与瓷盖突出部分构成灭弧室。RC1 型熔断器的断流能力小，适用于 500V 以下的线路中，这种熔断器价格便宜，熔丝更换比较方便，广泛用于照明和小容量电动机的短路保护。

2．螺旋式熔断器

如图 3-12（b）所示是螺旋式熔断器，主要由瓷帽、熔断管、瓷套、上接线端、下接线端、底座组成。熔断管中除装有熔丝外，熔丝周围还填满了石英砂，作灭弧用。熔断管的一端有一小红点，当熔丝熔断后，小红点自动脱落，表明熔丝已熔断。安装时将熔断管有红点的一端插入瓷帽，然后一起旋入插座。

使用时，将用电设备的连接线接到金属螺纹壳的上接线端，电源线接到底座触点的下接线端，以保证在更换熔断管时，瓷帽旋出后螺纹壳上不带电。

螺旋式熔断器可用于工作电压在 500V 以下的交流电路，在电动机控制电路中作为过载或短路保护。它的优点是断流能力强，安装面积小，更换熔断管方便，安全可靠。

3．管式熔断器

管式熔断器有两种：一种是无填料封闭管式熔断器，有 RM2、RM3 和 RM10 等系列；一种是有填料封闭管式熔断器，有 RT0 系列。如图 3-12（c）、（d）所示为这两种管式熔断器的外形图。

无填料封闭管式熔断器断流能力大，保护性好，主要用于交流电压 500V、直流电压 400V 以内的电力网和成套配电设备中，作为短路保护和防止连续过载用。

有填料封闭管式熔断器比无填料封闭管式熔断器断流能力大，可达 50kA，主要用于具有较大短路电流的低压配电网。

4．快速熔断器

快速熔断器具有快速熔断的特性，主要用于半导体功率元件或变流装置的短路保护，熔断时间可在十几 ms 以内。常用的快速熔断器有 RS 和 RLS 系列。

如表 3-9 所示为常用熔断器的技术数据，其中 NT 系列熔断器是从德国引进的产品。

表 3-9　常用熔断器技术数据

型　号	熔管额定电压（V）	熔管额定电流（A）	熔体额定电流等级（A）	最大分断能力（A）（500V）
RC1A—5	交流三相380或单相220	5	2，5	250
RC1A—10		10	2，4，6，10	500
RC1A—15		15	6，10，15	
RC1A—30		30	15，20，25，30	1500
RC1A—60		60	40，50，60	3000
RC1A—100		100	60，80，100	
RC1A—200		200	120，150，200	
RL1—15	交流 500 380 220	15	2，4，6，10，15	2000
RL1—60		60	20，25，30，35，40，50，60	3500
RL1—100		100	60，80，100	20 000
RL1—200		200	100，125，150，200	50000
RL2—25		25	2，4，6，10，15，20	1000
RL2—60		60	25，35，50，60	2000
RL2—100		100	80，100	3500
RM7—15	交流380 220 直流440 220	15	6，10，15	2000
RM7—60		60	15，20，25，30，40，50，60	5000
RM7—100		100	60，80，100	20 000
RM7—200		200	100，125，160，220	
RM7—400		400	200，240，260，300，350，400	
RM7—600		600	400，450，500，560，600	
RM10—15	交流 500 380 220 直流440 220	15	6，10，15	12 000
RM10—60		60	15，20，25，30，40，50，60	3500
RM10—100		100	60，80，100	10 000
RM10—200		200	100，125，160，200	
RM10—350		350	200，240，260，300，350	
RM10—600		600	350，430，500，600	
RM10—1000		1000	600，700，850，1000	12 000
RT0—50	交流380 直流400	50	5，10，15，20，30，40，50	50 000
RT0—100		100	30，40，50，60，80，100	
RT0—200		200	120，150，200	
RT0—400		400	200，250，300，350，400	
RT0—600		600	450，500，550，600	
RT0—1000		1000	700，800，900，1000	
NT—00	交流 500 660	160	4，6，10，16，20，35，40，50，63，100，125，160	120 000
NT—0		250	80，100，125，160，200，224，250	
NT—1		400	125，160，200，224，250，300，315，355，400	
NT—2				
NT—3		630	315，355，400，425，500，630	
NT—4	交流380	1000	800，1000	100 000

3.3.3 熔断器的选择

熔断器的选择要合理，只有正确选择熔断器的熔体和熔管，才能保证输电线路和用电设备正常工作，起到保护作用。

1．熔体额定电流的选择

熔体额定电流的选择要根据不同情况的线路而定。

对于没有冲击电流的负载，如照明等电阻性电气设备，熔体的额定电流 $I_{re}=1.1\times I_e$，I_e 为线路负载的额定电流。

对一台电动机负载的短路保护，熔体的额定电流 $I_{re}\geqslant 1.5I_e\sim 2.5I_e$。

对数台电动机合用的熔断器，熔体的额定电流大于等于其中最大容量的一台电动机的额定电流 I_{eMax} 的 $1.5\sim 2.5$ 倍，再加上其余电动机额定电流的总和 $\sum I_e$，即

$$I_{re}\geqslant (1.5\sim 2.5)I_{eMax}+\sum I_e$$

2．熔管（或熔座）的选择

熔管的选择应保证熔管的额定电压必须大于或等于线路的工作电压，熔管的额定电流必须大于或等于所装熔体的额定电流。

3.4　主令电器

主令电器主要用来接通和切断控制电路，以发布指令或信号，达到对电力传动系统的控制或实现程序控制。

主令电器的种类繁多，常用的有按钮开关、万能转换开关、主令控制器、位置开关以及信号灯等。

3.4.1 按钮

按钮是一种以短时接通或分断小电流电路的电器，它不直接控制主电路的通断，而是通过控制电路的接触器、继电器、电磁启动器来操纵主电路。一般按钮具有自动复位的功能。

1．按钮的结构和图形符号

按钮的结构和图形符号如表 3-10 所示。

表 3-10　按钮的结构和图形符号

名　称	常闭按钮（停止按钮）	常开按钮（启动按钮）	复合按钮
结构	弹簧　常闭触点	常开触点	
图形符号	E--	E-	E-
文字符号	SB	SB	SB

需要说明的是，按钮的触点允许通过的电流很小，一般不超过 5A。

2. 按钮型号的含义和分类

按钮型号的含义为：

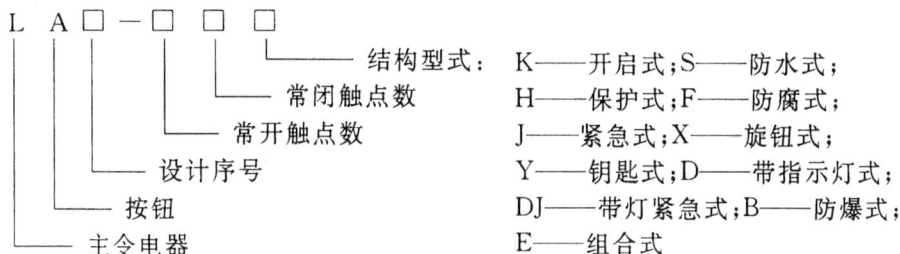

```
L A □ — □ □ □
```

结构型式： K——开启式；S——防水式；
常闭触点数　　H——保护式；F——防腐式；
常开触点数　　J——紧急式；X——旋钮式；
设计序号　　　Y——钥匙式；D——带指示灯式；
按钮　　　　　DJ——带灯紧急式；B——防爆式；
主令电器　　　E——组合式

按钮按操作方式、防护方式及结构特点分为开启式、防水式、防爆式、带灯式等，参见按钮型号中结构形式的字母标注。常见按钮按触点结构位置有以下三种形式。

（1）常开按钮：又称启动按钮，操作前手指未按下时，触点是断开的，当手指按下时，触点被接通。手指放松后，按钮自动复位。

（2）常闭按钮：又称停止按钮，操作前，触点是闭合的，手指按下时触点断开。手指放松后，按钮自动复位。

（3）复合按钮：又称常开常闭组合按钮，它设有两组触点，操作前有一组触点是闭合的，另一组触点是断开的。当手指按下时，闭合的触点断开，而断开的触点闭合。手指放松后，两组触点全部自动复位。

为了方便识别各按钮的作用，避免误操作，启动按钮用绿色表示，停止按钮用红色表示。

3. 几种常用按钮

常用按钮有 LA2、LA10、LA18、LA19、LA20、LA25 等系列，外形如图 3-13 所示。

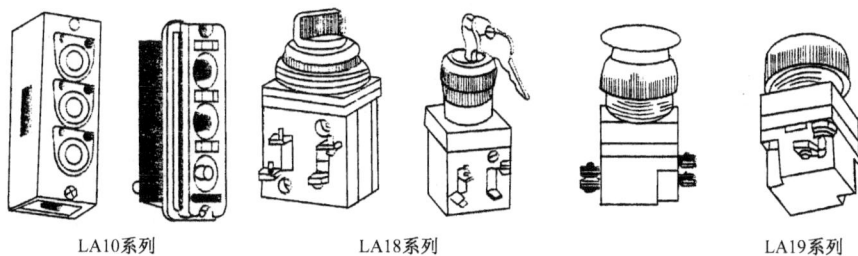

LA10系列　　　　　　　　　　LA18系列　　　　　　　　　　LA19系列

图 3-13　LA 系列按钮

3.4.2　万能转换开关

万能转换开关是一种多挡的转换开关，其特点是触点多，可以任意组合成各种开闭状态，能同时控制多条电路，所以称为"万能"转换开关。它主要用于各种配电设备的远距离控制，各种电气控制线路的转换、电气测量仪表的换相测量控制。有时也被用做小型电动机的控制开关。

1．结构原理

万能转换开关有多种系列。如图 3-14 所示为 LW5 万能转换开关的外形及触点通断情况示意图。它主要由转动手柄、转轴和多个触点盒叠装而成。每个触点盒中都有一对或几对触点，当转动手柄时，通过转轴和凸轮，带动各触点盒中的触点闭合或断开。由于凸轮的形状不同，各个触点盒中触点的通、断情况不一样。这样就需要列一个表来说明手柄在不同位置时，各个触点盒中的触点通、断情况。如图 3-14（c）所示为万能转换开关在控制电路中的图形符号，如图 3-14（d）为触点通断表。

在图 3-14（c）中，连线有黑点"·"，表示这条电路是接通的。例如，将万能转换开关扳到"0"的位置时，所有的电路全部被接通；转至"Ⅰ"位置时，只有 1、3 电路接通；转至"Ⅱ"位置时，2、4、5、6 电路接通。在图 3-14（d）中，符号"×"表示触点闭合，没有"×"的空格表示触点断开。

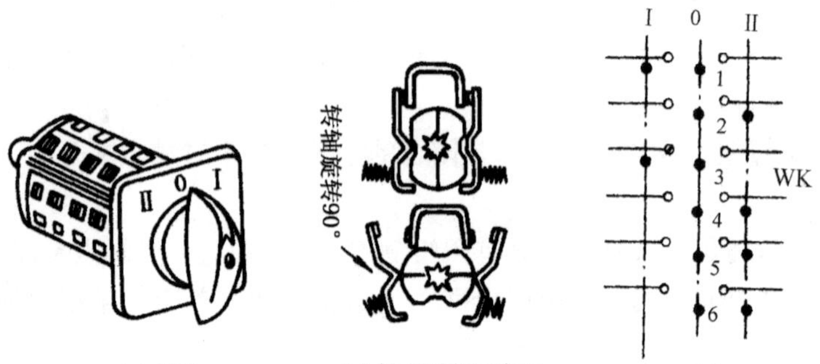

触点号	Ⅰ	0	Ⅱ
1	×	×	
2		×	×
3	×	×	
4		×	×
5	×	×	×
6		×	×

（a）外形　　　（b）触点通断示意图　　　（c）　　　（d）

图 3-14　LW5 万能转换开关及图形符号

2．型号含义和主要技术数据

万能转换开关型号的含义如下：

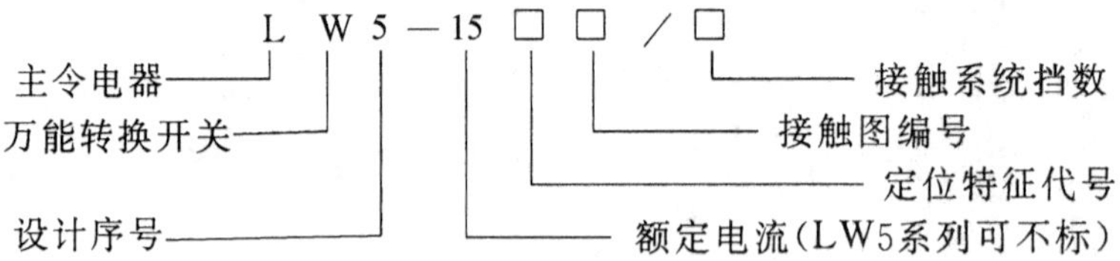

万能转换开关型号中的定位特征代号用字母表示，用来反映开关手柄操作位置。

万能转换开关的主要技术数据有额定电压、额定电流、额定操作频率、机械寿命和电气寿命等项。

LW5 系列万能转换开关的额定电压交流至 500V、直流至 440V；额定电流为 15A；额定操作频率为 120 次/h；机械寿命为 100 万次；电气寿命为 20 万次。

3．种类和特点

常用万能转换开关的种类和特点如表 3-11 所示。

表 3-11 常用万能转换开关的种类和特点

型 号	额定电压（V）	额定电流（A）	结构特点和主要用途
LW2	AC 220 DC 220	10	挡数 1～8，面板为方形或圆形，可用于各种配电设备的远距离控制，电动机换向、仪表换相等
LW5	AC 500 DC 220	15	挡数 1～8，面板为方形或圆形，可用于各种配电设备的远距离控制，电动机换向、仪表换相等
LW8	AC 380 DC 220	10	可用于控制电路的转换，配电设备的远距离控制及各种小型电机的控制
LW12	AC 380 DC 220	16	小型开关，主要用于仪表、微电机、电磁阀等的控制
LWX1B	AC 380 DC 220	5	强电小型开关，主要用于控制电路的转换
LW□—10	AC 380，220 DC 220，110	10	唇舌式开关，主要用于控制电路和仪表控制电路

3.4.3 行程开关

行程开关又称位置开关或限位开关，其作用与按钮相同，用来接通或分断某些电路，达到一定的控制要求。但是行程开关触点的动作不是靠手动操作，而是利用机械设备某些运动部件的挡铁碰压行程开关的滚轮，使触点动作，将机械的位移信号——行程信号，转换成电信号。行程开关广泛应用于顺序控制、变换运动方向、行程、定位等自动控制系统中。

1. 行程开关外形和图形符号

行程开关的外形和图形符号如图 3-15 所示。

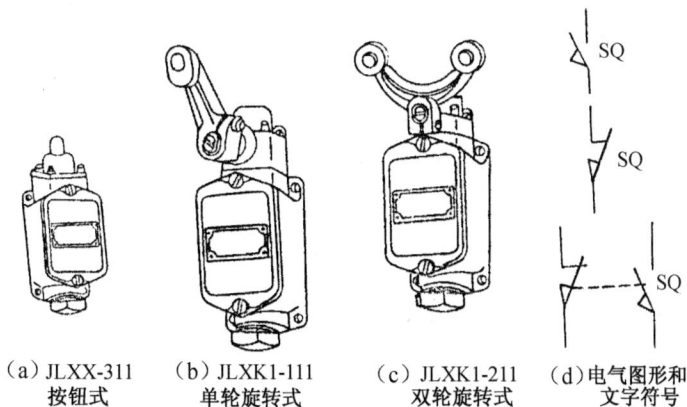

（a）JLXX-311　　（b）JLXK1-111　　（c）JLXK1-211　　（d）电气图形和
按钮式　　　　单轮旋转式　　　　双轮旋转式　　　　文字符号

图 3-15　行程开关的外形和图形符号

2．行程开关型号的含义

行程开关型号的含义为：

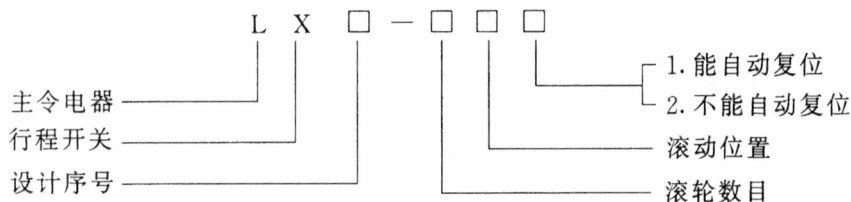

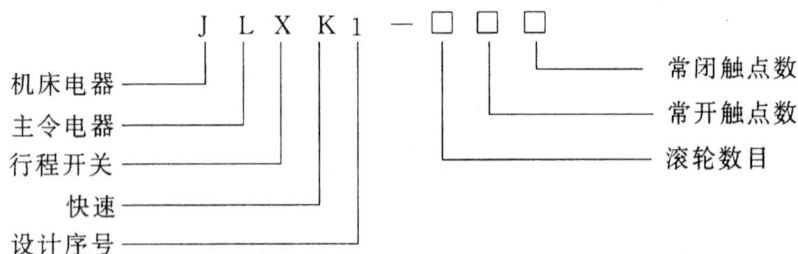

3．结构原理和主要技术数据

行程开关由微动开关、操作机构及外壳等部分组成。当机械设备的挡铁碰压行程开关的滑轮时，通过杠杆、轴、撞块等操作机构，使微动开关的动、静触点动作，使触点断开或闭合，将机械的位移信号转换成电信号，实现对线路的控制。

行程开关的主要技术数据包括额定电压、额定电流、额定发热电流、额定操作频率、机械寿命和电寿命等项。

3.4.4　接近开关

接近开关是非接触式的检测装置，当运动物体接近它到一定距离范围之内，它就能发出信号，检测运动物体的所处位置，进而控制继电器，执行某种检测或自动控制。与行程开关相比，它与被检测体不接触，不需要行程开关所必须的机械力，使接近开关的用途超出一般的行程控制和限位保护。由于电子技术的发展，接近开关的质量更加可靠，体积更加小巧，螺纹固定式接近开关的外径仅8mm，长度只有40mm，打开了接近开关在自动控制系统的应用空间，接近开关除了作物体位置、行程、尺寸方面的检测外，还用于计数控制、测速、液面控制等方面。

接近开关的特点是检测精度高、功率消耗低、使用寿命长、应用范围广。

1．接近开关型号的含义

接近开关型号的含义为：

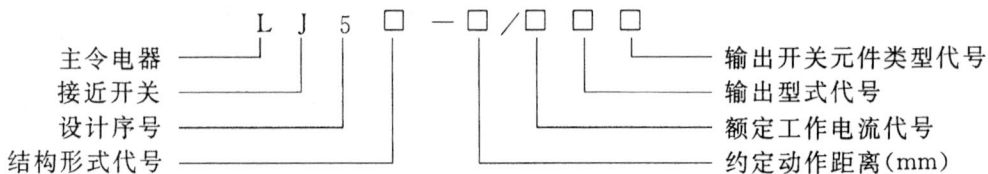

2．接近开关的工作原理

接近开关的种类很多，可分为高频振荡型、电磁感应型、电容型、永磁型、光电型、超声波型等，其中应用最多的是高频振荡型，它以各种金属为检测体。各种接近开关的组成基本相同，下面以高频振荡型为例简述其工作原理。

接近开关由感应头、振荡器、检测器、输出电路、电源电路等组成，如图 3-16 所示。感应头为高频振荡回路的线圈，其内部参数受铁磁物质的影响会发生改变。检测器由检波器和鉴幅器等构成。输出电路一般由晶闸管或晶体三极管组成。输出电路的负载通常为继电器线圈。

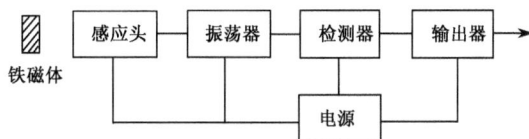

图 3-16　接近开关的原理方框图

当工作时，电源接通，振荡器振荡，检测电路使晶闸管或三极管截止，继电器线圈通过的电流达不到动作值而不动作。

当有金属检测体接近感应头时，由于铁磁感应作用，处于高频振荡器线圈磁场中的金属检测体内部产生涡流损耗，使振荡回路因电阻增大、能耗增加，导致振荡减弱，直到停止振荡。这时检测电路使晶闸管或三极管导通，继电器线圈得电而开关动作。当金属检测体脱离动作距离时，振荡器恢复振荡，开关恢复原始状态。

3．接近开关的主要技术数据

接近开关的主要技术数据有：

（1）额定工作电压。

（2）额定输出电流。

（3）额定工作距离。

（4）重复精度：由于电路的不稳定度及接近开关自身的影响，检测物体每次接近开关感应头驱使开关动作的位置或行程的误差称为重复精度。

（5）操作频率：采用无触点输出形式的接近开关，其操作频率主要取决于开关本身的电路构成；采用有触点输出形式，则取决于所用继电器的动作频率。

（6）位行程：开关从"动作"到"复位"位置的距离。

3.4.5　信号灯

信号灯又称指示灯，是作为各种信号指示的发光电器元件，是主令电器的一种。信号灯可以代表不同的指示意义，如电源指示、警告指示、正常指示、开机指示、关机指示等。其品种规格非常多，有不同大小的信号灯、不同颜色的信号灯、不同外形的信号灯等还有适合不同电压的信号灯。

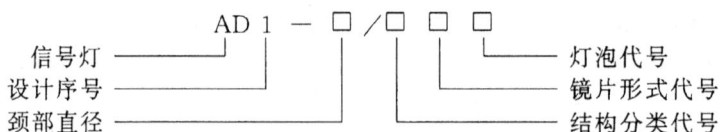

图3-17 信号灯图形符号

信号灯的结构简单、价格便宜、指示作用明了，所以应用非常广泛。

1. 信号灯图形符号和型号的含义

信号灯图形符号如图3-17所示。

信号灯型号的含义为：

```
            AD 1 — □/□ □ □
信号灯 ————┘   │  │  │  │  └———— 灯泡代号
设计序号 ——————┘  │  │  └—————— 镜片形式代号
颈部直径 —————————┘  └————————— 结构分类代号
```

2. 常用信号灯

常用信号灯的种类、特点和用途如表3-12所示。

表3-12 常用信号灯的种类、特点和用途

型 号 系 列	主 要 特 点	主 要 用 途
AD1	其结构有直接式、变压器降压式、电阻降压式、辉光式，安全性能好、温升低，是全国统一设计的新产品，符合IEC标准	配电、控制屏上的指示信号，属通用型
XD	采用E型螺口灯泡，体积较小，安装方便，其中XD13、XD14为较新产品	配电、控制屏上的指示信号，属通用型
XDN	采用氖、氩辉光灯，功耗小，寿命长	家用电器等小型电气设备上
XDS	为双灯式、互不混涉，可横、竖排列	信号屏上
DH	采用E型白炽灯，外形小，电压低	电子仪器设备
LDDH	配用发光二极管，功耗小，体积小	电子仪器设备
DF$_1$	小型、矩形	电子仪器设备
XDC	配小型白炽灯，属超小型	电子仪器设备

LDDH系列信号灯是采用发光二极管作为光源的新型信号灯，是目前广泛使用的一种安全节能产品，主要优点如下：

（1）体积小。信号灯可用单个或多个发光二极管组成，单只发光二极管的体积只有十几mm^3，多只组合的体积也可做得很小。

（2）功耗小。发光二极管的工作电流为mA级，因此信号灯的总功耗小，是白炽灯的几分之一到几百分之一。

（3）寿命长、工作可靠。

3.5 交流接触器

接触器是电气控制设备中的主要电器，它是利用电磁机构代替手动操作的一种自动开关。利用接触器可以实现各种自动控制，因此在自动控制系统中应用非常广泛。接触器主要用于远距离频繁接通和断开交直流主电路及大容量的控制电路。根据接触器主触点通过电流的种类，可分为交流接触器和直流接触器，其中使用较多的是交流接触器。

交流接触器的主要控制对象是电动机，也可以用于控制其他负载，如电焊机、电热装置、

照明设备等。

3.5.1 交流接触器的型号和图形符号

1. 交流接触器型号的含义

交流接触器型号的含义为：

```
C  J  □ — □ / □
                  主触点数
                  主触点额定电流
                  设计序号
                  交流
                  接触器
```

2. 交流接触器的图形符号

交流接触器的图形符号如图 3-18 所示。

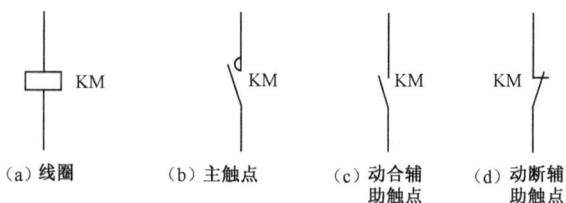

(a) 线圈　　(b) 主触点　　(c) 动合辅　　(d) 动断辅
　　　　　　　　　　　　　 助触点　　 助触点

图 3-18　交流接触器的图形符号

3.5.2 交流接触器的结构和工作原理

交流接触器的品种很多，但结构和工作原理相同，利用电磁吸力和弹簧的反作用力，使触点闭合或断开。如图 3-19 所示的是常用的 CJO—20 交流接触器的外形和结构原理图。

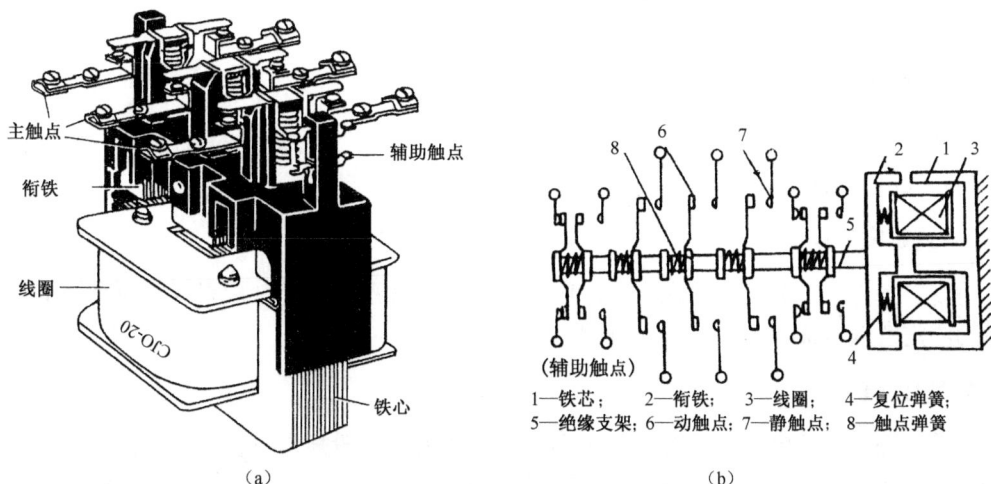

主触点　　　辅助触点
衔铁
线圈
铁心

（a）

8　6　7　　2 1 3
5
4
（辅助触点）
1—铁芯；　2—衔铁；　3—线圈；　4—复位弹簧；
5—绝缘支架；6—动触点；7—静触点；8—触点弹簧

（b）

图 3-19　交流接触器的外形和结构原理图

交流接触器主要由触点系统、电磁系统和灭弧装置等部分组成。

接触器的触点用来接通或断开电路，按其触点形状可分为点接触式、线接触式和面接触式三种。为了保持触点之间接触良好，除了在触点处嵌有银片外，在触点上还装有弹簧，以随着触点的闭合逐渐加大触点间的压力。根据触点在电路中的用途，触点分为主触点和辅助触点两种。主触点用以通断电流较大的主电路，通常由常开触点组成；辅助触点用以通断较小电流的控制电路，由常开触点和常闭触点组成。当接触器未工作时，处于断开状态的触点称为常开触点，也称动合触点；当接触器未工作时，处于接通状态的触点称为常闭触点，也称动开或动断触点。

电磁系统是用来控制触点的闭合和分断用的，是由铁芯、线圈和衔铁组成的电磁铁。交流接触器的铁芯上装有一个短路铜环，称为短路环，其作用是减少交流接触器吸合时产生的振动和噪音。

灭弧装置是为消除触点之间的电弧而设计的。交流接触器在分断大电流电路时，往往会在动、静触点之间产生很大的电弧。电弧会烧损触点，延长电流切断时间，甚至引起其他事故，因此交流接触器都采取灭弧措施。容量较小的交流接触器采用具有灭弧结构的触点实现灭弧，容量较大的交流接触器一般设置灭弧栅进行灭弧。

交流接触器是利用电磁吸力来工作的。当电磁铁线圈通电时，产生磁场，在磁场力的作用下将衔铁吸合；当线圈断电时，衔铁在反力弹簧的作用下与电磁铁铁芯分离。衔铁的动作带动与衔铁连在一起的动触点移动，使动触点和静触点闭合和断开，从而控制电路的通或断。

CJO—20 交流接触器有三对主触点和四对辅助触点。主触点用来切换大电流，接在被控制的主电路中。辅助触点只能用来接通或切断小电流，接在控制电路中。接触器常开和常闭触点是联动的，即当线圈通电时，常闭触点断开，常开触点随即闭合；当线圈断电时，常开触点断开，常闭触点随即恢复闭合状态。交流接触器的主触点是常开触点，辅助触点有常开的也有常闭的。CJO—20 的四对辅助触点有两对是常开的，两对是常闭的。

3.5.3　交流接触器的主要技术数据

1．额定电压

在规定的条件下，保证交流接触器主触点正常工作的电压值称为额定电压。通常同时列出主触点和辅助触点的额定电压。

2．额定电流

在规定的条件下，为保证交流接触器正常工作，主触点允许通过的电流值称为额定电流。通常同时列出辅助触点的额定电流。

3．约定发热电流

在规定条件下试验，电流在 8 小时工作制下，各部温升不超过极限值时所承载的最大电流称为约定发热电流。

4．动作值

动作值是交流接触器的吸合电压值和释放电压值。一般规定吸合电压值在线圈额定电压的 85%及 85%以上，释放电压不高于线圈额定电压的 70%。动作值是保证交流接触器动作可靠的一项主要技术指标。

5．接通与分断能力

接触器的接通与分断能力，是指主触点在正常工作情况下所能可靠地接通和分断的电流值。在此电流值下，接通能力是指触点闭合时不会造成触点熔焊的能力，断开能力是指触点断开时不产生飞弧和过分磨损而能可靠灭弧的能力。

6．操作频率

操作频率指接触器每小时的操作次数。不同的控制对象对操作频率有不同的要求，新型号的交流接触器允许的操作频率一般分为 300 次/h、600 次/h、1200 次/h 等几种。

7．电气寿命与机械寿命

电气寿命、机械寿命是指在正常操作条件下的操作次数。通常，机械寿命在百万次以上，电气寿命在十几万次以上。影响电气寿命的主要因素是主触点的电弧烧损。

3.5.4　常用交流接触器

1．CJl2、CJI2□、CJ24、CJ20 系列交流接触器

（1）CJl2 系列交流接触器适用于交流 50Hz，额定工作电压至 380V，额定电流至 600A 的电路中，供远距离接通和分断电路及对电动机频繁进行启动、停止和反转等控制。

（2）CJl2□系列接触器是 CJl2 的派生产品，具有节电和低噪音的特点，如 CJl2B。

（3）CJ24 系列接触器的额定电压提高到 660V，其结构、适用范围与 CJ12 相同。

（4）CJ20 系列交流接触器是一种应用广泛的接触器，适用交流 50Hz、额定工作电压至 660V 或 1140V、额定电流 630A 的电路中，供远距离频繁接通、分断电路及控制交流电动机之用，并可与热继电器或其他保护电器组成电磁启动器。

CJ20 系列交流接触器的技术数据如表 3-13 所示。

表 3-13　CJ20 系列交流接触器的技术数据

型　号	主触点额定电流（A）			辅助触点额定电流(A)		可控制电动机的最大功率（kW）			吸引线圈电压（V）	辅助触点数量	操作频率（次/h）		电寿命（万次）	
	380V	660V	1140V	380V	660V	220V	380V	660V			AC-3	AC-4	AC-3	AC-4
CJ20—40	40	25					22		36		1200	300	100	4
CJ20—63	63	40	—	6			30	35	127		1200	300	200	8
CJ20—160	160	100					85	85	220		1200	300	200	1.5
CJ20—160/11			80					85	380	2 常开 2 常闭	300	60	120	1.5
CJ20—250	250			10			132		127 220 380		600	120	120	1
CJ20—250/06		200	—					190			300	60	120	1
CJ20—630	630						300				600	120	120	0.5
CJ20—630/11		400	400					400			300	60	120	0.5

2．CJX3（3TB）交流接触器

3TB 系列接触器是引进德国西门子公司技术生产的产品，CJX3 是国内型号。部分 CJX3 小容量交流接触器的技术数据如表 3-14 所示。

表3-14　CJX3 小容量交流接触器的技术数据

型　　号	主触头额定电流（A）			辅助触点额定电流（A）		可控制电动机的最大功率（kW）			吸引线圈电压（V）	辅助触点数量	操作频率（次/h）		电气寿命（万次）	
	380V	660V	1140V	380V	660V	220V	380V	660V			AC-3	AC-4	AC-3	AC-4
CJX3—9 （3TB40）	9	7.2	—	6	2	—	4	5.5	24	1 常开				
CJX3—12 （3TB41）	12	9.5					5.5	7.5	36 48 110 220 380	或1常闭 或1常开 1常闭或 2常开2 常闭	1000	1.2×10^6	250	1.21×10^5
CJX3—16 （3TB4）	16	13.5					7.5	11						
CJX3—22 （3TB43）	22	13.5					11	11			750	1.2×10^6	250	1.2×10^5
CJX3—32 （3TB44）	32	15	—	4	2.5		15	15						

3．LC1-D 系列交流接触器

LC1-D 系列接触器是引进法国 TE 公司技术生产的产品，其突出特点是组合能力强，可以利用积木原理来增加辅助触点的数量和功能。

4．B 系列交流接触器

B 系列接触器是引进德国 ABB 公司技术生产的产品，也具有多种附件，可以组合使用，扩大功能。

3.5.5　交流接触器的选择和使用

1．选用交流接触器的原则

（1）类型选择：根据负载电流的性质来选择接触器类型，交流负载应选用交流接触器；直流负载应选用直流接触器。

（2）触点额定电压和主触点额定电流选择：触点的额定电压应大于或等于所控制电路的工作电压；主触点的额定电流应大于负载电流。

（3）电磁铁线圈额定电压的选择：当线路简单及使用电器较少时，可直接选用 380V 或 220V 电压的线圈；如线路复杂，可选择 36V、110V 电压的线圈。

（4）辅助触点参数的选择：选用接触器时应根据系统控制要求，确定所需的触点的种类、数量和组合型号。

2．交流接触器的使用

（1）接触器能接通和断开正常负荷电流，不能切断短路电流，因此常与熔断器、断路器、热继电器配合使用。

（2）接触器安装前应先检查线圈的额定电压等技术数据是否与实际线路相符。确认无误后方能安装。

（3）检查接触器外观，应无机械损伤。手动接触器的活动部分应动作灵活，无卡住现象。然后将电磁铁面上的油污、铁锈清除，保证电磁铁动作灵活。

（4）接触器应安装在垂直面上，其倾斜角不得超过 5°，以免影响接触器的动作特性。接触器与其他电器之间应留有空间，以免飞弧烧坏相邻电器。

（5）接触器的安装螺丝应配有弹簧垫圈和平垫圈，拧紧螺丝以防松动。注意不要把零件掉入接触器内，以免引起卡阻而烧毁线圈。

（6）做好接触器日常维护工作，定期检查接触器的零部件，观察安装螺丝、接线螺丝是否松动，可动部分是否灵活，发现问题及时处理。定期清扫接触器的触点，使之保持清洁，但触点不能涂油。当触点表面因电弧作用形成金属小珠时应及时清除。当触点磨损严重时，即触点只剩 1/3 时，则应更换。

3.5.6 交流接触器的常见故障和处理方法

交流接触器常见故障现象和处理方法如表 3-15 所示。

表 3-15 交流接触器常见故障现象和处理方法

故障现象	可能原因	处理方法
吸不上或吸不足（即触点已闭合而铁芯尚未完全闭合）	① 电源电压过低或波动太大 ② 操作回路电容量不足或发生断线，配线错误及控制触点接触不良 ③ 线圈技术参数及使用技术条件不符 ④ 产品本身受损，如线圈断线或烧毁，机械可动部分被卡住，转轴生锈或歪斜等 ⑤ 触点弹簧压力与超程过大	① 调高电源电压 ② 增大电容量，更换线路，修理控制触点 ③ 更换线圈 ④ 更换线圈，排除卡住故障，修理受损零件 ⑤ 按要求调整触点参数
不释放或释放缓慢	① 触点弹簧压力过小 ② 触点熔焊 ③ 机械可动部分被卡住，转轴生锈或歪斜 ④ 反力弹簧损坏 ⑤ 铁芯极面有油污或尘埃黏附	① 调整触点参数 ② 排除熔焊故障，修理或更换触点 ③ 排除卡住现象，修理受损零件 ④ 更换反力弹簧 ⑤ 清理铁芯极面
电磁铁（交流）噪音大	① 电源电压过低 ② 触点弹簧压力过大 ③ 磁系统歪斜或机械被卡住，使铁芯不能吸平 ④ 极面生锈或因异物（如油垢、尘埃）侵入铁芯极面 ⑤ 短路环断裂或脱落 ⑥ 铁芯极面磨损过度而不平	① 提高操作回路电压 ② 调整触点弹簧压力 ③ 排除机械卡住现象 ④ 清除铁芯极面 ⑤ 调换铁芯或短路环 ⑥ 更换铁芯
线圈过热或烧损	① 电源电压过高或过低 ② 线圈技术参数（如额定电压、频率、通电持续率及适用工作制等）与实际使用条件不符 ③ 操作频率（交流）过高 ④ 线圈制造不良或由于机械损伤、绝缘损坏等 ⑤ 使用环境条件特殊：如空气潮湿，含有腐蚀性气体或环境温度过高 ⑥ 运动部分被卡住 ⑦ 交流铁芯极面不平	① 调整电源电压 ② 调换线圈或接触器 ③ 选择其他合适的接触器 ④ 更换线圈，排除引起线圈机械损伤的故障 ⑤ 采用特殊设计的线圈 ⑥ 排除卡住现象 ⑦ 清除极面或调换铁芯

故障现象	可能原因	处理方法
触点熔焊过热或灼伤	① 操作频率过高或产品超负载使用 ② 负载侧短路 ③ 触点弹簧压力过小 ④ 触点表面有金属颗粒突起或异物 ⑤ 操作回路电压过低或机械上卡住，致使吸合过程中有停滞现象，触点停顿在刚接触的位置上	① 调换合适的接触器 ② 排除短路故障，更换触点 ③ 调整触点弹簧压力 ④ 清理触点表面 ⑤ 提高操作电源电压，排除机械卡住故障，使接触器吸合可靠
触点过度磨损	① 接触器选用欠妥，在以下场合时，容量不足： （a）反接制动；（b）操作频率过高 ② 三相触点动作不同步 ③ 负载侧短路	① 改用适于繁重任务的接触器 ② 调整到同步 ③ 排除短路故障，更换触点

3.6　继电器

继电器是一种根据电学量（如电压、电流）或其他物理量（如温度、时间、转速、压力）的变化，接通或断开控制电路的一种自动电器。

继电器与接触器都是自动接通或切断电路的控制电器，它们的不同之处在于，继电器用于控制小电流电路，结构上不设灭弧装置，它不仅可以在电量的作用下实现电路的通、断，也可以在非电量如温度、压力的作用下实现对电路的控制。

继电器的种类很多，按动作原理可分为电磁式继电器、感应式继电器、热继电器、电动式继电器、电子继电器等，按反应的参数可分为电流继电器、电压继电器、时间继电器、速度继电器、压力继电器等。其中电磁式继电器应用普遍。常用的继电器有电磁式电流继电器、电压继电器、中间继电器、热继电器、时间继电器和速度继电器。

3.6.1　电磁式继电器

1．电磁式继电器的结构和工作原理

电流继电器、电压继电器和中间继电器都是电磁式继电器，是电器设备中用得最多的一种继电器。电磁式继电器的结构有两种类型，一种是直动式，其结构和小容量的接触器相似，如图 3-20（a）所示；另一种是拍合式，如图 3-20（b）所示为其结构图。线圈不通电时，衔铁靠反力弹簧作用打开，常开触点断开，常闭触点闭合；线圈通电时，衔铁被吸合，常开触点闭合，常闭触点断开。上述结构装上不同线圈后可分别制成电流继电器、电压继电器和中间继电器，所以这一类继电器又统称为通用继电器。

2．电磁式继电器的主要技术数据

（1）额定参数：工作电压或电流、吸合电压或电流、释放电压或电流。

（2）吸合时间和释放时间：有快动作、正常动作、延时动作三种。

（3）整定参数：继电器人为调节的动作值称为整定值或整定参数，是用户根据需要调节的动作参数。大部分电磁式继电器的整定参数是可调的，如表 3-16 所示。

（4）灵敏度：是指整定好的继电器吸合时所必须的最小功率或安匝数。

（5）返回系数：释放电压或电流与动作电压或电流之比。

（6）接通与分断能力：继电器触点通断能力是指通断被控电路的能力，它与被控对象的容量及使用条件有关，是正确选用继电器的主要依据。

此外，还有额定工作制、使用寿命等技术数据。

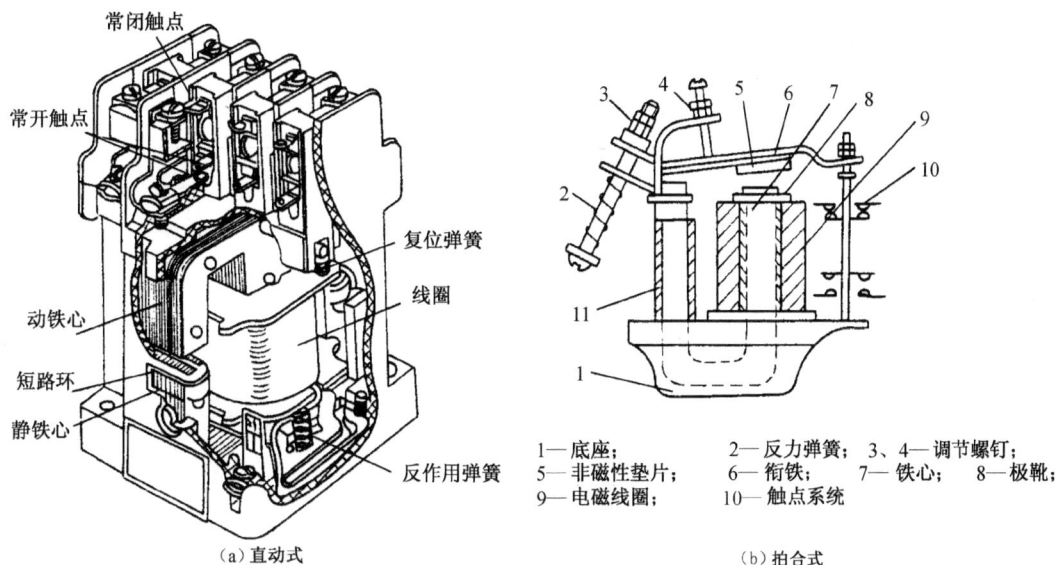

1—底座；　　　　　　2—反力弹簧；　3、4—调节螺钉；
5—非磁性垫片；　　　6—衔铁；　　　7—铁心；　　8—极靴；
9—电磁线圈；　　　　10—触点系统

（a）直动式　　　　　　　　　　　　　　　（b）拍合式

图 3-20　电磁式继电器

表 3-16　电磁式继电器的整定参数

继电器类型	电流种类	可调参数	可调参数范围	复位方式
电压继电器	直流	动作电压	吸合电压 $30\% U_N \sim 50\% U_N$	自动
			释放电压 $7\% U_N \sim 20\% U_N$	
过电压继电器	交流	动作电压	$105\% U_N \sim 120\% U_N$	自动
过电流继电器	交流	动作电流	$110\% I_N \sim 350\% I_N$	自动或非自动
	直流		$70\% I_N \sim 300\% I_N$	
欠电流继电器	直流	动作电流	吸合电流 $30\% I_N \sim 65\% I_N$	自动
			释放电流 $10\% I_N \sim 20\% I_N$	
时间继电器	交流	通电或断电延时	$0.2 \sim 30s$	自动
			$10 \sim 180s$	
	直流	断电延时	$0.3 \sim 0.9s$	
			$0.8 \sim 3s$	
			$2.6 \sim 5s$	
			$4.5 \sim 10s$	
			$9 \sim 15s$	

3．电流继电器

根据线圈中电流大小而接通或切断电路的继电器称为电流继电器。这种继电器的特点是线圈导线较粗，匝数较少，使用时串联在主电路中。按其动作原理又分为过电流继电器和欠电流继电器。

欠电流继电器在正常工作时，线圈电流使衔铁吸合，当线圈电流降到低于某一整定值时，衔铁释放。

过电流继电器与欠电流继电器相反，在正常工作时电磁铁吸力不足以克服反力弹簧的作用，衔铁处于释放状态。当线圈电流超过某一整定值时，衔铁动作，常开触点闭合，常闭触点断开。过电流继电器应用较多。

（1）电流继电器图形符号及型号。电流继电器的图形符号如表 3-17 所示。

表 3-17　电流继电器的图形符号

继　电　器	线　　圈	常 开 触 点	常 闭 触 点
欠电流继电器	KI [I<]	＼ KI	＼ KI
过电流继电器	KI [I>]	＼ KI	＼ KI

电流继电器型号的含义为：

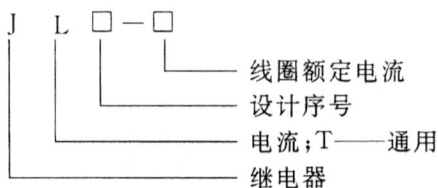

J L □－□

线圈额定电流
设计序号
电流；T——通用
继电器

（2）常用电流继电器。常用的交直流电流继电器有 JT4、JLl2、JLl4、JLl5、JLl8 等系列，如图 3-21 所示为 JT4、JLl2 外形结构图。

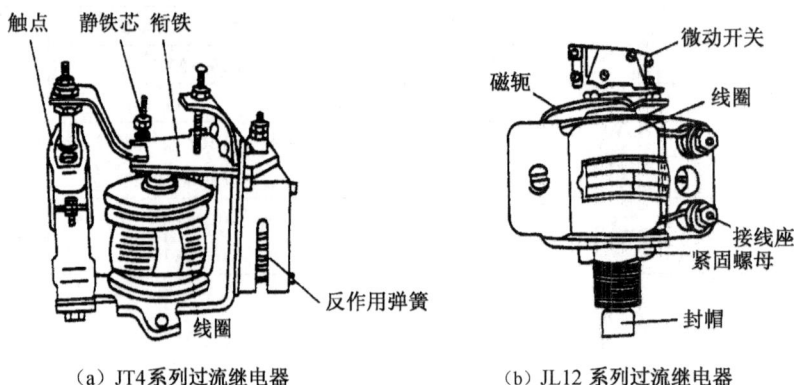

触点　静铁芯　衔铁

反作用弹簧

线圈

（a）JT4 系列过流继电器

微动开关

磁轭

线圈

接线座
紧固螺母

封帽

（b）JL12 系列过流继电器

图 3-21　电流继电器

如表 3-18 所示是 JT4 系列电流继电器的技术数据。

如表 3-19 所示是部分常用电流继电器的技术数据。

表 3-18　JT4 系列电流继电器的技术数据

型　　号	吸引线圈规格（A）	触点数目	复位方式		动　作　电　流
			自　动	手　动	
JT4—□□L JT4—□□S （手动复位）	5、10、15、20、40、80、150、300、600	2 动合 2 动断 或 1 动合 1 动断	自动	手动	吸引电流在线圈额定电流的 110%～350%范围内调节
JT4—□□J	5、10、15、20、40、50、80、100、150、200、300、400、600	1 动合 或 1 动断	自动		吸引电流在线圈额定电流的 75%～200%范围内调节

表 3-19　常用电流继电器的技术数据

型　　号	额定电流（A）	触点数量		触点电压（V）	触点额定电流（A）	用　　途
		常开	常闭			
JL12	交直流：5、10、15、20、30、40、60、75、100、150、200、300 等 12 种	1	1	交流 380 直流 440	5	用于起重机上交直流电动机的过载和过流保护
JL14	交直流：1、1.5、2.5、5、10、15、25、40、60、100、150、300、600、1200、1500 等 15 种	1 2 —	1 — 2	交流 380 直流 440	5	用于交直流控制电路中作为过电流或欠电流保护
JL15	交直流：1.5、2.5、5、10、15、20、30、40、60、80、100、150、250、300、400、600、800、1200 等 18 种	1 1	— 1	交流 380 直流 110 220 440	5	用于电力传动系统中的过电流保护

（3）过电流继电器的选择和安装。

① 过电流继电器线圈的额定电流应大于或等于主电路的额定电流。

② 过电流继电器的触点种类、数量、额定电流应满足控制电路的要求。

③ 过电流继电器的动作电流一般为电动机额定电流的 1.7～2 倍；频繁启动时，为电动机额定电流的 2.2～2.5 倍。

④ 安装过电流继电器时，需要将电磁线圈串接于主电路中，动断触点串接于控制电路中，以起到保护作用。

4．电压继电器

根据线圈两端电压大小而接通或断开电路的继电器称为电压继电器。这种继电器的特点是线圈的导线细，匝数多，并联在主电路中。按其动作原理有过电压继电器和欠电压（或零压）继电器之分。

过电压继电器在电压为 1.1～1.15 倍额定电压时动作，对电路进行过电压保护；欠电压继电器在电压为 0.4～0.7 倍额定电压时动作，对电路进行欠电压保护；零压继电器在电压降为 0.05～0.25 倍额定电压时动作，对电路进行零压保护。

电压继电器型号含义为：

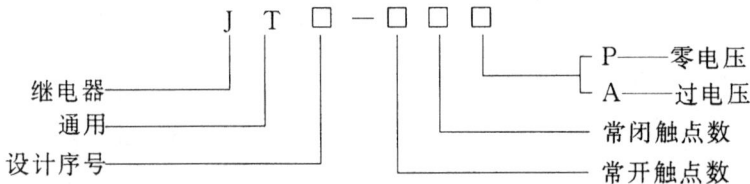

```
                J  T  □ — □ □ □
                             │ └─ P——零电压
                             │    A——过电压
  继电器 ────────┘  │  │      └──── 常闭触点数
  通用 ──────────────┘  │          常开触点数
  设计序号 ──────────────┘
```

电压继电器的图形符号与电流继电器相同，只是继电器线圈中通常无字母标注。

5. 中间继电器

中间继电器是用来转换控制信号的中间电器元件，常用来放大控制信号或将控制信号同时传给几个控制元件，其结构与电压继电器相同。

中间继电器的触点较多，触点的额定电流有 5A 或 3A，比线圈所允许通过的电流大得多，所以可用来放大控制信号；当线圈通电或断电时，可使多触点同时动作，以便增加控制电路中信号的数量。

中间继电器的图形符号与电压继电器相同。

中间继电器型号的含义为：

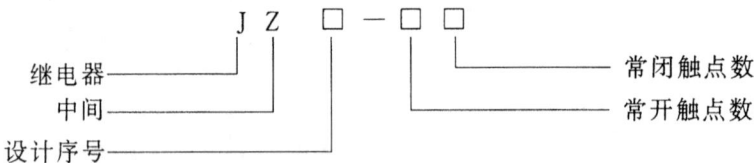

```
                J  Z  □ — □ □
                           │ └─ 常闭触点数
  继电器 ────────┘  │        └── 常开触点数
  中间 ──────────────┘
  设计序号 ──────────────┘
```

中间继电器的品种规格很多，常用的有 J27 系列、J28 系列、JZ11 系列、JZ13 系列、JZ14 系列、JZ15 系列、JZ17 系列、3TH 系列等继电器。

J27 系列中间继电器适用于交流至 550V、电流至 5A 的控制电路，它的结构与直动式交流接触器相同。

JZ11 系列中间继电器采用直动螺管式电磁系统，铁芯和线圈在中央，两侧各四对触点，其常开或常闭可由用户自行决定组合。

JZ13 系列中间继电器主要在电子线路中用做执行元件，以联系强电控制电路。其控制电压有 6V、12V、24V 等，有两对转换触点，额定容量为交流 220V、1A，电气寿命为 20 万次。

JZ17 系列中间继电器是引进日本 OMRON 公司技术生产的产品，原型号为 MA460N，可用于交流 50Hz，额定电压至 380V、直流额定电压至 220V 的控制电路中。

3TH 系列中间继电器是引进德国西门子公司技术生产的产品，继电器的型号有 3TH80、3TH82、3TH40、3TH42、3TH30。适用于交流 50Hz，额定工作电压至 660V 的电路中作转换控制用。

6. 电磁式继电器常见故障现象和处理方法

电磁式继电器常见故障现象和排除方法如表 3-20 所示。

表 3-20　电磁式继电器常见故障现象和排除方法

故障现象	产生原因	处理方法
通电后不能动作	线圈断路	更换线圈
	线圈额定电压高于电源电压	更换额定电压合适的线圈
	运动部件被卡住	查明卡住的地方并加以调整
	运动部件歪斜和生锈	拆下后重新安装调整及清洗去锈
通电后不能完全闭合或吸合不牢	线圈电源电压过低	调整电源电压或更换额定电压合适的线圈
	运动部件被卡住	查出卡住处并加以调整
	触点弹簧或释放弹簧压力过大	调整弹簧压力或更换弹簧
	交流铁芯极面不平或严重锈蚀	修整极面及去除锈蚀或更换铁芯
	交流铁芯分磁环断裂	更换分磁环或更换铁芯
线圈损坏或烧毁	空气中含粉尘、油污、水蒸汽和腐蚀性气体,以致绝缘损坏	更换线圈,必要时还要涂覆特殊绝缘漆
	线圈内部断线	重绕或更换线圈
	线圈在超压或欠压下运行而电流过大	检查并调整线圈电源电压
	线圈额定电压比其电源电压低	更换额定电压合适的线圈
	线圈匝间短路	更换线圈
触点严重烧损	负载电流过大	查明原因,采取适当措施
	触点积聚尘垢	清理触点接触面
	触点烧损过大,接触面小且接触不良	修整触点接触面或更换触点
	接触压力太小	调整触点弹簧或更换新弹簧
触点发生熔焊	闭合过程中振动过烈或发生多次振动	查明原因,采取相应措施
	接触压力太小	调整或更换弹簧
	接触面上有金属颗粒凸起或异物	清理触点接触面
线圈断电后仍不释放	释放弹簧反力太小	换上合适的弹簧
	极面残留黏性油脂	将极面揩拭干净
	运动部件被卡住	查明原因后作适当处理
	触点已熔焊	撬开已熔焊的触点并更换新的

3.6.2　热继电器

热继电器是利用电流的热效应来切断电路的自动保护电器,在控制电路中,主要用于电动机的过载保护、断相及电流不平衡运行的保护及其他电气设备发热状态的控制。

热继电器的类型有多种,其中双金属片式热继电器的结构简单、体积较小、成本较低、应用广泛。

1.热继电器的型号和图形符号

热继电器型号的含义为:

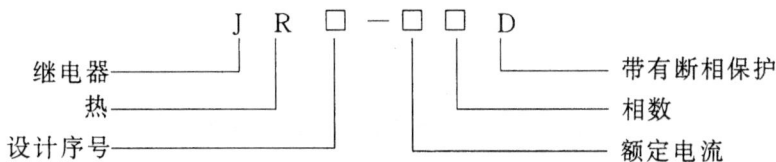

```
        J  R  □ — □ □  D
继电器 ————┘  │   │ │ │  └——— 带有断相保护
    热 ———————┘   │ │ └————— 相数
设计序号 —————————┘ └——————— 额定电流
```

热继电器的图形符号如图 3-22 所示。

（a）热元件　　　　（b）动断触点

图 3-22　热继电器的图形符号

2．热继电器的结构和工作原理

下面以双金属片式热继电器为例，说明其结构及工作原理。如图 3-23 所示的是热继电器的外形结构和工作原理图。

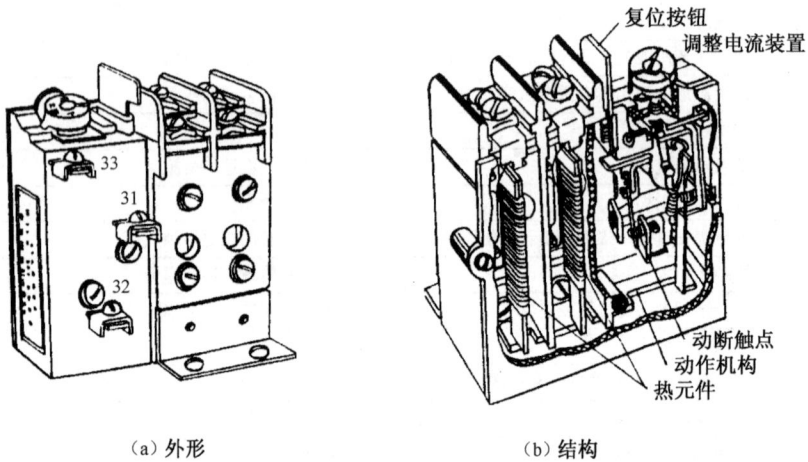

（a）外形　　　　　　　　　　　　（b）结构

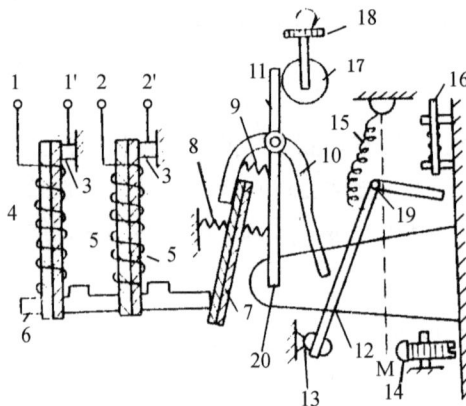

1—1'，2—2'—电阻丝；3—支架；4—电阻丝；5—双金属片；6—导板；7—双金属片；8，9—弹簧；10—推杆；11，20—支架；12—杠杆；13—常闭触点；14—螺杆；15—弹簧；16—手动复位按钮；17—偏心轮；18—旋钮；19—轴

图 3-23　热继电器的外形结构及工作原理图

热继电器主要由热元件、触点、动作机构、整定电流装置和复位按钮等部分组成。热元

件是热继电器的重要组成部分，它由双金属片及缠绕在双金属片外面的电阻丝组成。双金属片是由两种热膨胀系数不同的金属片焊合而成，使用时，将电阻丝直接串联在电动机的电路中。图 3-23（c）中热元件由两块组成，构成二相结构热继电器。热元件电阻丝两端 1-1′ 及 2-2′ 直接串联在电动机的两相电路中。当电动机过载时，过载电流通过串联在电路中的电阻丝 "4"，使之发热过量，双金属片 "5" 受热膨胀。由于左边金属片的膨胀系数比右边大，双金属片下端向右弯曲，通过导板 "6" 推动双金属片 "7" 使推杆 "10" 绕轴转动，推杆又推动杠杆 "12" 绕轴 "19" 转动，将常闭触点 "13" 推开。热继电器的常闭触点是装在控制电路中，串接在接触器的线圈电路里，当常闭触点 "13" 断开时，接触器的线圈断电，衔铁释放，接触器的主触点将主电路断开，电动机便切断电源受到保护。热继电器的热元件若是由三块组成，便构成了三相结构的热继电器。

在图 3-23 中，调节螺杆 "14"，使之前端超过轴线 N—M。当双金属片冷却后，杠杆 "12" 在弹簧 "15" 的作用下能自动复位，使常闭触点 "13" 闭合。如果螺杆 "14" 前端没有超过轴线 N—M，在弹簧 "15" 的拉力作用下，杠杆 "12" 和螺杆 "14" 接触，常闭触点不闭合。这时必须按下手动复位按钮 "16"，使杠杆 "12" 复位。补偿双金属片 "7" 的作用是补偿环境温度对整定电流的影响。整定电流装置是通过旋钮 "18" 和偏心轮 "17" 来调节整定电流值的。所谓整定电流，就是热元件通过的电流超过此值的 20% 时，热继电器应当在 20min 内动作。整定电流应与电动机的额定电流一致。

3．常用热继电器

常用的热继电器有 JRO、JR9、JR10、JR14、JR15、JR16、JR20、3UA、T、LR1、K7D 等系列。

JR20 系列热继电器是国产新型产品，具有温度适用范围宽和断相保护的功能。

3UA 系列热继电器是引进德国西门子公司技术生产的产品，具有整定电流连续可调、断相保护和温度补偿等功能。T 系列热继电器是引进德国 ABB 公司技术生产的产品，LR1-D 系列热继电器是引进法国 TE 公司技术生产的产品。

4．热继电器的选择和使用

（1）热继电器的选择。

① 类型的选择：对于电动机热保护继电器，一般选用两相结构的热继电器。但对于电压的三相均衡性较差，工作环境恶劣，或较少有人照管的电动机，应选用三相结构的热继电器。

② 额定电流的选择：热继电器的额定电流应大于电动机额定电流，然后根据额定电流来确定热继电器的型号。

③ 热元件额定电流的整定：热元件的额定电流应略大于电动机额定电流，一般情况下，热元件的整定电流调节到等于电动机的额定电流。但当电动机的启动时间较长，或是拖动冲击性负载时，热继电器整定电流要稍大一些，可调节到电动机额定电流的 1.1～1.15 倍。

（2）热继电器的使用。

① 双金属片式热继电器一般用于轻载或不频繁启动电动机的过载保护，因热元件受热变形需要一定的时间，所以热继电器不能作短路保护。对于重载、频繁启动的电动机，可选用过电流继电器作过载和短路保护。

② 热继电器在安装的接线前，应清除触点表面污垢，触点表面不允许涂油，保证热继电

器动作灵活。热继电器的安装位置应在其他电器的下方，以免受其他电器发热的影响。

3.6.3 时间继电器

时间继电器是一种延时或周期性定时接通和切断某些控制电路的继电器。时间继电器的应用范围很广泛，从一般的生产机械到尖端科技部门，特别是采用继电器—接触器控制的电力拖动系统和各种自动控制系统，其控制过程大都通过时间继电器来实现。

时间继电器的种类很多，按动作原理可分为空气式、电磁式、电动式、电子式等。它们各有特点，适用于不同要求的场合。

按延时方式可分为通电延时、断电延时及重复延时三种方式。通电延时型时间继电器在获得输入信号后，立即开始延时，需等延时完毕，其执行部分才输出信号以操纵控制电路。当输入信号消失后，继电器立即恢复到动作前的状态，延时特性如图 3-24（a）所示。断电延时型继电器在获得输入信号后，执行部分立即有输出信号。在输入信号消失后，继电器需要经过一定的延时，才能恢复到动作前的状态，延时特性如图 3-24（b）所示。重复延时继电器在接通电源以后，继电器以一定的周期周而复始地连续工作。

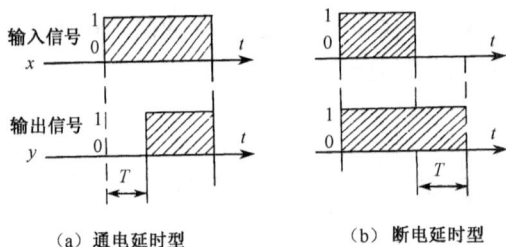

（a）通电延时型　　　　　　　（b）断电延时型

图 3-24　时间继电器的延时特性

1. 时间继电器的型号和图形符号

时间继电器的型号的含义为：

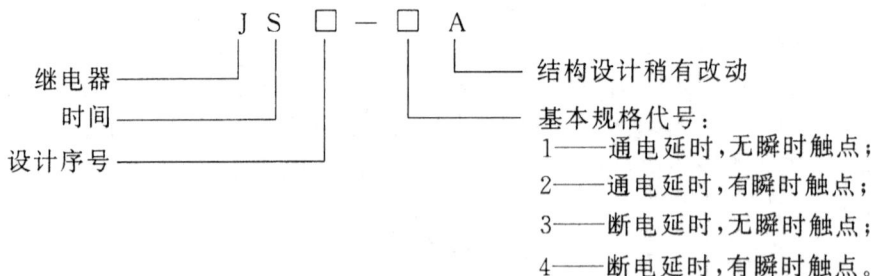

时间继电器的图形符号如图 3-25 所示。

2. 空气式时间继电器

空气式时间继电器是利用空气阻尼原理得到延时的。它的结构简单，延时范围较大，在由继电器、接触器组成的控制电路中，以空气式时间继电器用得较多。但延时的时间受气温、灰尘等因素的影响，延时的精度不高，而且无刻度，要准确调准延时时间比较困难。因此，空气式时间继电器不适用于对延时精度要求较高的场合。

线圈一般符号　　通电延时线圈　　断电延时线圈　　动合触点　　动断触点

延时闭合瞬时断开动合触点　　或　　　瞬时闭合延时断开动合触点

延时断开瞬时闭合动断触点　　或　　　瞬时断开延时闭合动断触点

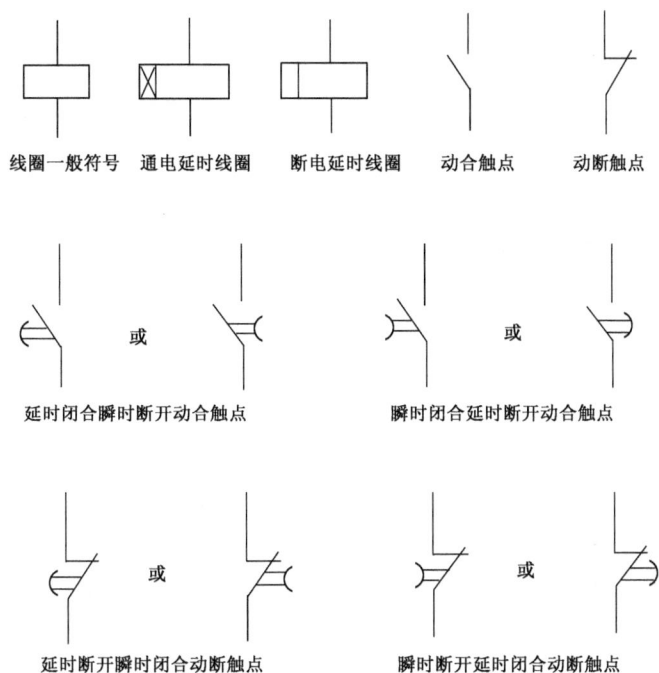

图 3-25　时间继电器的图形符号

常用的空气式时间继电器有 JS7 和 JS23 系列时间继电器。

（1）JS7 系列时间继电器：利用小孔节流的原理来获得延时动作，具有通电延时和断电延时两种动作方式，延时范围在 0.4～180s 之间。线圈电压有 36V、127V、220V、380V，触点额定电流为 5A。

（2）JS23 系列时间继电器：全国统一设计的新型空气式时间继电器，它由一个具有四个瞬动触点的中间继电器作为主体，再加上一个延时组件组成。它适用于交流 50Hz、电压至380V，直流电压至 220V 的电路，延时接通和分断控制电路。有通电延时、断电延时两种规格，每种规格都有瞬动触点，延时范围有 0.2～30s、10～180s 两种。线圈电压为交流 110V、220V、380V。操作频率 1200 次/h。

3. 电动式时间继电器

电动式时间继电器又称同步电动式时间继电器，是由微型同步电动机驱动减速齿轮组，并由特殊的电磁机构加以控制而得到延时的继电器，也分为通电延时型和断电延时型两种。通常，电动式继电器由带减速器的同步电动机、离合电磁铁和能带动触点的凸轮组成。

电动式时间继电器的延时值可不受电源电压波动和周围介质温度变化的影响，延时范围大，在零点几秒到数十小时之内。但其结构复杂，不适于频繁操作，价格也较贵。常用的电动式时间继电器有：

（1）JS10 系列时间继电器：适用于交流 110V、127V、220V、380V 的电路，线圈消耗功率约 12V·A。触点工作电压为 220V、工作电流为 1A，共有两对转换触点，复位时间小于1s，寿命为 1 万次。

（2）7PR 系列时间继电器：引进德国西门子公司技术生产的产品。7PR1040 型继电器采用磁滞式同步电动机，7PR4040 型、7PR4140 型继电器采用永磁式同步电动机。

4．电子式时间继电器

电子式时间继电器具有延时范围宽、延时精度高、耐冲击、调节方便，体积小及寿命长等特点，因此发展迅速，使用日益广泛。

传统的电子式时间继电器根据 RC 电路充电原理，利用电容器上的电压逐渐上升获得延时时间。通过改变充电电路的时间常数 RC，可整定延时时间。这类继电器又称为晶体管时间继电器。目前，高精度的电子式时间继电器采用大规模集成电路即专用的数字电路，通过晶体振荡和频率分频获得高精度延时时间。

电子式时间继电器的输出有两种形式，一种是有触点式，用晶体管驱动小型电磁式继电器；另一种是无触点式，采用晶体管或晶闸管输出。

常用的晶体管时间继电器有 JSJ、JSB、JSl3、JSl4、JSl5、JS20 等系列。

JSJ 型晶体管时间继电器的电源电压为直流 24V、48V、110V，交流 36V、110V、127V、220V、380V；触点数为 1 常开、1 常闭，交流容量为 380V/0.5A，直流为 110V/1A；延时范围为 0.1～60s（延时误差＜±3%）、120～300s（延时误差＜±6%）。

JSl3 型晶体管时间继电器的电源电压为交流 127V、220V、380V；触点不少于 1 常开、1 常闭，其容量为直流 110V/1A；延时时间为 10～180s，延时误差＜±5%。

高精度电子式时间继电器具有延时的高精度及长延时的特点。选用高性能电子元器件，简化了线路，缩小了体积，提高了可靠性和抗干扰能力，降低了功耗，因此在各种要求高精度、高可靠性自动控制的场合作延时控制用，按要求时间接通和分断电流。常用的采用专用数字集成电路的时间继电器有 ST3P、ST6P 系列继电器，这是从日本富士公司引进的产品。

3.6.4　速度继电器

速度继电器用来对电动机的运行状态进行控制，即当转速达到规定值时继电器触点动作，主要用于电动机控制电路中。

1．速度继电器的型号和图形符号

速度继电器的型号的含义为：

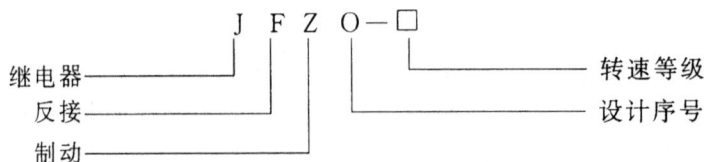

```
            J  F  Z  O — □
继电器 ─────┘  │  │      │  └──── 转速等级
反接 ──────────┘  │      └─────── 设计序号
制动 ─────────────┘
```

速度继电器的图形符号如图 3-26 所示。

2．结构和工作原理

速度继电器的原理结构图如图 3-26 所示，它的轴上带有圆柱形永久磁铁，永久磁铁的外边是嵌着鼠笼式绕组的外环，外环可绕轴转动一定角度。

使用时，速度继电器的轴与被控制电动机的轴相连，当电动机带动速度继电器转动时，旋转的永久磁铁的磁通被外环的鼠笼式绕组切割，在绕组中产生感应电动势和感应电流。感应电流的大小与电动机的速度有关，当电动机转速达到一定数值时，感应电流在相应磁场力作用下，使外环转动。和外环固定在一起的顶块使常开触点闭合，常闭触点断开。速度继电器外环的旋转方向由电动机转动方向确定。因此，顶块可向左或向右拨动触点使其动作。当电动机转速下降到接近零时，顶块恢复到原来的中间位置。

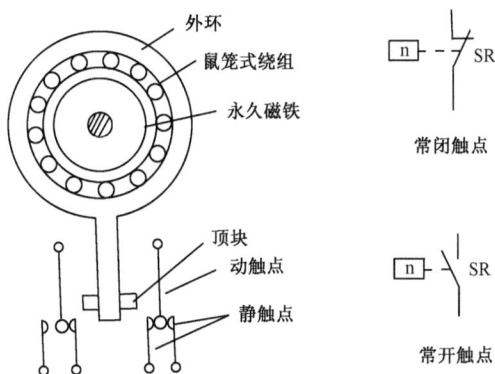

图 3-26　速度继电器的原理结构图和图形符号

常用的速度继电器有 JY1、JFZ0 型，其主要技术数据如表 3-21 所示。

表 3-21　常用速度继电器的主要技术数据

型　号	触点额定电压（V）	触点额定电流（A）	触点数量		额定工作转速（r/m）	允许操作频率（次/h）
			正转时动作	反转时动作		
JY1	380	2	1 常开 1 常闭	1 常开 1 常闭	100～3600	<30
JFZ0					300～1000 1000～3600	

习题 3

1. 常用的低压刀开关有几种类型？各有何特点？
2. 画出刀开关的图形符号，说明开启式负荷开关型号的含义。
3. 低压断路器的主要功能是什么？简述其工作原理。
4. 小型及家用断路器的主要技术数据有哪些？适用于哪些场合？
5. DZ47—60 系列断路器有什么特点？如何选用照明保护、电动机保护所用的 DZ47—60 断路器？
6. 漏电保护断路器有什么特点？由几部分组成？
7. 怎样选择熔断器的熔体和熔管？
8. 主令电器有什么功能？常用的主令电器有哪些？
9. 写出交流接触器型号的含义和图形符号。
10. 交流接触器有什么功能？主要由哪几部分组成？
11. 简述选用交流接触器的原则。
12. 什么叫继电器？继电器与接触器有什么不同？

13. 常用的电磁继电器有哪几种？各有什么作用？

14. 热继电器有什么功能？简述双金属片式热继电器的工作原理。

15. 时间继电器有什么功能？通电延时型和断电延时型时间继电器的延时特性有什么不同？

16. 参观工厂企业，熟悉按钮开关、闸刀开关、熔断器、断路器、交流接触器、主令电器、继电器等低压电器的外形和结构，并画出它们的图形符号。

第4章 常用电工仪表

4.1 电工仪表概述

电工测量所用的仪表统称为电工仪表。维修电工使用电工仪表进行电流、电压、电功率和电阻等电工量的测量，以便掌握电气线路及电气设备的特性、运行情况和检查电器元件的质量情况。电工仪表的种类很多，本章介绍几种常用电工仪表的工作原理、使用方法及电工测量过程中应注意的问题。

4.1.1 电工仪表的分类

电工仪表的种类和规格很多，就常见的分类方法归纳如下：

（1）电工仪表按工作原理不同，可分为磁电式、电磁式、电动式、感应式、整流式、静电式、电子式。其中磁电式、电磁式和电动式仪表是较常用的。

（2）按被测量的电学量的性质不同，可分为电流表、电压表、功率表、电度表、电阻表和多种用途的仪表。

电流表按其量程又分为安培表，是以安培为电流的计量单位，用 A 表示；毫安表，是以毫安为电流单位，用 mA 表示；微安表，是以微安为电流单位，用μA 表示。

电压表按其量程又分为千伏表，以千伏为电压的计量单位，用 kV 表示；伏特表，以伏特为电压单位，用 V 表示；毫伏表，以毫伏为电压单位，用 mV 表示。

根据被测电流的种类不同，上述电流表和电压表又分为直流表、交流表和交直两用表。

多种用途仪表是指具有多种测量功能的仪表。如应用广泛的万用表，能测量电流、电压、电阻等多种参数。又如万用电桥，除能测量电阻外，还能测量电容和电感。

（3）按使用场所不同，可分为开关板式仪表和便携式仪表。开关板式仪表又称安装式仪表，通常固定安装在开关板上或某一位置上，用于长时间的监测。这类仪表精度较低，价格便宜。便携式仪表便于携带，用于在车间、实验室进行一般检测。除此之外，在计量室或实验室备有计量用标准电工仪表。这种仪表精度高，价格贵，用它作为标准表定期对其他仪表进行校准。

（4）按仪表的指示测量值方式，可分为指针式仪表和数字式仪表。指针式仪表利用指针转动的位置来反映测量量的大小，其工作原理和内部结构都比较简单，价格较低，测量精度较低，目前电工仪表多数为指针式仪表。数字式仪表采用先进的电子线路，利用数码管或液晶屏来显示测量值，数字式仪表精度高，价格比较贵，在电工测量中应用还不普遍。

需要说明的是：近几年来随着电子技术的发展，一些电子测量仪器、仪表也进入电工测量的领域。从其工作原理看，属于电子式仪表；从测量指示看，多属于数字式仪表。这类仪表的特点是采用了先进的电子线路和集成电路，功能多、精度高，且多数具有保护功能。

本章所述电工仪表主要是指针式仪表。

4.1.2 仪表的测量误差

仪表在进行测量时所产生的测量值，与被测的实际值之间的差值称为仪表的测量误差。测量误差越小，测量值越接近被测量的实际值，说明仪表的测量精度越高。引起测量误差的原因有两方面：一是仪表本身固有的因素所造成的误差，主要是由于仪表结构设计和制造工艺不完善而产生的。例如，机械结构摩擦不一致引起的误差，标度尺刻度不精确引起的误差等，这种误差又称为系统误差。二是仪表因外界因素的影响而产生的误差，如周围环境温度过高或过低，电源的幅度、频率的波动及外界磁场干扰都会引起测量误差，这种误差又称为随机误差。

根据引起误差的原因，将误差分为基本误差和附加误差。基本误差是指仪表在规定的正常使用条件下测量时所具有的误差；附加误差是指不在规定的条件下测量时除基本误差外，因外界的影响而产生的误差。

电工仪表测量误差有三种表述形式：

（1）绝对误差Δ是指仪表测量的指示值A_x，与被测量的实际值A_0的差值，即

$$\Delta=A_x-A_0$$

（2）相对误差γ是指绝对误差Δ占被测量实际值A_0值的百分数，即

$$\gamma=\frac{\Delta}{A_0}\times100\%$$

在实际测量过程中，因指示值A_x和实际值A_0相差不大，通常用A_x值代替A_0来进行相对误差的近似计算，即

$$\gamma=\frac{\Delta}{A_x}\times100\%$$

可以看出，相对误差给出了测量误差的明确概念，可清楚表明仪表测量的准确程度，是一种常用的测量表示形式。

（3）引用误差γ_m是指在规定的工作条件下仪表的绝对误差Δ与仪表测量上限值A_m比值的百分数，即

$$\gamma_m=\frac{\Delta}{A_m}\times100\%$$

在电工测量中，通常用仪表的引用误差来表示仪表的准确度等级。例如，一只量程为100V的电压表，在测量时可能产生的最大绝对误差是1V，由此计算它的引用误差是：

$$\gamma_m=\frac{1}{100}\times100\%=1\%$$

则说这只电压表具有1.0级准确度。我国生产的电工仪表准确度分为七个等级，各级引用误差如表4-1所示。

表4-1　准确度等级与引用误差

准确度等级	0.1	0.2	0.5	1.0	1.5	2.5	5.0
引用误差	≤±0.1%	≤±0.2%	≤±0.5%	≤±1.0%	≤±1.5%	≤±2.5%	≤±5.0%

4.1.3 仪表符号的意义

电工仪表表盘上注有各种符号，用来表示仪表的基本技术特性。如仪表的用途、构造、

准确度等级、正常工作状态和对使用环境的要求等。常用仪表的符号如表 4-2 所示。

表 4-2 常用仪表的符号

测量单位的符号		仪表工作原理的图形符号	
名 称	符号	名 称	符号
千 安	kA	磁电系仪表	
安 培	A	电磁系仪表	
毫 安	mA	电动系仪表	
微 安	μA	铁磁电动系仪表	
千 伏	kV	感应系仪表	
伏 特	V	整流系仪表	
毫 伏	mV	磁电系流比计	
微 伏	μV	按外界条件分组的符号	
兆 瓦	MW		
千 瓦	kW	Ⅰ 级防外界磁场（例如磁电系）	
瓦 特	W		
兆 乏	Mvar	Ⅱ 级防外界磁场	Ⅰ
千 乏	kvar		
乏	var	Ⅲ 级防外界磁场	Ⅱ
兆 欧	MΩ		
千 欧	kΩ	Ⅳ 级防外界磁场	Ⅳ
欧 姆	Ω		
电流种类的符号		A 组仪表	（无标记）
名 称	符号		
直 流	—	B 组仪表	
交流（单相）	∼		
直流和交流	≃	C 组仪表	
具有单元件的三相平衡负载交流	≈	端钮及调零器的符号	
准确度等级的符号		名 称	符号
名 称	符号	负端钮	—
以标度尺量程百分数表示的准确度等级。例如 1.5 级	1.5	正端钮	+
工作位置的符号		公共端钮（多量程仪表的复用电表）	
名 称	符号		
标度尺位置为垂直的	⊥	接地用端钮（螺钉或螺杆）	
标度尺位置为水平的			
标度尺位置与水平面倾斜成一角度，例如 60°	60°	与外壳相连接的端钮	
绝缘强度的符号			
名 称	符号		
不进行绝缘强度试验	☆		
绝缘强度试验电压为 2kV	☆	调零器	

4.2　常用电工仪表的工作原理

电工仪表的种类很多，就指针式仪表而言，其结构和工作原理也不相同。下面对常用磁电式、电磁式、电动式仪表的结构和工作原理作简单的介绍。

4.2.1　磁电式仪表

1．结构和工作原理

磁电式仪表由固定部分和转动部分组成。如图 4-1 所示为其结构和工作原理示意图。固定部分为一块磁性很强的永久磁铁，一般由铬钢或镍铝钢制成，形成一个强磁场。转动部分由转动线圈、转轴、游丝和指针等构成。转动线圈中间有固定的圆柱形铁芯，被测电流通过游丝进入转动线圈。

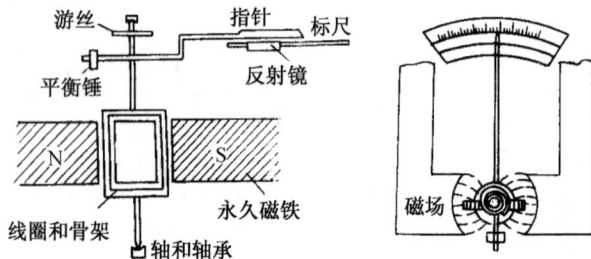

图 4-1　磁电式仪表结构和工作原理示意图

当被测电流通过转动线圈时，在磁铁磁场的作用下，转动线圈产生一个转动力矩，仪表的指针随之偏转。同时，装在转轴上的游丝产生反作用力矩。当转动力矩和反作用力矩大小相等时，指针随线圈停止转动。指针偏转角的大小与被测电流的大小成正比。根据指针偏转角度，可以在表盘上直接读出被测电流的数值。

2．磁电式仪表的特点

（1）磁电式仪表转动线圈的偏转角与被测电流大小成正比，因此磁电式仪表标度尺刻度呈均匀分布。

（2）磁电式仪表永久磁铁的极性是固定的，当通入被测电流方向改变时，指针偏转方向也随之改变。如果将交流电通过转动线圈，所产生力矩的大小和方向也是交变的。由于转动部分的惯性，指针不能随之转动，所以磁电式仪表只适用于测量直流电。测量时为防止指针倒转，仪表的接线端均标有"＋"和"－"记号。

（3）磁电式仪表具有功率消耗低，测量灵敏度高和受外磁场影响小的特点。

（4）被测的电流通过游丝进入转动线圈，因游丝和转动线圈的截面积很小，磁电式仪表不能测量较大的电流，过载能力较差。此外，磁电式仪表结构比较复杂，价格较高。

3．磁电式仪表的应用

测量直流用的仪表大多为磁电式仪表，可作为电流表、电压表。万用表的表头都选用磁电式仪表，其交流电的测量是将被测电流整流后送入转动线圈，以实现交流测量。

4.2.2 电磁式仪表

1. 结构和工作原理

电磁式仪表与磁电式仪表一样，也是根据电磁相互作用原理制成的。不同的是电磁式仪表的磁场是由被测量的电流产生。根据仪表指针转动力矩产生方式，又分为吸引型电磁式仪表和排斥型电磁式仪表。

吸引型电磁式仪表主要由固定线圈、偏心动铁片、转轴、游丝和指针等组成，如图 4-2（a）所示为其结构和工作原理示意图。固定线圈为一扁芯线圈，测量时输入被测电流，动铁片位于扁芯线圈旁边，它与转轴和指针相连。当被测电流通过固定线圈时，在线圈周围产生磁场，偏心动铁片在磁场的作用下被吸入线圈，指针也随之偏转。当转动力矩与游丝产生的反作用力矩平衡时，指针便稳定在某一确定的位置，指示出被测量值。

排斥型电磁式仪表除了有动铁片外，还有一定铁片，其固定线圈为圆芯线圈，动、定铁片置于圆芯线圈之中。当被测的电流通过线圈时，线圈的磁场使动铁片和定铁片同时磁化，两个铁片的同性磁极互相排斥，产生转动力矩，使动铁片带动指针偏转。反作用力矩同样由游丝产生。如图 4-2（b）所示为其结构和工作原理示意图。

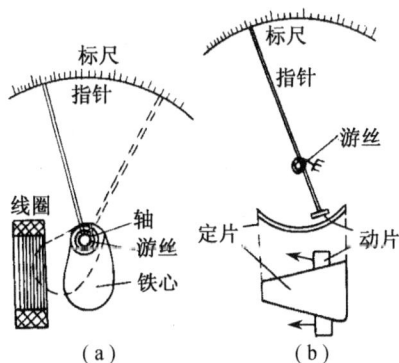

图 4-2 电磁式仪表结构和工作原理示意图

2. 电磁式仪表的特点

（1）电磁式仪表转动力矩的大小与通过固定线圈电流的平方成正比，指针的偏转角由转动力矩所决定，因而表盘标度尺刻度不均匀，量程高端标度尺刻度间距大。

（2）通过固定线圈的电流方向改变时，线圈所产生的磁场极性和被磁化的铁片极性同时改变。无论线圈与动铁片，还是定铁片与动铁片，它们之间的作用力方向不变，仍为吸引或排斥，即指针偏转的方向不变。所以电磁式仪表可用来测量直流电，也可用来测量交流电。

（3）电磁式仪表采用固定线圈结构，线圈导线的截面积大，允许通过较大的电流，所以其负载能力强。

（4）电磁式仪表结构简单、价格低。

（5）与磁电式仪表相比，本身磁场较弱，容易受外磁场的干扰，其灵敏度低，消耗功率大。

3．电磁式仪表的应用

电磁式仪表一般作为电流表、电压表，用于直流和交流电路的测量。测量交流电时，仪表所指示的数值是交流电的有效值。

电磁式仪表结构简单，负载能力强，价格低，多安装在固定位置作监测用，如开关板式仪表多为电磁式仪表。

功率因数表采用电磁式仪表，可用来直接测量交流电路的电压和电流之间的相位角。

4.2.3 电动式仪表

1．结构和工作原理

电动式仪表由转动线圈和固定线圈组成。转动线圈、固定线圈中无铁芯的称无铁电动式仪表，有铁芯的称铁磁电动式仪表。

电动式仪表的固定线圈一般用较粗的导线绕成两组，可以串联或并联连接。转动线圈采用较细的导线绕制，与转轴相连，转轴上装有指针和游丝等。

当被测电流 I_1 通过固定线圈时，线圈产生大小与电流 I_1 成正比的磁场。同时转动线圈中通过被测量电流 I_2，转动线圈在固定线圈磁场的作用下产生转动力矩，使转动线圈偏转一个角度。当转动力矩与游丝反作用力矩平衡时，指针的偏转角即表示被测量的数值。如图 4-3 所示为其作用原理示意图。

在固定线圈和转动线圈中分别设置一个铁芯，就可以得到较强的磁场，成为铁磁电动式仪表。铁磁电动式仪表磁场得到加强，可增大转动线圈的作用力矩，同时受外界磁场的干扰减小。

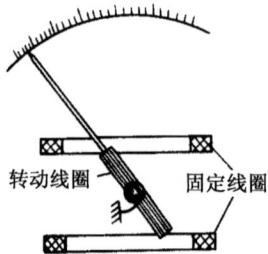

图 4-3　电动式仪表工作原理示意图

2．电动式仪表的特点

（1）电动式仪表转动力距与通过固定线圈的电流和转动线圈的电流乘积有关。

（2）通过固定线圈和转动线圈的电流同时改变方向，转动线圈所受的电磁力方向不变。所以，电动式仪表既能测量直流电，又能测量交流电。

（3）电动式仪表有较高的测量精度，最高可达到 0.1 级准确度等级。

（4）转动线圈和游丝截面积小，因此电动式仪表负载能力较差。

3．电动式仪表的应用

电动式仪表不但能测量交、直流电路的电压、电流，还能测量功率和相位。由于它具有较高的测量准确度，特别适合对交流电进行精密测量。

电动式仪表的固定线圈和转动线圈串联相接，就可构成毫安表，直接测量 5～100mA 的小电流，如图 4-4（a）所示为毫安表的线圈连接图。毫安表与无电抗电阻串联就可构成电压表。测量大电流时，采用低电阻分流的方法，避免全部电流从转动线圈上通过，其电流量程可达 20A，如图 4-4（b）所示为安培表的线圈接线图。

电动式仪表主要用途是构成瓦特表。通常使转动线圈中的电流正比于被测电压，固定线圈通过负载电流，如图 4-4（c）所示为电动式瓦特表内部接线图。

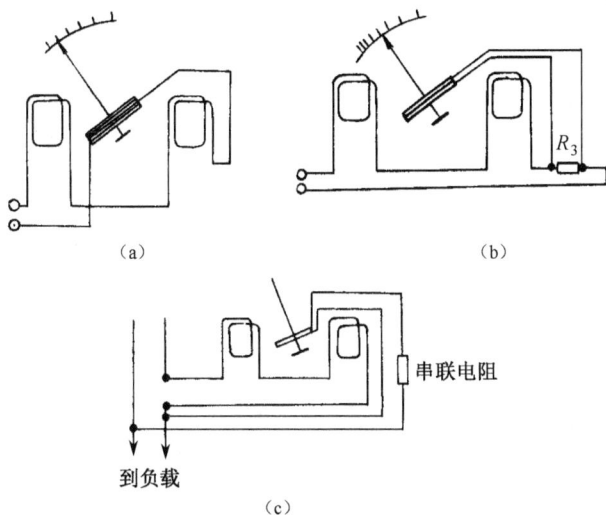

（a）　　　　　　　　　　　　（b）

串联电阻

到负载

（c）

图 4-4　电动式仪表的应用

4.3　几种常用的电流表、电压表和瓦特表

4.3.1　电流表

电流表是用来测量电路中的电流值的。按所测电流性质可分为直流电流表，交流电流表和交直两用电流表。就其测量范围又有微安表，毫安表和安培表之分。

1. 电流表的工作原理

电流表有磁电式、电磁式、电动式等形式。它们串接在被测电路中。仪表线圈通过被测电路的电流，使仪表指针发生偏转，用指针偏转的角度来反映被测电流的大小。

磁电式仪表的灵敏度高，其游丝和线圈导线的截面积都很小，不能直接测量较大的电流，为此常用一电阻与磁电式仪表并联，来扩大磁电式电流表的量程。并联电阻起分流作用，称分流电阻或分流器，如图 4-5 所示

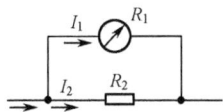

图 4-5　电流表扩大量程电路

R_1 为磁电式仪表的内阻，I_1 为表中通过的电流；R_2 为分流电阻，I_2 为分流电阻通过的电流。I 为被测电流，并有

$$I = I_1 + I_2$$

则：

$$\frac{R_2}{R_1} = \frac{I_1}{I_2} = \frac{I_1}{I - I_1}$$

分流电阻：

$$R_2 = \frac{R_1 I_1}{I - I_1}$$

被测电流：

$$I = I_1\left(1 + \frac{R_1}{R_2}\right)$$

I_1 为磁电式仪表电流指示值，仪表内阻 R_1 和分流电阻 R_2 都是已知数，由此式可得出被测电流的实际数值。$1 + \dfrac{R_1}{R_2}$ 称为电流扩程倍数。同样道理，小量程电流表也可采用这种方法来扩大电流量程。

2. 电流表的选择

测量直流电流时，可使用磁电式，电磁式或电动式仪表，其中磁电式仪表使用较为普遍。测量交流时，可使用电磁式、电动式仪表，其中电磁式仪表使用较多。通常，对测量要求准确度高、灵敏度高的场合，如测量三极管电路、控制电路时采用磁电式仪表。对测量精度要求不严格，测量量较大的场合，如安装在固定位置、监测线路工作状态时，常选择价格低、过载能力强的电磁式仪表。

在选择电流表型式的同时，还要考虑电流表的量程。电流表的量程要根据被测电流的大小来决定，要使被测电流值处于电流表的量程之内。在不明确被测电流大小的情况时，应先使用较大量程的电流表试测，以免因过载而烧毁仪表。

3. 电流表的使用

在测量电路电流时，一定要将电流表串接在被测电路中，如图 4-6 所示。图 4-6（a）测量负载 R_1 的电流，电流表与 R_1 串联。图 4-6（b）测量 R_1 与 R_2 电流和，电流表与 R_1 及 R_2 串联。

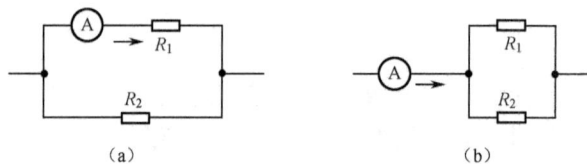

图 4-6　电流表的连接

磁电式电流表一般只用于测量直流电流。测量直流电流时，要注意电流表接线端的"＋"、"－"极性标记，不可接错，以免指针反打，损坏仪表。对于有两个量程的电流表，它具有三个接线端，使用时要看清接线端量程标记。根据被测电流大小，选择合适的量程，将公共接线端和一个量程接线端串接在被测电路中。

在测量数值较大的交流电流时，常借助于电流互感器来扩大交流电流表的量程。

4. 电流表的内阻

用电流表测量电路电流时，电流表要串联在被测电路中。由于电流表具有内阻，会改变被测电路的工作状态，影响被测电路电流的数值。如图 4-7 所示电路，根据图 4-7（a）可求被测电路实际电流值：

$$I_1 = \frac{U}{R_1}$$

由于电流表的接入，负载电阻为 R_A+R_1，由图 4-7（b）可得电流测量值：

$$I_2=\frac{U}{R_A+R_1}$$

式中　R_A——电流表内阻。

因为 $R_A+R_1>R_1$，所以测量电流值比实际电流值小，产生了测量误差。可见，电流表的内阻越小，测量的结果越接近实际值。为了提高测量的准确度，应尽量采用内阻较小的电流表。

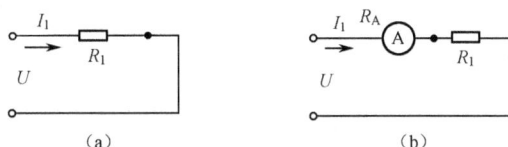

图 4-7　电流表内阻对测量准确度的影响

4.3.2　电压表

电压表是用来测量电路中的电压值的。按所测电压的性质分为直流电压表、交流电压表和交直两用电压表。就其测量范围来看，又有毫伏表、伏特表之分。

1．电压表的工作原理

磁电式、电磁式、电动式仪表也是电压表的主要形式。被测电路两点间的电压加在仪表的接线端上，电流通过仪表内的线圈，其电流的大小与被测电路两点间的电压有关，同样用指针的偏转角可以反映出被测电路的电压。

灵敏度较高的仪表允许通过的电流值受到限制，为了扩大测量电压的量程，采用电阻与仪表串联的方法，构成大量程的电压表。串联电阻起分压作用。如图 4-8 所示的虚线框内为扩大量程的电压表，r 为原量程仪表内阻，R 为串联的分压电阻，I 为通过电压表的电流。根据欧姆定律，则有：

$$I=\frac{U}{r+R}=\frac{U_r}{r}$$

式中　U——被测电路的电压；

　　　U_r——原量程电压表指示数。

由此可得被测电压：

$$U=\frac{U_r}{r}(R+r)=U_r\left(1+\frac{R}{r}\right)$$

原量程电压表的内阻 r 和串联电阻 R 是已知数，由此式可得到被测电压值。$1+\dfrac{R}{r}$ 称为电压的扩程倍数。

2．电压表的选择

电压表的选择原则和方法与电流表的选择相同，主要从测量对象、测量范围、要求精度和仪表价格等几方面考虑。工厂内低压配电线路，其电压多为 380V 和 220V，对测量精度要求不太高，所以一般多用电磁式电压表，选择量程为 450V 和 300V。测量和检查电子线路的电压，因为对测量精度和灵敏度要求高，常采用磁电式多量程电压表，其中普遍使用的是万用表的电压挡，其交流测量是通过整流后实现的。

3. 电压表的使用

用电压表测量电路电压时，一定要使电压表与被测电路的两端相并联，电压表指针所示为被测电路两点间的电压。

测量所选用的电压表量程要大于被测电路的电压，以免损坏电压表。

使用磁电式电压表测量直流电压时，要注意电压表接线端上的"＋"、"－"极性标记。

高压配电线路的电压在几 kV 到几百 kV 之间，对高电压的测量要使用电压互感器。

4. 电压表的内阻

用电压表测量电路两端的电压，电压表要与被测电路并联，因为电压表的内阻不是无限大，它的接入会改变被测电路的工作状态，影响被测电路两端的电压。如图 4-9 所示为测量 R_2 两端电压示意图。

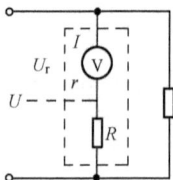

图 4-8　电压表扩大量程电路　　　　图 4-9　电压表内阻对测量准确度的影响

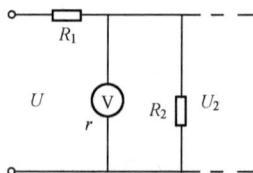

根据欧姆定律，被测 R_2 两端的实际电压值为：

$$U_2 = U - \frac{U}{R_1 + R_2} R_1 = U\left(1 - \frac{R_1}{R_1 + R_2}\right)$$

当用内阻为 r 的电压表测量 R_2 两端电压时，被测电路的电阻为电压表内阻 r 与电阻 R_2 的并联值 $\frac{R_2 r}{R_2 + r}$。测量电压值为：

$$U_2 = U\left(1 - \frac{R_1}{R_1 + \frac{R_2 r}{R_2 + r}}\right)$$

因为

$$\frac{R_2 r}{R_2 + r} < R_2$$

所以

$$U\left(1 - \frac{R_1}{R_1 + \frac{R_2 r}{R_2 + r}}\right) < U\left(1 - \frac{R_1}{R_1 + R_2}\right)$$

即测量电压值要比实际电压值小，产生了测量误差。可见，电压表的内阻越大，测量误差越小，测量准确度越高。实际上，电压表的内阻要比被测电路的电阻大得多。

电压表内阻的大小，通常用每伏千欧数来表示，每伏千欧数越大，电压表的内阻也越大。例如，电压表表盘标注 1kΩ/V，其量程是 100V，则这只电压表内阻为：

$$1k\Omega/V \times 100V = 100k\Omega$$

4.3.3　瓦特表

瓦特表又称功率表，用它来测量电路的功率。

1．瓦特表的工作原理

瓦特表多数是根据电动式仪表的工作原理来测量电路的功率。电动式仪表的固定线圈匝数少、导线粗，作为瓦特表的电流线圈，它与被测电路相串联，让负载电流通过；电动式仪表的转动线圈匝数多，导线细，作为瓦特表的电压线圈，经与附加电阻串联后和被测电路负载并联，电压线圈两端的电压就是负载两端电压。当测量直流电路功率时，瓦特表指针的偏转角取决于负载电流和负载电压的大小；当测量交流电路功率时，其指针的偏转角与负载电压，负载电流和功率因数成正比。如图 4-10 所示是瓦特表工作原理示意图和在电路图中的符号。

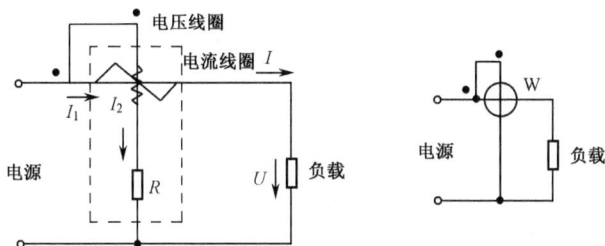

图 4-10　瓦特表工作原理示意图和表示符号

2．瓦特表的选择

在选择瓦特表时，首先要考虑的是瓦特表的量程，这必须使其电流量程能允许通过负载电流，电压量程能承受负载电压。例如，有一感性负载，功率为 800W，额定电压为 220V，功率因数是 0.8，应如何选择瓦特表的量程来测量这一负载的消耗功率呢？因负载电压为 220V，瓦特表的电压量程可选为 300V。根据公式 $P=IU\cos\varphi$ 来计算负载电流 I：

$$I = \frac{P}{U\cos\varphi} = \frac{800}{220 \times 0.8} \approx 4.54A$$

故瓦特表的电流量程可选为 5A。由此可定瓦特表量程为 300V、5A，其功率量程为 1500W。如果选用量程为 100V、15A 的瓦特表，虽然功率量程仍为 1500W，但负载电压超过了瓦特表的量程，所以不能使用。可以看出，选择瓦特表的量程，就是正确地确定瓦特表的电流量程和电压量程。

要按被测电路交流负载的功率因数的大小，选用普通瓦特表和低功率因数瓦特表。普通瓦特表是按额定电压、额定电流及额定功率因数 $\cos\varphi =1$ 的条件下进行刻度的。如果测量功率因数很低的负载时，瓦特表指针的偏转角很小，测量结果的误差较大，这时需要选择低功率因数瓦特表。低功率因数瓦特表标度尺是在功率因数较低的条件下进行刻度的，并在表内采取了多种补偿措施，对功率因数较低的负载可以提高测量的准确度。

3. 瓦特表的使用

（1）瓦特表的正确接线。电动式瓦特表指针的偏转方向是通过电流线圈和电压线圈的电流方向决定的，如果改变一个线圈的电流方向，指针就将反转。为了保证指针正转，通常在电流线圈和电压线圈的接线端标记"·"符号，叫做电源端，并规定电源端接线规则如下：瓦特表电流线圈电源端必须和电源相接，另一接线端与负载相接；电压线圈的电源端可与电流线圈的任一接线端相接。另一接线端跨接被测负载的另一端。

按照这个规则接线，指针不会反转。

（2）瓦特表的两种接线方法。当被测负载功率小时，考虑瓦特表功率消耗对测量结果的影响，可根据情况选择适当的接线方法。

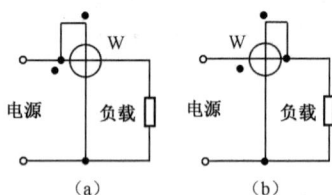

图 4-11　瓦特表的连接

当负载电阻远大于电流线圈电阻时，应采用如图 4-11（a）所示的接线方法。此时电压线圈所测的电压为负载和电流线圈上电压降之和，瓦特表的读数为负载和电流线圈所消耗的功率之和。因电流线圈与负载相比电阻小，所测电压近似等于负载电压，瓦特表指示接近实际值。

当负载电阻远小于电压线圈电阻时，应采用如图 4-11（b）所示的接线方法。此时电流线圈所测的电流为负载与电压线圈电流之和，瓦特表指示为负载和电压线圈所消耗功率之和。因电压线圈电阻远大于负载电阻，所测电流近似于负载电流，瓦特表指示较为准确。

在实际测量中，如被测负载的功率很大，上述两种接线方法可任选。

（3）三相平衡负载电路总功率的测量。因为是三相平衡负载，每相负载所消耗的功率相同，只需用一只瓦特表测量一相负载的功率，然后乘以 3，即是三相总功率。如图 4-12 所示为一相负载的功率测量图。瓦特表电流线圈通过一相电流，电压线圈所测为同一相的相电压。

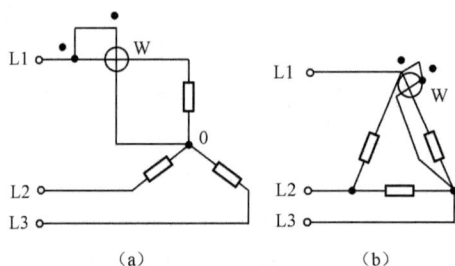

图 4-12　用一只瓦特表测量三相平衡负载功率

（4）三相四线制电路总功率的测量。在三相四线制电路中，三相负载不平衡，要测量其总功率，需使用 3 只瓦特表，每一只瓦特表分别测出各自一相的功率，三只瓦特表功率读数的总和就是三相负载的总功率。如图 4-13 所示为三相四线制电路总功率测量图。

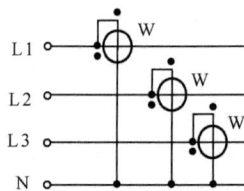

图 4-13　三相四线制电路总功率测量图

4.4　万用表

万用表又称复用表，它是一种多用途、多量程仪表。一般以测量电流、电压和电阻为主，习惯叫做三用表。有的万用表还可以测量电感、电容、功率及晶体管的 β 值等。所以万用表是维修电工必备的测量仪表。

万用表按其测量指示分为指针式万用表和数字式万用表两类。

4.4.1　指针式万用表

1. 指针式万用表的结构

万用表主要由指示部分，测量电路，转换装置三部分组成。

指示部分俗称表头，用以指示被测电量的数值，通常为磁电式微安表。表头是万用表的关键部件，万用表的很多重要性能，如灵敏度、准确度等级、阻尼及指针回零等大都取决于表头的性能。表头的灵敏度是以满刻度偏转电流来衡量的，满刻度电流越小，表示表头灵敏度越高。一般万用表表头灵敏度在 $10\sim100\mu A$ 左右。

测量电路的作用是把被测的电量转变成适合于表头要求的微小直流电流，它通常包括分流电路、分压电路和整流电路。分流电路将被测的大电流通过分流电阻变换成表头所需的微小电流；分压电路将被测的高电压通过分压电阻变换成表头所需的低电压；整流电路将被测的交流电通过整流转变成表头所需的直流电。

万用表的各种测量种类及量程的选择是靠转换装置来实现的，转换装置通常由转换开关、接线柱、插孔等组成。转换开关有固定触点和活动触点，它位于不同位置，接通相应的触点，构成相应的测量电路。

2. 指针式万用表的工作原理

（1）直流电流的测量。万用表的直流电流挡实质上是一个多量程的磁电式直流电流表。它应用分流电路与磁电式仪表——表头相并联，达到扩大测量电流量程的目的。根据分流电阻值越小，所得的测量电流量越大的原理，通过配以不同的分流电阻，就可得到不同的测量量程，如图 4-14（a）所示为多量程直流电流挡原理示意图，分别选用分流电阻 R_1、R_2、R_3，构成相应的直流电流量程。万用表的实际电路多采用闭路式分流电路，如图 4-14（b）所示。在这个电路中，各分流电阻彼此串联，然后再与表头并联，形成一个闭合环路，当转换开关置于不同位置时，表头所配用的分流电阻不同，构成不同量程的挡位。

（2）直流电压的测量。万用表的直流电压挡实质上是一个多量程的直流电压表，它应用分压电阻与表头串联，来扩大测量电压的量程。根据分压电阻值越大，所得的测量量程越大的原理，通过配以不同的分压电阻，构成相应的电压测量量程。

直流电压挡电路通常有三种形式，如图 4-15 所示。图 4-15（a）每一量程的分压电阻都是独立的；图 4-15（b）是大量程利用小量程的分压电阻；图 4-15（c）为以上两种电路的混合形式。

（3）交流电流、电压的测量。磁电式仪表本身只能测量直流电流或电压，万用表的交流电流挡、电压挡采用整流电路，将输入的交流电转变成直流，实现对交流的测量。测量量程的扩大与直流挡相同。万用表的整流电路有半波整流和全波整流两种，如图 4-16 所示。现在生产的万用表都采用晶体二极管作整流元件。

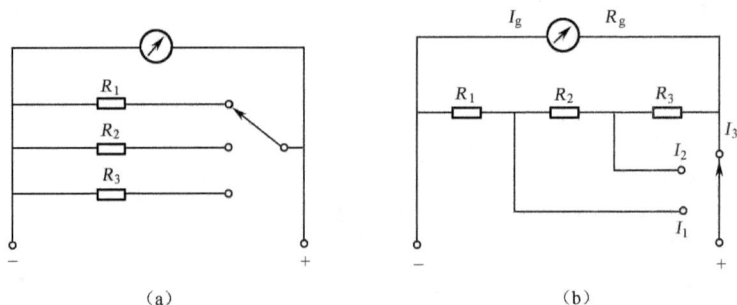

图 4-14　万用表直流电流测量电路

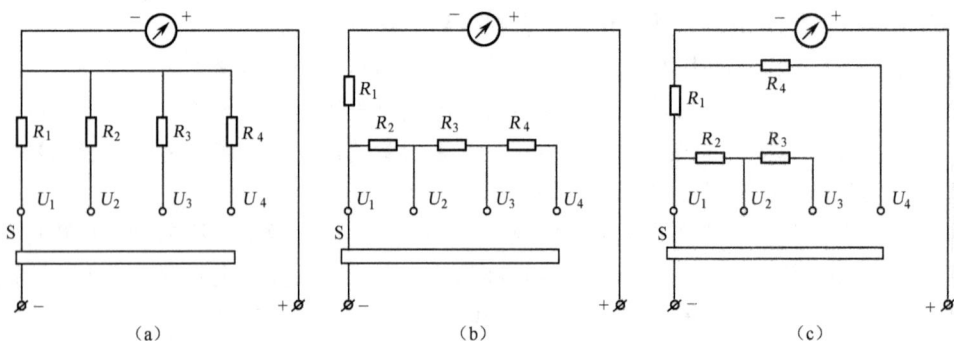

图 4-15　万用表直流电压测量电路

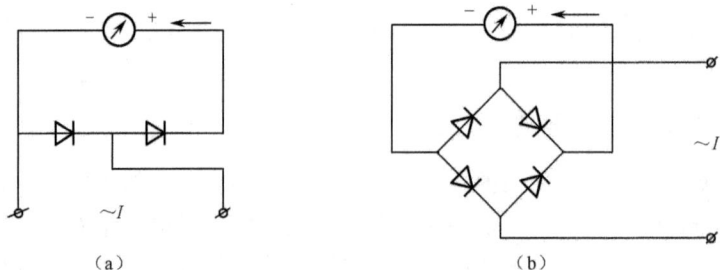

图 4-16　万用表的整流电路

（4）电阻的测量。万用表测量电阻电路的工作原理是根据欧姆定律，利用通过被测电阻的电流来反映被测电阻大小。如图 4-17 所示的是万用表电阻挡测量原理示意图。

根据欧姆定律得：

$$I = \frac{E}{R_x + R_1 + R_A}$$

式中　I——被测电路的电流；

　　　　E——电池电压；

　　　　R_A——表头内阻；

　　　　R_1——串联电阻；

　　　　R_x 为被测电阻。

E、R_A、R_1 为已知数值，电路中电流 I 的大小取决于被测电阻 R_x，即表头指针偏转角由

R_x 决定，通过欧姆挡的标度尺可以反映出被测电阻值 R_x。

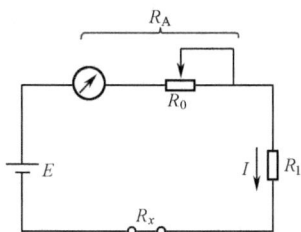

图 4-17　万用表电阻挡测量原理示意图

当 $R_x=0$ 时，电路中电流最大，指针偏转角也最大，定为满刻度值，即零欧姆值点。当 $R_x=\infty$ 时，电路处于开路状态，电流等于零，指针无偏转，定为欧姆值无限大刻度。当 $R_x=R_1+R_A$ 时，电路中电流恰为最大电流的一半，指针的偏转角为满刻度值的一半，位于标度尺中间。称这时的 R_x 值为欧姆挡的中心值。

由电流计算式可见，电流 I 与被测电阻 R_x 不成正比关系，因此欧姆挡标度尺刻度分布不均匀，它的设计都以中间刻度为标准，然后分别求出其他各点 R_x 的刻度值。

图中 R_0 是调零电阻，它的作用是在 $R_x=0$ 时，指针应位于零欧姆值点。但因电池电压不稳定，指针有可能达不到零欧姆值点，这时可改变 R_0 的阻值使指针回到零位，以保证测量的准确度。

为了测量各种阻值的电阻，并使标度尺反映清晰，万用表都设多挡量程，通常有 $R\times 1$、$R\times 10$、$R\times 100$、$R\times 1k$，有的还设有 $R\times 10k$、$R\times 100k$ 等挡。被测电阻值增大，会减小表头的电流，为此万用表的高阻挡都采用高电压电池供电。一般 $R\times 1k$ 以下电阻挡使用 1.5V 电池，$R\times 10k$ 以上电阻挡使用 6V、9V、15V 和 22.5V 电池。

3. 万用表的灵敏度

灵敏度是万用表的重要性能指标之一，它表示万用表作电压测量时，指针偏转满刻度值取自被测电路的电流值。一般以每伏的内阻表示，即

$$灵敏度=\frac{电表内阻}{电压量程}$$

灵敏度越高，取自被测电路的电流越小，对被测电路工作状态的影响就越小。

万用表灵敏度与表头灵敏度是一致的。表头的灵敏度越高，作电压测量时满刻度值所取被测电路的电流越小，万用表呈现的内阻越大，万用表灵敏度越高。例如，直流电压量程为 100V 的万用表测量电路，分别选用 100μA 和 50μA 的表头，万用表的内阻是

$$R_1=\frac{100V}{100\mu A}=1M\Omega$$

$$R_2=\frac{100V}{50\mu A}=2M\Omega$$

所构成万用表的灵敏度分别是

$$灵敏度1=\frac{1M\Omega}{100V}=10\,000\Omega/V$$

$$灵敏度2=\frac{2M\Omega}{100V}=20\,000\Omega/V$$

4．几种常用的指针式万用表

万用表的型号很多，不同型号的万用表其功能也不尽相同。要根据实际测量需要，选用合适的万用表。一般来说，灵敏度越高，万用表的价格越贵；标度尺越清晰，万用表体积越大。对于维修电工，测量电压较高、电流较大，一般万用表的灵敏度都可满足要求。在这里简要介绍几种万用表，供参考。

（1）500型万用表。外壳用黑色胶木制成。表头系方型135mm×65mm磁电式仪表，表头灵敏度为40μA，内阻为2800Ω。表面宽阔，读数精确。电阻挡采用1.5V 2号电池用于 R ×1、R×10、R×100、R×1k 挡，15V 叠层电池用于 R×10k 挡。

500型万用表共有23个量程，可以测量直流电流、交直流电压、电阻及音频电平，其测量范围如表4-3所示。

表4-3 500型万用表测量范围

测 量 范 围		灵 敏 度	基本误差（%）	误差表示方法
直流电流	0～1mA～10mA～100mA～500mA		±2.5	以刻度尺工作部分上限的百分数表示
直流电压	0～2.5V～10V～50V～250V～500V～2500V	20kΩ/V	±2.5	
交流电压	0～10V～50V～250V～500V～2500V	4kΩ/V	±4	
电阻	中心值：10Ω，100Ω，1kΩ，10kΩ，100kΩ		±4	以刻度尺全长的百分数表示
	倍数：R×1，×10，×100，×1k，×10k			
	范围：0～2kΩ～20kΩ～200kΩ～2MΩ～20MΩ			

（2）MF—14型万用表。表头灵敏度约为160μA，内阻110Ω。万用表共有33挡量程，除了可以测量直流电流、直流电压、交流电压和电阻以外，还可测量交流电流。其测量范围如表4-4所示。

（3）MF—10型万用表。表头灵敏度约为9.2μA，内阻约为3350Ω。MF—10型万用表的特点是具有较高的灵敏度，可以测量微弱电流。它不仅适用一般维修电工使用，也是测量电子线路的得力工具，其测量范围如表4-5所示。

（4）MF—47型万用表。表头灵敏度约为50μA，内阻约为1700Ω。MF—47型万用表是塑料盒袖珍式万用表，其特点是体积小，携带方便，除具有测量电流、电压和电阻等一般功能外，还有测量晶体管参数、电容值、电感值等附加功能，并且价格便宜。但测量精度较低，耐用性较差。其测量范围如表4-6所示。

表4-4 MF—14型万用表测量范围

测 量 范 围		灵 敏 度	基本误差（%）	误差表示方法
直流电流	0～1mA～2.5mA～10mA～25mA～100mA～250mA～1A～5A		±1.5	以刻度尺工作部分上限的百分数表示
直流电压	0～2.5V～10V～25V～100V～250V～500V～1000V	1kΩ/V	±1.5	
交流电流	0～2.5mA～10mA～25mA～100mA～250mA～1A～5A		±2.5	
交流电压	0～2.5V	100Ω/V	±2.5	
	0～10V～25V～100V～250V～500V～1000V	400Ω/V		
电阻	中心值：75Ω，750Ω，7.5kΩ，75Ω		±1.5	以刻度尺全长的百分数表示
	倍数：R×1，×10，×100，×1k，			
	范围：0～10kΩ～100kΩ～1MΩ～10MΩ			

表 4-5 MF—10 型万用表测量范围

测 量 范 围		灵 敏 度	基本误差（%）	误差表示方法
直流电流	0～1μA～50μA～100μA～1mA～10mA～100mA～1000mA		±2.5	以刻度尺工作部分上限的百分数表示
直流电压	0～0.5V～1V～2.5V～10V～50V～100V	100kΩ/V	±2.5	
	0～250V～500V	20kΩ/V·A	±2.5	
交流电压	0～10V～50V～250V～500V	20kΩ/V	±4	
电阻	倍数：R×1，×10，×100，×1k，×10k，×100k		±2.5	以刻度尺全长的百分数表示
	范围：0～2kΩ～20kΩ～200kΩ～2MΩ～20MΩ～200MΩ			
电平	−10dB～0～+22dB～+56dB			

表 4-6 MF—47 型万用表测量范围

测 量 项 目	量 程	灵敏度及电压降	精 度	误差表示方法
直流电流	0～0.05mA～0.5mA～5mA～50mA～500mA～5A	0.3V	2.5	以上量限的百分数计算
直流电城压	0～0.25V～1V～2.5～10V～50V～250V～500V～1000V～2500V	20 000Ω/V	2.5 / 5	以上量限的百分数计算
交流电压	0～10V～50V～250V～（45Hz～60Hz～5000Hz）～500V～1000V～2500V（45Hz～65Hz）	4000Ω/V	5	以上量限的百分数计算
直流电阻	R×1，×10，×100，×1k，×10k	R×1 中心刻度为 16.5Ω	2.5 / 10	以标度尺弧长的百分数计算 / 以指示值的百分数计算
音频电平	−10dB～+22dB	0dB=1mW 600Ω		
晶体管直流电流放大系数	0～300h_{FE}			
电感	20H～1000H			
电容	0.001μF～0.3μF			

5．测量方法

（1）根据测量对象，将转换开关置于正确位置。先选择测量种类，然后确定测量量程。

（2）根据被测电量的大致范围，选择合适的量程。测量电压、电流时，最好使指针处于刻度尺的二分之一以上位置，得到较准确的读数。

（3）测试表笔连接要正确。通常红色表笔与标有"＋"号的接线端相连，黑色表笔与标有"－"号的接线端相连。测量时，红色表笔接被测电路的高电位端，黑色表笔接电路低电位端。对于设有高压 2500V 量程的万用表，表笔应与面板所示指定接线端相接。

（4）测量电压，表笔与被测电路并联。测量电流与被测电路串联。测量电阻，表笔与被测电阻的两端相连。测量晶体管、电容等应将其引出线插入面板上的指定插孔。

（5）测量电阻之前应先进行调零，即两表笔短接，同时转动调零旋钮，使指针位于标度尺的零欧姆值点。每换一电阻挡都要重新调零，如指针不能指到零位，说明电池电压不足，需更换电池。测量电阻时，选择倍率应使指针处于标度尺中间位置，以提高测量的准确度。

（6）万用表的表盘上有多条标度尺，应根据不同的测量对象，观看所对应的标度尺读数。同时要注意标度尺与量程挡的配合，得到正确的测量值。

6．使用万用表的注意事项

（1）使用万用表测量高电压时，不要用手触及表笔的金属部分。测量电阻时，不能带电测量。测量电流时，应先切断电源，接好连线再行测量以保证安全。

（2）测量电压或电流时，不可带电转动转换开关，以免烧坏万用表。

（3）万用表接入被测电路之前，要认真核对所选用的测量种类及量程，在测量电压时尤为重要。误用电流挡、电阻挡测量电压是造成万用表损坏的主要原因之一。

4.4.2 数字式万用表

数字式万用表是采用电子线路完成电压、电流、电阻等电气量的测量，通过液晶显示屏，用数字表示测量值，其测量准确度高，测量值显示明显，是一种先进的测量仪表，目前的应用也较普遍。下面以 DT—890B 型数字万用表为例介绍其测量范围及使用方法。

DT—890 系列数字式万用表可靠性高，稳定性好，具有防震性能，是一种多功能、多量程的测量仪表，其面板结构如图 4-18 所示。

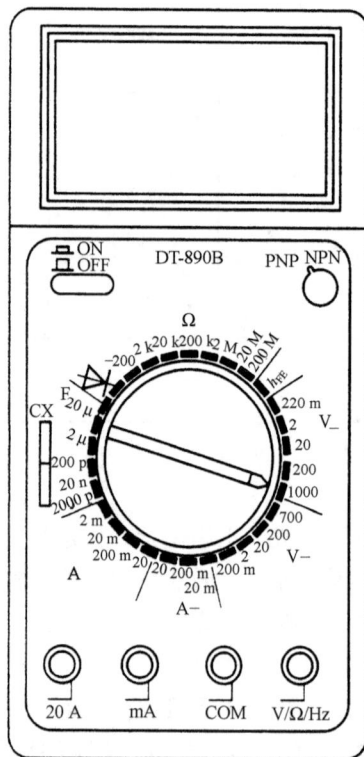

图 4-18　DT—890B 数字万用表面板结构

1．测量范围

DT-890B 型数字万用表的测量项目、量程、精确度及分辨力等技术参数如表 4-7 所示。

表 4-7 DT-890B 数字万用表测量范围及精确度

项　　目	量　　程	精　确　度	分　辨　力
直流电压	200mV	±（0.5%读数+1 字）	10μV
	2V		1mV
	20V		10mV
	200V		100mV
	1000V	±（0.8%读数+2 字）	1V
交流电压	2V	±（0.8%读数+3 字）	1mV
	20V		10mV
	200V		100mV
	700V	±（1.2%读数+3 字）	1V
直流电流	2mA	±（0.8%读数+1 字）	1μA
	20mA		10μA
	200mA	±（1.5%读数+1 字）	100μA
	20A	±（2%读数+5 字）	10mA
交流电流	20mA	±（1.2%读数+3 字）	10μA
	200mA	±（2%读数+3 字）	100μA
	20A	±（3%读数+7 字）	10mA
电阻	200Ω	±（0.8%读数+3 字）	0.1Ω
	2kΩ	±（0.8%读数+1 字）	1Ω
	20kΩ		10Ω
	200kΩ		100Ω
	2MΩ		1kΩ
	20MΩ	±（1%读数+2 字）	10kΩ
	200MΩ	±（5%读数+10 字）	100kΩ
电容	2000pF	±（4%读数+3 字）	1pF
	20nF		10pF
	200nF		100pF
	2μF		1nF
	20μF		10nF

2．操作时注意事项

（1）测量前，应根据测量项目把黑、红两表笔插入万用表相应的插孔，通常黑表笔插入 COM 插孔，红表笔依据测量项目插入 V/Ω、mA、20A 插孔。

（2）测量前，将转换开关置于测量项目的所需量程。

（3）DT—890B 万用表有自动关机的功能，该表停止使用或停留在某一挡位的时间超过 30min 时，电源自动切断，万用表停止工作。若要重新开启电源，应重复按动电源开关两次。

（4）将电源开关置于 ON 状态，显示屏应有数字或符号显示。若出现低电压符号⊏▭，应更换机内的 9V 电池。

（5）测量时显示屏只显示"1"，表示量程选择偏小，应将转换开关置于更高量程。

（6）测量时，应注意量程的上限，测量电流和电压超过测量量程的上限，会造成保险丝熔断及仪表的损伤。

3．测量方法

（1）直流电压的测量。

① 将黑表笔插入 COM 插孔，红表笔插入 V/Ω插孔；

② 将转换开关置于直流电压挡（V−）的合适量程；

③ 表笔与被测电路并联，红表笔接被测电路高电位端，黑表笔接被测电路低电位端，则液晶显示屏显示测量数据。

（2）交流电压的测量。

① 黑表笔插入 COM 插孔，红表笔插入 V/Ω插孔；

② 将转换开关置于交流电压挡（V～）的合适量程；

③ 表笔与被测电路并联，则显示屏显示测量数据。

（3）直流电流的测量。

① 将黑表笔插入 COM 插孔。当测量值小于 200mA 时，红表笔插入"mA"插孔。当测量值大于 200mA 时，红表笔插入"20A"插孔；

② 将转换开关置于直流电流挡（A−）的合适量程；

③ 将红黑表笔串入被测电路，红表笔接高电位端，黑表笔接低电位端，则显示屏显示测量数据。

（4）交流电流的测量。

① 黑表笔插入 COM 插孔，红表笔插入"mA"或"20A"插孔，与直流电流的测量选择相同。

② 将转换开关置于交流电流挡（A～）的合适量程；

③ 将红黑表笔串入被测电路，则显示屏显示测量数据。

（5）电阻的测量。

① 将黑表笔插入 COM 插孔，红表笔插入 V/Ω插孔；

② 将转换开关置于电阻挡Ω的合适量程；

③ 红黑表笔分别与被测电阻相接，则显示屏显示测量数据。

（6）电容的测量。

① 将转换开关置于电容挡 F 的合适量程；

② 将待测电容器接线脚插入 cx 插孔，则显示屏显示测量数据。

（7）二极管的测试。

① 将黑表笔插入 COM 插孔，红表笔插入 V/Ω插孔；

② 将转换开关置于二极管 ⇥ 位置；

③ 红表笔与二极管正极相连，黑表笔与二极管的负极相连，则显示屏显示二极管正向压降近似值。

（8）三极管 h_{FE} 的测试。

① 将转换开关置于三极管放大倍数 h_{FE} 位置；

② 将 PNP 型或 NPN 型三极管三只引线脚分别插入面板右上方对应插孔，则显示屏将显示出 h_{FE} 近似值。

4.5　钳形电流表、摇表和电度表

4.5.1　钳形电流表

钳形电流表是维修电工常用的一种电流表。应用普通电流表测量电路的电流时，需要切断电路，接入电流表。而钳形电流表可在不切断电路的情况下进行电流测量，使用很方便，这是钳形电流表的最大特点。钳形电流表测量的准确度较低。

1. 钳形电流表的结构

钳形电流表在不切断电路的情况下可进行电流的测量，是因为它具有一个特殊的结构——可张开和闭合的活动铁芯，如图4-19 所示。捏紧钳形电流表扳手，铁芯张开，被测电路可穿入铁芯内；放松扳手，铁芯闭合，被测电路作为铁芯的一组线圈。

2. 钳形电流表的工作原理

钳形交流电流表可看做是由一只特殊的变压器和一只电流表所组成。被测电路相当于变压器的初级线圈，铁芯上设有变压器的次级线圈，并与电流表相接。这样，被测电路通过的电流使次级线圈产生感生电流，电流表指针发生偏转，从而指示出被测电流的数值。

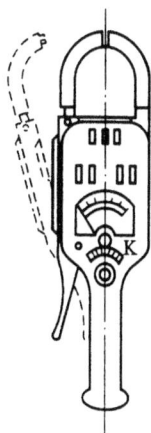

图 4-19　钳形电流表

钳形交直流电流表具有电磁式仪表的结构，穿入钳口铁芯中的被测电路作为励磁线圈，磁通通过铁芯形成回路。仪表的测量机构受磁场作用发生偏转，指示出测量数值。因电磁式仪表不受测量电流种类的限制，所以可以测量交直流电流。

3. 常用的几种钳形电流表

钳形电流表分为钳形交流电流表和钳形交直流电流表两类，有的还可测量交流电压。如表 4-8 所示，给出了几种钳形表的型号和测量范围。

使用钳形表时要注意：

（1）钳形表只限于被测电路的电压不超过 600V 时使用。

（2）要选择合适的量程，不可用小量程测量大电流。如果被测电流无法估计时，应把钳形表的量程置于最大挡位，然后根据被测指示值，由大变小，转换到合适的挡位。转换量程挡位时应在不带电的情况下进行，以免损坏仪表。

（3）测量 5A 以下小电流时，为得到准确的读数，可将被测导线多绕几圈穿入钳口进行测量，实际电流数值应为钳形表读数除以放进钳口内的导线根数。

（4）测量时应注意相对带电部分的安全距离，以免发生触电事故。

表 4-8　常用钳形表的型号和测量范围

名称型号	量程范围	准确度
MG4—AV 型交流钳形表	电流：0～10A～30A～100A～300A～1000A 电压：0～150V～300V～600V	2.5
MG20 型钳形交直流电流表	电流：0～100A～200A～300A～400A～500A～600A	不超测量上限的±5%
MG24 型交流钳形表	电流 0～5A～25A～50A～250A 电压：0～300V～600V	2.5
MG25 型袖珍三用钳形表	交流电流：0～5A～25A～50A～100A～250A 交流电压：0～300V～600V 电阻：0～5kΩ	2.5
MG28 型交直流多用钳形表	交流电流：0～5A～25A～50A～100A～250A～500A 交流电压：0～50V～250V～500V 直流电压：0～50V～250V～500V 直流电流：0～0.5mA～10mA～100mA 电阻：0～1kΩ～10kΩ～100kΩ	
MG36 型交直流多用钳形表	交流电流：0～50A～100A～250A～500A～1000A 交流电压：0～50V～250V～500V 直流电压：0～50V～250V～500V 直流电流：0～0.5mA～10mA～100mA 电阻：0～10kΩ～100kΩ～1MΩ	
T—301 型钳形交流电流表	电流：0～10A～25A～50A～100A～250A～600A～1000A	2.5
T—302 型交流钳形表	电流：0～10A～50A～250A～1000A 电压：0～250V～300V～500V～600V	2.5

4.5.2　摇表

摇表是用来测量大电阻值和绝缘电阻的，它的标度尺单位是"兆欧"，用"MΩ"表示，所以也称兆欧表或高阻表。

1. 摇表的工作原理

摇表由两大部分构成，一部分是手摇发电机，一部分是磁电式比率表。手摇发电机的作用是提供一个便于携带的高电压测量电源，电压范围在 500～5000V 之间。磁电式比率表是测量两个电流比值的仪表，与前面所述的普通磁电式指针仪表结构不同，它不是用游丝来产生反作用力矩，而是与转动力矩一样，由电磁力产生反作用力矩。

如图 4-20 所示为摇表的工作原理示意图。F 为手摇发电机，通过摇动手柄产生交流高压，经二极管整流，提供测量用直流高压。磁电式比率表主要部分是一个磁钢和两个转动线圈。因转动线圈内的圆柱形铁芯上开有缺口，由磁钢构成一个不均匀磁场，中间磁通密度较高，两边较低。两个转动线圈的绕向相反，彼此相交成固定的角度，连同指针都固接在同一转轴上。转动线圈的电流是采用软金属丝——导丝引入。当有电流通过时，转动线圈 1 产生转动力矩，转动线圈 2 产生反作用力矩，两者转向相反。

当被测电阻 R_x 未接入时，摇动手柄发电机产生供电电压 U，这时转动线圈 2 有电流 I_2 通过，产生一个反时针方向的力矩 M_2。在磁场的作用下，转动线圈 2 停止在中性面上，摇表指针位于"∞"位置，即被测电阻呈无限大。

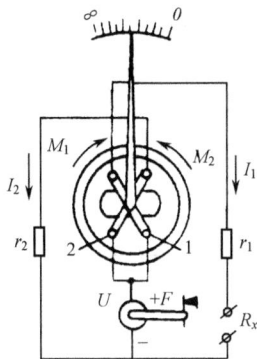

图 4-20 摇表的工作原理示意图

当接入被测电阻 R_x 时，转动线圈 1 在供电电压 U 的作用下，有电流 I_1 通过，产生一个顺时针方向的转动力矩 M_1，转动线圈 2 产生反作用力矩 M_2，在 M_1 的作用下指针将偏离"∞"点。当转动力矩 M_1 与反作用于力距 M_2 相等时，指针即停止在某一刻度上，指示出被测电阻的数值。

指针所指的位置与被测电阻的大小有关，R_x 越小，则 I_1 越大，转动力距 M_1 也越大，指针偏离"∞"点越远；在 $R_x=0$ 时，I_1 最大，转动力矩 M_1 也最大，这时指针所处位置即是摇表的"0"刻度；当被测电阻 R_x 的数值改变时，I_1 与 I_2 的比值将随着改变，M_1、M_2 力矩相互平衡的位置也相应地改变。由此可见，摇表指针偏转到不同的位置，指示出被测电阻 R_x 不同的数值。

从摇表的工作过程看，仪表指针的偏转角决定于两个转动线圈的电流比率。发电机提供的电压是不稳定的，它与手摇速度的快慢有关。当供电电压变化时，I_1 和 I_2 都会发生相应的变化，但 I_1 与 I_2 的比值不变。所以发电机摇动速度稍有变化时，也不致引起测量误差。

2. 摇表的使用

（1）摇表的选择。要根据所测量的电气设备决定选用摇表的最高电压和测量范围。测量额定电压在 500V 以下的设备时，宜选用 500～1000V 的摇表；额定电压为 500V 以上时，应选用 1000～2500V 的摇表。在选择摇表的量程时，不要使测量范围过多地超出被测绝缘电阻的数值，以免产生较大的测量误差。通常，测量低压电气设备的绝缘电阻时，选用 0～500MΩ 的摇表；测量高压电器设备、电缆时，选用 0～2500MΩ 量程的摇表。有的摇表标度尺不是从零开始，而是从 1MΩ 或 2MΩ 开始刻度，这种表不宜用来测量低压电气设备的绝缘电阻。如表 4-9 所示为测量几种电气设备绝缘电阻时确定摇表电压的参考数值。

（2）测量的注意事项。电气设备的绝缘电阻都比较大，尤其是高压电气设备处于高电压工作状态，测量过程中保障人身及设备安全至关重要，同样测量结果的可靠性也非常重要。测量时，必须注意以下几点：

① 测量前必须切断设备的电源，并接地短路放电，以保证人身和设备的安全，获得正确的测量结果。

② 对于有可能感应出高电压的设备，要采取措施，消除感应高电压后进行测量。

③ 被测设备表面要处理干净，以获得测量的准确结果。

表 4-9　电气设备绝缘电阻与摇表电压的选定

被 测 对 象	被测设备的额定电压（V）	所选兆欧表的电压（V）
线圈的绝缘电阻	500 以下	500
线圈的绝缘电阻	500 以上	1000
发电机线圈的绝缘电阻	380 以下	1000
电力变压器、发电机、电动机线圈的绝缘电阻	500 以上	1000～2500
电气设备绝缘	500 以下	500～1000
电气设备绝缘	500 以上	2500
瓷瓶、母线、刀闸		2500～5000

④ 摇表与被测设备之间的测量线应采用单股线，单独连接；不可采用双股绝缘绞线，以免绝缘不良而引起测量误差。

（3）摇表的检查。测量前应对摇表进行检查，即进行一次开路和短路试验。在摇表未接上被测电阻 R_x 之前摇动手柄到额定转速，指针应指在"∞"的位置；然后用测量线将"线路"、"接地"接线端短接，缓慢摇动手柄，指针应指在"0"处。通过上述检查，如果指针不能指到"∞"及"0"处，说明摇表存在故障，检修后才能使用。

（4）测量。

① 测量时摇表应放置平稳，并远离带电导体和磁场，以免影响测量的准确度。

② 摇表上有三个接线端，即"线路"接线端，标有字母 L；"接地"接线端，标有字母 E；"保护环"接线端，标有字母 G。测量时，被测电阻 R_x 的两端分别与 L 和 E 接线端相连。如图 4-21（a）所示为测量电路绝缘电阻时摇表的连线，E 接线端可靠接地，L 接线端与被测线路相连；如图 4-21（b）所示为测量电机绝缘电阻的连线，E 接线端接机壳，L 接线端接电机绕组；如图 4-21（c）所示为测量电缆绝缘电阻的连线，E、L 接线端除分别与导电线芯和电缆外壳相接外，摇表保护环 G 接线端要与电缆壳芯之间的绝缘层相接。

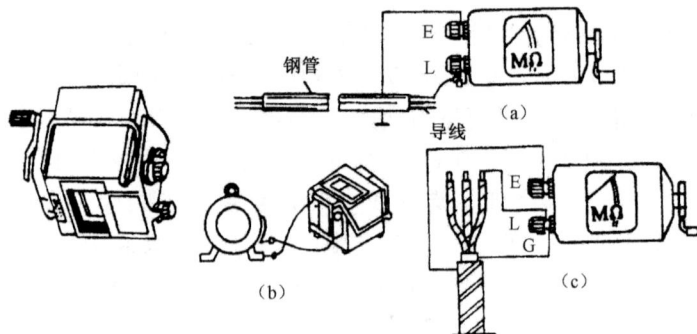

图 4-21　摇表的接线方法

保护环直接与发电机的负极相连，它的接入可以消除因表面漏电而引起的测量误差。

③ 测量时，转动手柄要平稳，应保持 120r/min 的转速。电气设备的绝缘电阻随着测量时间的长短不同，通常采用 1min 后的指针指示为准，测量中如果发现指针指零，则应停止转动手柄，以防表内线圈过热而烧毁。

④ 在摇表停止转动和被测设备放电以后，才可用手拆除测量连线。

3．常用摇表

摇表的种类很多，表 4-10 列出了几种摇表的额定电压和测量量程。

表 4-10　常用摇表型号和性能

型　号	额定电压（V）	量程（MΩ）	准　确　度
ZC-7	100	0～200	1.0
	250	0～500	1.0
	500	1～500	1.0
	1000	2～2000	1.0
	2500	5～5000	1.5
ZC-11-1	100	0～500	1.0
ZC-11-2	250	0～1000	1.0
ZC-11-3	500	0～2000	1.0
ZC-11-4	1000	0～5000	1.0
ZC-11-5	2500	0～10 000	1.0
ZC-11-6	100	0～20	1.0
ZC-11-7	250	0～50	1.0
ZC-11-8	500	0～1000	1.0
ZC-11-9	1000	0～2000	1.0
ZC-11-10	2500	0～2500	1.5
ZC-25-1	100	0～100	1.0
ZC 25-2	250	0～250	1.0
ZC-25-3	500	0～500	1.0
ZC-25-4	1000	0～1000	1.0

　　表中介绍的几种摇表，都是用手摇发电机来提供测量电源。除此以外，还有用晶体管直流变换器提供测量电源，构成测量大电阻和绝缘电阻的兆欧表。这类兆欧表的特点是额定电压高、测量范围广。

4.5.3　电度表

　　电度表是用来测量某一段时间内用电负载所消耗电能的仪表。电能以千瓦小时为单位，所以电度表又叫"千瓦时表"。平时我们说用了 1 度电，就是指消耗了 1 千瓦小时的电能。凡是用电的地方都有电度表，它是电工仪表中使用数量最多的一种仪表。电度表与功率表不同的是不仅能反映出功率的大小，而且能够反映电能随时间增长的累积之和。

1．电度表的分类

　　电度表按结构及工作原理可分为电解式、电子数字式和电气机械式三大类。其中电气机械式电度表数量多，应用范围广。电气机械式电度表又包括电动式和感应式两种。前者测量直流，后者测量交流。

　　根据测量的电路可分为单相电度表和三相电度表。常用单相电度表的型号有 DD1～DD28 型等。其中第一个 D 表示电度表；第二个 D 表示单相；数字表示设计编号。三相电度表又有两元件和三元件两种，分别用于三相三线电路和三相四线电路中。常用的三相两元件电度表有 DS1～DS19 等型号。

　　根据电度表的功能分为有功电度表，无功电度表以及特殊功用电度表。根据准确度又分为一般使用的普通电度表和准确度较高的标准电度表。

　　感应式交流电度表转矩大，结构紧凑，价格低，是目前应用最多的电度表。

2. 感应式电度表的工作原理

　　下面以单相感应式电度表为例，说明其工作原理。

　　（1）结构。

　　① 驱动元件：由铁芯、电压线圈，电流线圈等组成。它的作用是当电压线圈和电流线圈分别并联和串联于交流负载电路时，由于电压和电流的作用产生交变磁通，交变磁通穿过铝制转盘产生转动力矩使转盘转动。

　　② 转动元件：由铝制转盘、转轴和轴承等组成。它的作用是转盘在驱动元件作用下连续转动，并通过转轴上部的蜗杆，将转盘转数传递给计度器。

　　③ 制动元件：又称制动磁铁，由永久磁铁和磁轭组成。其作用是在转盘转动时产生制动力矩，使转盘转速与负载的功率大小成正比，从而使电度表反映出负载所消耗的电能。

　　④ 计度器：用来计算电度表的转数，以便计算电能。当转盘转动时，通过蜗杆和齿轮等传动机构带动字轮转动，将转盘转数换算成负载所消耗的电能度数，并从计度器窗口上直接显示出来。

　　此外，电度表中还有调整装置，它的作用是校正电度表，使其在规定条件下达到应有的计量精度。如图 4-22 所示为单相电度表结构示意图。

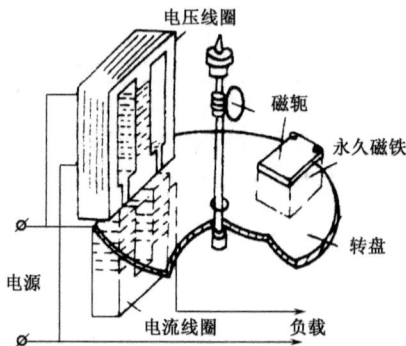

图 4-22　单相电度表结构示意图

　　（2）工作原理。单相电度表接入被测交流电路，电压线圈的两端承受被测电路的端电压，电流线圈通过负载电流，这样电压线圈和电流线圈都产生交变磁通，但其大小和方向不同。电压线圈产生交变磁通穿过铝制转盘，产生感应电动势，引起涡流。同样电流线圈的磁通也在铝制转盘上引起涡流。转盘中涡流的相互作用，使转盘上产生作用力，形成转盘转动力矩，其大小与被测电路的电压和电流有关。

　　当转盘转动时，因切割永久磁铁的磁通，同样道理，将产生一个与转盘转动方向相反的力矩，这就是制动力矩，制动力矩的大小与转盘的转速成正比。

这样，转盘在转动力矩的作用下，转速不断增加，同时转盘又受永久磁铁的作用，制动力矩随转速增加而增大。当转盘的转速增加到制动力矩与转动力矩相平衡时，电度表的转盘将以稳定的转速旋转。

在一定时间内，电能 W 和转盘的转数 N 具有正比关系：

$$W=KN$$

式中　K——常数。

因此，利用计度器记录转盘转数，便可确定负荷所消耗的电能，这就是电度表的简单工作原理。

三相电度表与单相电度表的原理相同，只是在结构安排和接线上有所区别。

3. 电度表的使用

（1）正确选择电度表。为了选择符合测量要求的电度表，一般要考虑两个方面：

① 根据被测电路是单相负载还是三相负载，选用单相或三相电度表，通常居民用电使用单相电度表；工厂动力用电使用三相电度表。测量三相三线制供电系统的有功电能，应选用三相两元件有功电度表；测量三相四线制供电系统的有功电能，应选用三相三元件有功电度表。

② 根据负载的电压和电流数值，选择相应的额定电压和额定电流电度表。选用的原则，电度表的额定电压、额定电流要大于负载的电压和电流。单相电度表的额定电压一般为 220V 和 380V，分别适用于单相 220V 和单相 380V 供电系统。三相电度表的额定电压一般有 380V、380/220V 和 100V 三种。其中 380V 的适用于三相三线制系统，380/220V 适用于三相四线制系统，100V 的则接于电压互感器二次测时用，用来测量高压输、配电系统的电能。电度表的额定电流有 1A、1.5A、2A、3A、5A、…、100A 等，依据负载电流大小选择。

（2）电度表安装位置的选定。电度表是测量累积负载消耗电能的仪表，长时间接入被测电路中，因此需选择合适的场所，将电度表固定在某一位置。

电度表应安装在干燥及不受震动的场所。固定位置要便于安装、试验和查表。通常安装在定型产品的配电箱内，装置在电度表板或配盘上。不宜在有易燃、易爆，有腐蚀性气体，有磁场影响，多灰尘及潮湿的场所安装电度表。对于居民用明装电度表，安装位置应距地面 1.8m 以上。

（3）电度表的接线。电度表的接线原则与瓦特表相同，即电流线圈与负载串联，电压线圈与负载并联。

单相电度表有四个接线端，其排列形式有两种：一是跳入式接线方式，如图 4-23（a）所示；二是顺入式接线方式，如图 4-23（b）所示。通常电度表说明书附有接线图，接线端有明确标记，按图把进线和出线依次对号接在电度表接线端上。一般规律是采用跳入式接线方式，"1、3 进；2、4 出"且"1"接线端必须接火线。

三相两元件电度表用于三相三线供电电路中，如图 4-24（a）所示为其接线图。电度表的读数直接反映三相电路消耗的总电能。此外，也可用两只单相电度表来测定，消耗总电能等于两个电度表读数之和。三相三元件有功电度表用于三相四线供电电路中，如图 4-24（b）所示为其接线图。同样也可用三只单相电度表来测定各相消耗的电能，三只表的读数相加即为消耗的总电能。

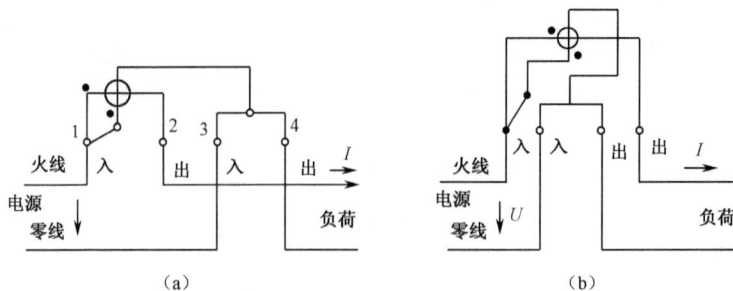

图 4-23　单相电度表的接线

图 4-24　三相有功电度表的连接

（4）使用电度表的注意事项。

① 要注意电度表的倍率。有的电度表计度器的读数需乘以一个系数，才是电路实际消耗的电度数，这个系数称电度表的倍率。

② 单相电度表的接线应按图 4-23 进行，电源的火线和零线不能颠倒。火线和零线颠倒可能造成电度表测量不准确，更重要的是增加了不安全因素，容易造成人身触电事故。

③ 对于接线端标记不清的单相电度表，可根据电压线圈电阻值大，电流线圈电阻值小的特点，用万用表来确定它的内部接线。通常，电压线圈的一端和电流线圈的一端接在一起位于接线端"1"，如图 4-25 所示。将万用表置于 $R \times 100$ 挡，一支表笔与接线端"1"相接，另一支表笔依次接触"2"、"3"、"4"接线端。测量电阻值近似为零的是电流线圈的另一接线端；电阻值大的，在 1kΩ 以上的是电压线圈的另一接线端。

④ 被测电路在额定电压下空载时，电度表转盘应静止不动，否则必须检查线路，找出原因。在负载等于零时，电度表转盘仍稍有转动，属于正常现象，称"无载自转"或"潜动"，但转动不应超过一整圈。

⑤ 电度表接入被测电路，转盘发生反转现象，要进行具体分析。对于单相电度表、三相两元件有功电度表、三相三元件有功电度表转盘反转，是由于电度表发生故障，或错误接线所致，要认真检查，加以排除。采用单相电度表测量三相三线制或三相四线制供电电路，在功率因数过低时，可能会使其中一只电度表转盘反转，这是正常现象。其总有功电度数应为单相电度表计量的代数和。

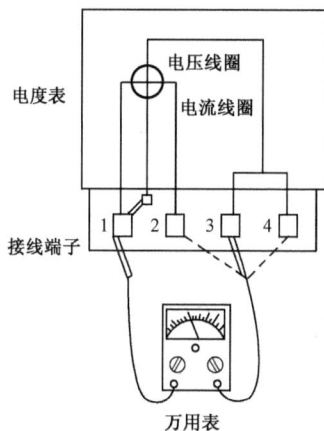

图 4-25 用万用表测量单相电度表的接线端

习题 4

1. 什么叫仪表的测量误差？电工仪表测量误差有哪几种表达形式？

2. 简述磁电式、电磁式、电动式电工仪表的工作原理和特点。

3. 使用电流表时，怎样与被测电路相连？如何扩大电流表的量程？电流表的内阻对被测电路有什么影响？

4. 使用电压表时，怎样与被测电路相连？如何扩大电压表的量程？电压表的内阻对被测电路有什么影响？

5. 指针式万用表主要有哪些功能？使用万用表应注意什么？

6. 总结一下，在哪些场合需要使用万用表。

7. 钳形电流表有什么特点？使用时应注意什么？

8. 简述摇表的工作原理。

9. 简述用摇表测量绝缘电阻的操作过程及注意事项。

10. 如何将单相电度表接入线路？怎样识别单相电度表标记不清的接线端？

第5章 变 压 器

变压器具有变换电压、变换电流和变换阻抗等多种功能，是电力系统和电子工程常见的电气设备。变压器的种类很多，按其用途可分为电力输送和分配的电力变压器；为机电设备提供不同电压的控制变压器；为电子设备提供工作电压的电源变压器；能提供电压可调的调压变压器；以及各种特殊用途的变压器。

5.1 变压器的构造和工作原理

5.1.1 变压器的构造

变压器主要由铁芯和绕组两部分组成。

1. 铁芯

铁芯是变压器的磁路通道。常见的铁芯形状有口字形、日字形。为了减小涡流和磁滞损耗，铁芯通常选用磁导率较高、相互绝缘、厚度在 0.35～0.5mm 的硅钢片叠合而成。有的变压器铁芯也选用坡莫合金、铁氧体等材料制成。

2. 绕组

变压器的线圈通常称绕组，构成变压器的电路部分。绕组是用绝缘良好的漆包线、纱包线或丝包线在骨架上绕制而成。在工作时，和电源相接的绕组称原绕组或初级绕组；和负载相接的绕组称副绕组或次级绕组。

5.1.2 变压器的工作原理

变压器的基本原理是电磁感应原理，如图 5-1 所示为变压器工作原理示意图。

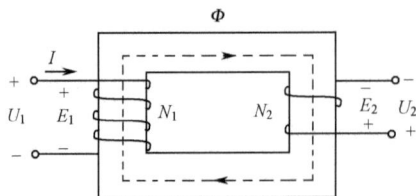

图 5-1 变压器工作原理示意图

1. 变压器的电压变换

图 5-1 中，原绕组与交流电源相接，于是在原绕组中有交变电流流过，这个交变电流在

铁芯中产生交变磁通 Φ。根据电磁感应定律，交变磁通在原绕组中产生感应电动势 e_1，在副绕组中产生感应电动势 e_2：

$$e_1 = N_1 \frac{\Delta \Phi}{\Delta t}, \quad e_2 = N_2 = \frac{\Delta \Phi}{\Delta t}$$

两式相比，有 $\dfrac{e_1}{e_2} = \dfrac{N_1 \dfrac{\Delta \Phi}{\Delta t}}{N_2 \dfrac{\Delta \Phi}{\Delta t}} = \dfrac{N_1}{N_2} = K$

用感应电动势的有效值表示：

$$\frac{E_1}{E_2} = \frac{N_1}{N_2} = K$$

在忽略绕组导线电阻的情况下，可以不考虑绕组内的电压降，这样原绕组两端的电压有效值 U_1 等于感应电动势 E_1，副绕组两端电压有效值 U_2 等于感应电动势 E_2。因此上式可以写成：

$$\frac{U_1}{U_2} = \frac{N_1}{N_2} = K$$

式中　　U_1、U_2——原、副绕组两端电压的有效值，通常称为初级电压和次级电压；

　　　　K——原绕组匝数 N_1 和副绕组匝数 N_2 的比值，称为变压比。

上式表明，在忽略绕组导线电阻的情况下，变压器的初级电压和次级电压之比，等于匝数之比，即变压比。若 $K>1$，则 $U_2<U_1$，变压器使电压降低，称为降压变压器；若 $K<1$，则 $U_2>U_1$，变压器使电压升高，称为升压变压器。

2. 变压器的电流变换

变压器副绕组接负载工作时，原绕组中有电流 I_1 流过，副绕组和负载中有 I_2 流过。在忽略绕线电阻和铁芯损耗的情况下，变压器的输入功率 P_1 等于输出功率 P_2：

$$P_1 = P_2$$

由交流电功率 $P=UI\cos\varphi$，可得：

$$U_1 I_1 \cos\varphi_1 = U_2 I_2 \cos\varphi_2$$

通常 φ_1、φ_2 相差很小，近似认为 $\varphi_1=\varphi_2$，则有：

$$U_1 I_1 = U_2 I_2$$
$$\frac{I_2}{I_1} = \frac{N_1}{N_2} = K$$

上式表明，变压器工作时，原、副绕组中的电流与绕组匝数成反比，即绕组匝数多的一侧电压高，电流小；匝数少的一侧电压低，电流大。

3. 变压器的阻抗变换

变压器绕组两端的电压 U 与通过绕组电流 I 之比，称为绕组的等效阻抗，简称阻抗。变压器有变换阻抗的作用。

设变压器原绕组呈现的阻抗为 Z_1，副绕组负载阻抗为 Z_2，有：

$$Z_1 = \frac{U_1}{I_1}, \quad Z_2 = \frac{U_2}{I_2}$$

将以上两式相比，得：

$$\frac{Z_1}{Z_2} = \frac{U_1}{U_2} \cdot \frac{I_2}{I_1} = K^2$$

所以有
$$Z_1 = K^2 Z_2$$

上式表明，当变压器的副绕组负载阻抗为 Z_2 时，变压器原绕组呈现的阻抗为 $K^2 Z_2$，也就相当于在电源上接入一个 $K^2 Z_2$ 的负载阻抗。

在分析变压器工作原理的过程中，忽略了绕组导线的电阻、铁芯的损耗和漏磁通的存在，这是一种理想的变压器。实际上变压器工作时不可避免地产生一些能量损耗，主要是：

（1）绕组导线必定存在一定的电阻，当电流通过绕组时就要产生热量，把一部分电能变成热能耗散掉。导线发热的损耗，通常称为变压器的铜损。

（2）变压器工作时，铁芯要被反复磁化，磁滞效应要损失一部分电能。同时绕组的交变磁通使铁芯产生涡流，也要损耗一部分电能。磁滞效应和涡流将电能变成热能耗散掉，称为变压器的铁损。

（3）变压器工作时，不可避免地存在一定的漏磁通，也将损失一部分能量。

由于变压器功率损耗的存在，变压器的输出功率小于输入功率。通常变压器的效率较高，大容量变压器的效率可达 98%，小型变压器的效率在 70%～90% 之间。

5.2 常用变压器

5.2.1 小型变压器

通常指功率在 1000W 以下，用于机电设备的控制变压器和电子设备的电源变压器称小型变压器。小型变压器为单相变压器，多采用日字形铁芯，通常原、副绕组都绕在同一变压器骨架上，原绕组 220V 或 380V 电压，副绕组一般为多组低电压绕组。如图 5-2 所示为小型变压器结构示意图和电路图。

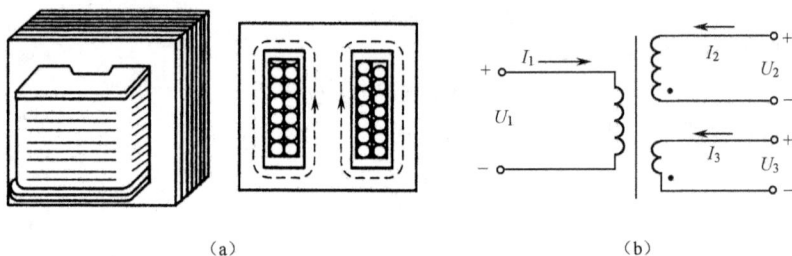

（a）　　　　　　　　　　　　　　　　（b）

图 5-2　小型变压器结构示意图和电路图

5.2.2 三相变压器

三相变压器又称电力变压器，是电力输送和分配用变压器。在输电系统中，输送一定功率的电能时，电压越低，电流越大，因而在输电线上电能损耗也越大。为了减少能量损失，要用电力变压器将发电机输出的电压升高到几十或几百 kV 再输送出去。在输电终端，为了降低电气设备的造价和满足用电安全的要求，要用电力变压器将电压降低后，提供三相四线制低压电源。电力变压器的功能就是把交流电压变换成各种不同等级的电压。

上节分析的是单相变压器的工作原理，三相变压器实质上是三个相同单相变压器的组合。三相变压器每一铁芯柱上绕着同一相的原、副绕组，三相变压器这一组合结构，一方面能节省变压器的材料，同时能提高变压器的效率。如图 5-3 所示是三相变压器结构示意图和电路图。三相变压器的核心部分是由闭合铁芯和套在铁芯上的绕组组成的，此外还有油箱、油枕、套管和无激磁分接开关等部件。每台变压器上都有一块提供变压器额定数据的铭牌，用来说明变压器性能和使用条件等。

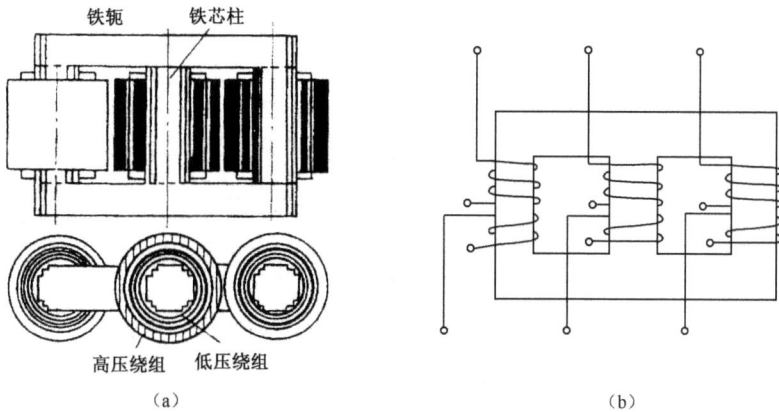

（a）   （b）

图 5-3   三相变压器结构示意图和电路图

常用的 S-1000/6.3 电力变压器为降压变压器，额定容量是 1000kV·A，高压绕组额定电压为 6.3kV，低压绕组输出为 400/230V，变压器提供三相四线制供电线路的电源。

5.2.3 几种特殊变压器

1．自耦变压器

自耦变压器由铁芯、原绕组、副绕组等组成，与普通变压器的区别在于原、副绕组共用一个线圈，因此两个绕组间既有磁联系又有电联系。如图 5-4 所示为自耦变压器原理图。图 5-4（a）为升压自耦变压器，图 5-4（b）为降压自耦变压器，图 5-4（c）为可升可降自耦变压器。应用广泛的单相调压器就是典型的可调式自耦变压器，它的输入电压是 220V，输出电压可在 0～250V 之间调整。

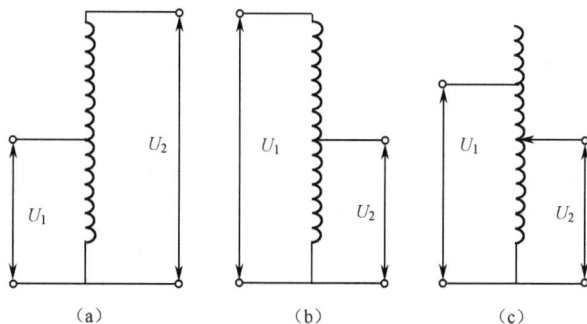

（a）   （b）   （c）

图 5-4   自耦变压器原理图

同样，在三相电路中采用三相自耦变压器，其原理与单相自耦变压器相同。

自耦变压器的优点如下：

（1）变压器消耗材料少。

（2）损耗小，效率高。

（3）体积小。

自耦变压器的原、副绕组直接连在一起，因此安全性较差。使用时要求接线正确，对于单相自耦变压器，要求把原、副绕组的公用端接零线。

2. 电焊变压器

交流电弧焊机的成本低、结构简单、维修方便，在生产中被广泛应用，它的主体就是电焊变压器。电焊变压器是一种特殊的降压变压器，其结构原理如图 5-5 所示，主要由变压器和电抗器两部分组成。变压器和普通变压器相同，原、副绕组分别套在两个铁芯柱上，为了改变输出的空载电压，原绕组中备有分接头；电抗器由一个可调气隙的电感线圈组成，调节气隙的大小，可以改变其电抗值，电感线圈串联在变压器副绕组中。

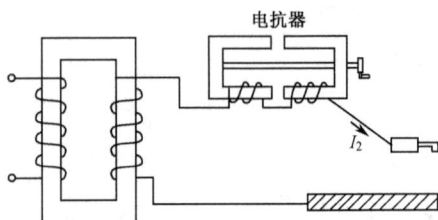

图 5-5　电焊变压器的结构原理图

电焊变压器的性能：

（1）空载时，输出约 60～70V 的起弧电压。

（2）正常焊接时，输出约 30V 的维弧电压。

（3）短路时，短路电流增加不多，以保护电焊变压器的正常工作。

应用电焊变压器工作时，选择原绕组分接头位置，输出适当的起弧电压。焊条接触工件起弧，造成负载短路，因受绕组阻抗和电抗器线圈的限制，这时的短路电流不太大。调节电抗器的气隙，改变电抗值，以控制电焊变压器的焊接电流。起弧后，焊条与工件有一定距离，二者之间约有 30V 电压，电弧比较稳定，放电热量熔化金属，电焊变压器正常工作。

3. 电压互感器

电压互感器是一个降压变压器，其结构与小型两绕组降压变压器相同，它将高电压变换成低电压，以实现电力系统对高电压的测量。

如图 5-6 所示为电压互感器电路示意图。电压互感器由铁芯和原、副绕组两部分组成，其特点是原绕组匝数多，副绕组匝数少。使用时，原绕组并联在被测电路上，副绕组接电压表。因为电压表呈高阻抗，所以电压互感器正常运行时，副绕组电流很小，近于空载运行。根据变压器电压变换原理 $\dfrac{U_1}{U_2} = \dfrac{N_1}{N_2}$，有：

$$U_1 = \frac{N_1}{N_2}U_2 = K_u U_2$$

式中　U_1——原绕组，即被测电路电压的有效值；

U_2——副绕组，即电压表测量指示值；

K_u——原、副绕组匝数比，称电压互感器的变换系数，也称变换倍率。

上式表明，使用电压互感器测电压，被测电压 U_1 等于测量指示值 U_2 和变换系数 K_u 的乘积。

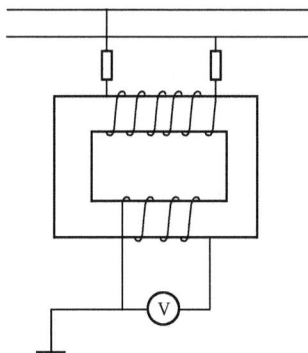

图 5-6　电压互感器电路原理图

注意

使用电压互感器时：

（1）选择电压互感器的量程，使其额定电压大于被测电路的电压。

（2）使用电压互感器，原绕组要串联熔断器作电路保护，以免副绕组短路，烧毁电压互感器。

（3）电压互感器的铁芯和副绕组的一端必须可靠接地，可防止原绕组绝缘损坏时，铁芯或副绕组带高电压而造成事故。

4. 电流互感器

电流互感器也是一种变压器，它能够把大电流变成小电流，以实现电力系统对大电流的测量。

如图 5-7 所示是电流互感器电路示意图，电流互感器由铁芯和原、副绕组两部分组成。原绕组的匝数很少，一般只有一匝或几匝，使用的导线较粗；副绕组的匝数较多，用较细的导线绕制。使用时原绕组串联于被测电路中，副绕组接电流表。根据变压器电流变换原理 $\dfrac{I_1}{I_2} = \dfrac{N_2}{N_1}$，有：

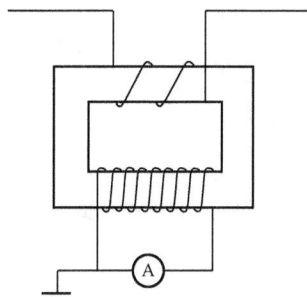

图 5-7　电流互感器电路原理图

$$I_1 = \frac{N_2}{N_1} I_2 = K_i I_2$$

式中　I_1——被测电路的电流值；

I_2——电流互感器所接电流表的测量指示值；

K_i——电流互感器的电流比，它等于副绕组与原绕组的匝数比。

上式表明，使用电流互感器测电流，被测电流 I_1 等于副绕组电流表测量指示值 I_2 与电流比 K_i 的乘积。

前面讲到的钳形交流电流表实际上是一种电流互感器，其结构由铁芯和一个同电流表接成闭合回路的副绕组组成，而被测电路通过可开合的铁芯，进入钳口，作为变压器的原绕组，如图 5-8 所示。

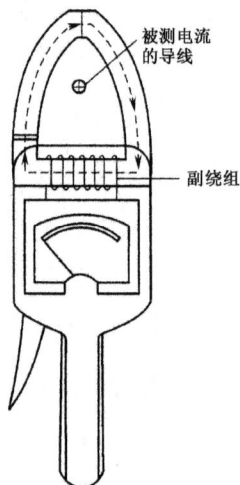

图 5-8　钳形交流电流表测量原理示意图

注意

使用电流互感器时：

（1）选择电流互感器的量程，使其额定电流大于被测电路的电流。

（2）保证电流互感器在运行时，副绕组不得开路，并要求副绕组不允许接保险丝。

（3）电流互感器的铁芯和副绕组的一端，应同时可靠接地。

5.3　小功率变压器的制作

在生产和生活中常遇到要修复损坏的变压器，或者根据需要设计绕制小功率变压器。对于功率在 150W 以下的小功率变压器，我们可以避开变压器的复杂设计，依据经验数据，自行完成小功率变压器的设计和绕制。工作于一般环境的小功率变压器，采用高强度漆包线绕制，可以免去变压器层间绝缘处理和浸漆处理。

5.3.1　小功率变压器数据的计算

现以如图 5-2 所示变压器电路为例，确定小功率变压器的有关数据。

1．确定输入功率 P_1

（1）输出功率 P_2：

$$P_2 = I_2 U_2 + I_3 U_3$$

（2）输入功率 P_1：

$$P_1 = \frac{P_2}{\eta}$$

式中　η——变压器的效率，按经验取 η 值。通常输出功率 $P_2 < 50\text{W}$ 时，η 取 0.7；$50\text{W} < P_2 < 100\text{W}$ 时，η 取 0.8；$100\text{W} < P_2 < 150\text{W}$ 时，η 取 0.9。

2．确定铁芯截面积 S

铁芯截面积 S 是指日字形铁芯中间的横截面积，即铁芯的舌宽和叠厚的乘积。S 可按下列经验公式求得：

$$S=K_O\sqrt{P_1}\ \text{cm}^2$$

式中　K_O——经验系数，在 1.3～1.7 之间。K_O 取值的大小与铁芯硅钢片的质量和变压器的功率有关，通常 50W 变压器，采用普通硅钢片，K_O 取值为 1.5；采用优质硅钢片，K_O 取值为 1.3；采用较次硅钢片，K_O 取值为 1.7。功率大的变压器，K_O 取值适当下调；功率小的，K_O 适当上调。

将铁芯硅钢片大致分为三类：优质硅钢片是指 0.35mm 厚的冷轧硅钢片，其表面有银白色或灰色的亮膜，弯折有脆感，俗称亮片，K_O 值取 1.3～1.4；普通硅钢片是指 0.35mm 厚的一般硅钢片，弯折发软，俗称黑片，K_O 值取 1.5 左右；较次硅钢片是指 0.5mm 厚的热轧硅钢片，K_O 取值为 1.6～1.7。

通过铁芯的截面积 S 可以确定铁芯的叠厚或 C 形铁芯的规格。

3. 确定每伏匝数 N_O

按下列公式计算每伏匝数 N_O：

$$N_O=\frac{45}{BS}$$

式中　B——硅钢片的磁感应强度，单位为 T，优质硅钢片 B 取值 1.4，普通硅钢片 B 取值 1.0，较次硅钢片 B 取值 0.7；

S——铁芯截面积，单位为 cm^2。

磁感应强度 B 的取值范围在 0.7T～1.4T 之间，取值的大小决定于铁芯硅钢片的质量。优质硅钢片 B 值取 1.2T～1.4T；普通硅钢片 B 值取 0.9T～1.1T；较次硅钢片 B 值取 0.7T～0.8T。

4. 确定各绕组的匝数 N

$$N_1=N_OU_1$$
$$N_2=1.05N_OU_2$$
$$N_3=1.05N_OU_3$$

5. 确定各绕组导线线径 d

参考图 5-2，根据变压器各绕组的功率和电压，可计算出各绕组的电流。其中 I_2、I_3 已知，I_1 可求：

$$I_1=\frac{P_1}{U_1}=\frac{P_2}{\eta U_1}$$

导线的电流密度 $J=\dfrac{I}{S}=\dfrac{I}{\pi\left(\dfrac{d}{2}\right)^2}=\dfrac{4I}{\pi d^2}$ （式中 S 为导线的截面积），有：

$$d=2\sqrt{\frac{I}{\pi J}}$$

通常电流密度 J 取 3.0A/mm^2，上式写成：

$$d=0.65\sqrt{I}$$

则有
$$d_1=0.65\sqrt{I_1}$$
$$d_2=0.65\sqrt{I_2}$$
$$d_3=0.65\sqrt{I_3}$$

5.3.2　小型变压器的绕制

1．骨架的制作

根据铁芯截面积的大小，用绝缘板制作变压器骨架。

2．绕制线圈

线圈绕制顺序：先绕初级，后绕次级；次级先绕高电压线圈，后绕低电压线圈。

各组线圈、各层线圈及线圈外层都要做绝缘处理，通常用电话纸或聚酯薄膜作绝缘材料。采用高强度漆包线，各层间可不做绝缘处理。

3．插铁芯

E 型铁芯一般采用对插，铁芯片要平直，无毛刺，片与片接触紧密，E 型片与横头缝隙要小。

4．检查测试

（1）通电检查，应无异常声响。

（2）耐压测试，各线圈之间、线圈与地之间 1min 耐压试验应符合规定技术要求。

（3）测试空载电流应符合技术要求。

（4）测输出电压值应符合技术要求。

5．浸漆处理

一般的变压器都要进行浸绝缘漆处理。采用高强度漆包线，工作于一般环境的可以不作浸漆处理。

5.3.3　绕制变压器的注意事项

（1）在进行绕制之前，应依据各项数值，对铁芯窗口的大小进行估算，即根据所用导线、绝缘层和适当余量，计算的尺寸应小于铁芯窗口的宽度。如宽度不够时可用适当增加铁芯叠厚，减少每伏匝数来解决。

（2）计算求出的导线线径不含绝缘层的厚度，所用导线线径要比计算的线径大，这在绕制线圈时应注意到。

（3）绕制线圈需要进行导线连接处理时，应去掉相连二根漆包线的绝缘层，绞合后用锡焊牢。然后做好绝缘处理。

（4）修复烧毁的变压器，可根据原变压器的数据，采用原规格漆包线重新绕制。若线圈匝数不清，可按其铁芯截面积计算出每伏匝数，再求出各组线圈的匝数，重新绕制。

习题 5

1．简述变压器电压变换、电流变换、阻抗变换的工作原理。

2．有一 220/110V 的降压变压器，如果在副绕阻上接 55Ω电阻时，求变压器原绕组的输入阻抗。

3．自耦变压器有什么特点？画出升压、降压自耦变压器电路图。

4. 参观交流电弧焊机，叙述电焊变压器构成及电弧焊机的工作原理。

5. 电流互感器有什么作用？使用电流互感器要注意哪些问题？

6. 电压互感器有什么作用？使用电压互感器要注意哪些问题？

7. 绕制输出功率为 100W 的小功率变压器，电路参见图 5-2，U_1=380V，U_2=110V，I_2=0.454A，U_3=24V，I_3=2.08A。若变压器的效率 η=90%，K_O=1.3，B=1.1T，电流密度 J=3.0A/mm^2。试求（1）各绕组的匝数 N_1、N_2、N_3；（2）各绕组导线的线径 d_1、d_2、d_3。

第6章 电动机

电动机是把电能转换成机械能的旋转机械。电动机的种类很多，按所用电源性质可分为直流电动机和交流电动机。交流电动机又分为单相电动机和三相电动机两类。其中三相异步电动机具有结构简单、坚固耐用、价格便宜、维修方便等优点，是工农业生产中应用最广泛的一种电动机。

6.1　三相异步电动机的构造和工作原理

6.1.1　三相异步电动机的构造

三相异步电动机的结构比较简单，主要由定子和转子两大部分构成，如图6-1所示。

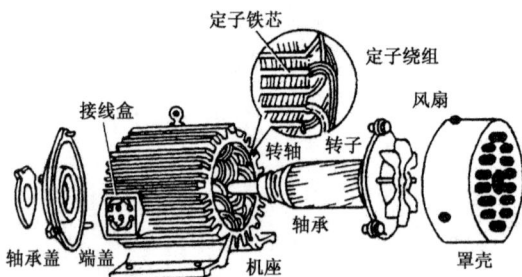

图6-1　三相异步电动机的构造

1．定子

定子由铁芯、绕组和机座三部分组成，其作用是产生一个旋转磁场。定子铁芯是电动机磁路的一部分，由0.5mm厚的带绝缘层的硅钢片叠压而成，固定在机座内。定子铁芯的内圆上冲制有均匀分布的槽沟，用以嵌放定子绕组。定子绕组是定子中的电路部分，由三相对称绕组组成，用漆包线绕制，三相绕组按照一定的空间角度嵌放在定子槽内。当三相绕组通以三相交流电时便产生旋转磁场。机座是用来固定定子铁芯及电动机的，一般由铸铁制成。

2．转子

转子是电动机的旋转部分，由转子铁芯、转子绕组和转轴组成，其作用是在旋转磁场作用下获得一个转动力矩，以带动生产机械转动。转子铁芯与定子铁芯一起组成电动机的闭合磁路。转子铁芯也是由0.5mm厚的硅钢片叠压而成，铁芯外圆的槽沟用来嵌入转子绕组。转子绕组多采用鼠笼绕组，这类转子称鼠笼式转子。如图6-2（a）所示的鼠笼式转子是用铜条压进铁芯的槽内，两端用端环连接以构成闭合电路；如图6-2（b）所示的鼠笼式转子是用铝液浇铸的。

（a）　　　　　　　　　　（b）

图 6-2　鼠笼式转子

有的电动机还采用绕线式转子，其结构与鼠笼式转子不同，但工作原理相同。

6.1.2　三相异步电动机的工作原理

1. 三相异步电动机的转动原理

三相异步电动机根据电磁感应原理和磁场对载流导体产生电磁力的作用，实现电能和机械能的转换。

当电动机三相定子绕组通入三相交流电时，电动机便产生旋转磁场。在旋转磁场的作用下，磁感线切割转子导体，也就是转子导体反方向切割磁感线，于是在转子导体中产生感应电流。在如图 6-3 所示电路中，旋转磁场逆时针转动，转子导体切割磁感线方向为顺时针方向，根据右手定则，在 N 极一侧的导体电流的方向由外向里，在 S 极一侧的导体电流的方向由里向外，如图中所示。

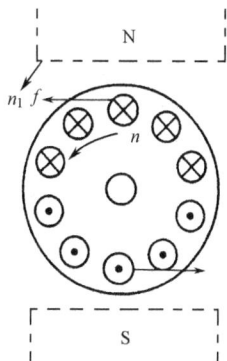

图 6-3　转子的转动原理

转子导体产生感应电流后在磁场中将受到电磁力的作用，根据左手定则，在 N 极一侧的导体受力方向向左，在 S 极一侧的导体受力方向向右，如图中所示。在电磁力的作用下，转子将沿着旋转磁场的方向旋转。

2. 旋转磁场的产生和方向

三相异步电动机的三相定子绕组在空间呈对称分布，三个绕组在定子铁芯中互隔 120°排列，如图 6-4（a）所示。把三个绕组呈星形联结，接到对称的三相电源上，在定子绕组中就有对称的三相电流通过，如图 6-4（b）所示。如图 6-4（c）所示是三相对称电流的波形图。

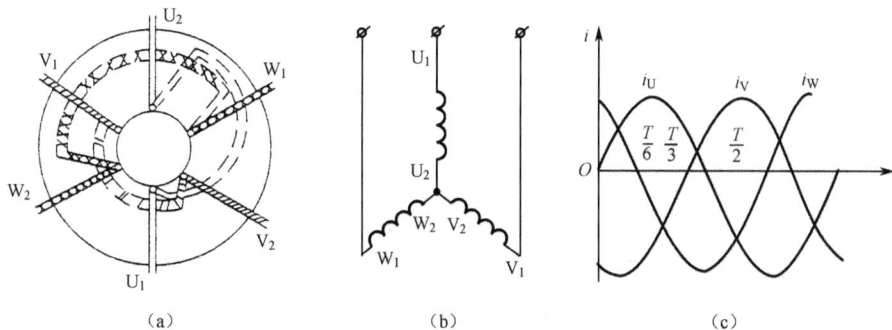

（a）　　　　　　　　（b）　　　　　　　　（c）

图 6-4　三相定子绕组

假定电流为正时，电流由定子绕组的首端 U_1、V_1、W_1 流入，尾端 U_2、V_2、W_2 流出；电流为负时，则相反，由 U_1、V_1、W_1 流出，由 U_2、V_2、W_2 流入。下面从 $t=0$、$t=T/6$、$t=T/3$ 的不同时刻来分析三相交流电流入定子绕组产生合成磁场的情况。

当 $t=0$ 时，$i_U=0$，U 相绕组内没有电流流过；i_V 为负值，V 相绕组的电流从 V_2 端流入，V_1 端流出；i_W 为正值，W 相绕组的电流从 W_1 端流入，W_2 端流出。用右手螺旋定则确定合成磁场方向，如图 6-5（a）所示。

当 $t=T/6$ 时，i_U 为正值，电流由 U_1 端流入，U_2 端流出；i_V 为负值，电流由 V_2 端流入，V_1 端流出；$i_W=0$。合成磁场方向如图 6-5（b）所示。

同理，当 $t=T/3$、$t=T/2$ 时，可以得到图 6-5（c）、（d）所示的合成磁场方向。

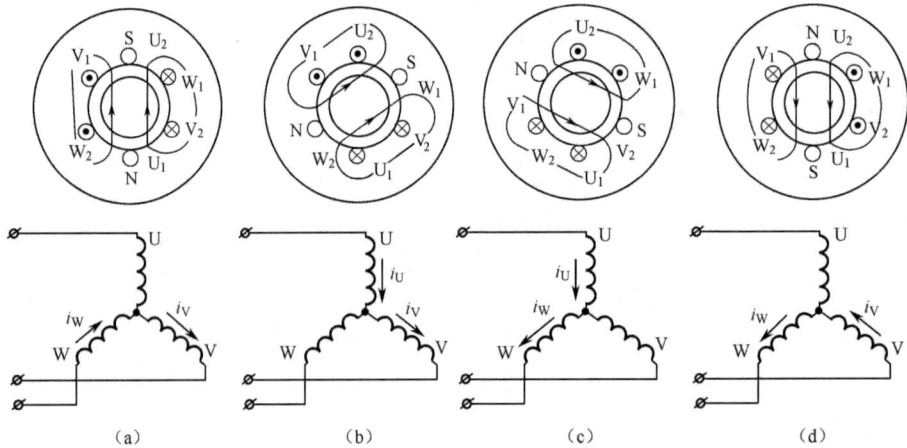

图 6-5　两极旋转磁场的形成

从图 6-4 和图 6-5 可以看出，随着定子绕组的三相电流不断地周期性变化，它所产生的合成磁场也在空间不断地旋转。旋转磁场的旋转方向与各相绕组中电流到最大值的先后顺序即三相电流的相序是一致的。若改变旋转磁场的旋转方向，只要任意调换接入电动机的三相电源中的两根导线，就能改变旋转磁场的方向，从而改变电动机的旋转方向。

3．旋转磁场的转速和转子的转速

上面分析了由三个线圈组成的三相定子绕组产生旋转磁场的情况。分析中看到，每相绕组只有一个线圈，三个线圈的首端在空间中相隔 120°，这时的旋转磁场是由一对磁极产生，三相交流电经过 $T/2$，磁极旋转了 180°。若电流完成了一个周期的变化时，它所产生的合成磁场在空间将旋转一周。

如果每相定子绕组由两个线圈串联组成，六个线圈在空间呈相隔 60° 排列，用同样的分析方法，得到的旋转磁场是由两对磁极所产生，并且当三相电流变化一周时，两对磁极旋转磁场在空间中转过半周，其转速为一对磁极的一半。

由此推出，旋转磁场的转速 n_1 与三相交流电频率 f、旋转磁场的磁极对数 P 的关系式：

$$n_1 = \frac{60f}{P}$$

式中　n_1——旋转磁场的转速，也称同步转速，单位是 r/min（转/分）；

　　　f——三相交流电频率，单位为 Hz；

　　　P——旋转磁场的磁极对数。

我国电力网中交流电的频率为 50Hz，不同磁极对数的电动机旋转磁场转速如表 6-1 所示。

表 6-1　异步电动机不同磁极对数的同步转速

P（磁极对数）	1	2	3	4	5
n_1（r/min）	3000	1500	1000	750	600

由转子转动的原理可知，三相异步电动机转子的转速 n 总是小于同步转速 n_1。因为如果转子的转速达到了同步转速，转子导体与旋转磁场之间就没有相对运动，转子导体不能切割磁感线，当然转子导体中也不会产生感应电流，不会受到电磁力的作用而转动。所以三相异步电动机的转速总是小于同步转速，故称异步电动机。

通常把旋转磁场对转子的相对转速（n_1-n）与旋转磁场的转速 n_1 的百分比叫做三相异步电动机的转差率，用符号 S 表示：

$$S=\frac{n_1-n}{n_1}\times100\%$$

对于常用的三相异步电动机，在额定状态运行时转差率很小，约为 0.01～0.06。

6.2　电动机的接线方法和铭牌

6.2.1　电动机的接线方法

电动机的接线方法就是电动机定子绕组与三相电源的接线方法。异步电动机定子的三相绕组共有六个接线端，通常把它们接在机座上的接线盒中，各相绕组的首端和尾端在接线盒中分别用 U_1U_2、V_1V_2、W_1W_2 表示。它们可以接成三角形或星形跟三相电源连接，如图 6-6 所示。对于给定的电动机，究竟选择哪种接法，应根据电动机的额定电压与电源电压相符合的原则来确定。例如，铭牌上标明"电压 380/220V、接法 Y/△"的电动机，当电源电压为 380V 时，应接成星形，如果误接成三角形，加在每相绕组上的电压超过额定值，将会烧毁电动机；当电源电压为 220V 时，应接成三角形，如果误接成星形，则加在每相绕组上的电压低于额定值，在长期额定负载运行中也要烧毁电动机。

有的电动机在接线盒中只有三个接线端，这种电动机的接线方法已经固定在电动机内部。对于这种电动机，只要电源电压与电动机的额定电压相符，便可直接接在三相电源上使用。

电动机在出厂时，三相绕组的六个接线端都有标记。如果标记脱落，不能随便接线，否则有烧毁电动机的可能。这时必须判别哪两个接线端是同一相，并找出它们的首、尾端，才能保证接线正确。判定绕组同名端的方法有多种，常用的有交流法和直流法。

1．交流法

交流法测量电路如图 6-7 所示，是用测量交流电压来判定绕组的同名端。将调压器和出线端按所示电路连接，接通电源，调节调压器至 35～40V。用万用表交流电压 100V 挡，测量两串联绕组的电压，若有电压指示，表明两个绕组为顺串连接，相接处两个出线端是异名端相接，即一头一尾。若无电压指示，表明两个绕组为反串连接，相接处是同名端，即同为头或者同为尾。改变绕组的位置，重复以上操作，可判定三个绕组的同名端。

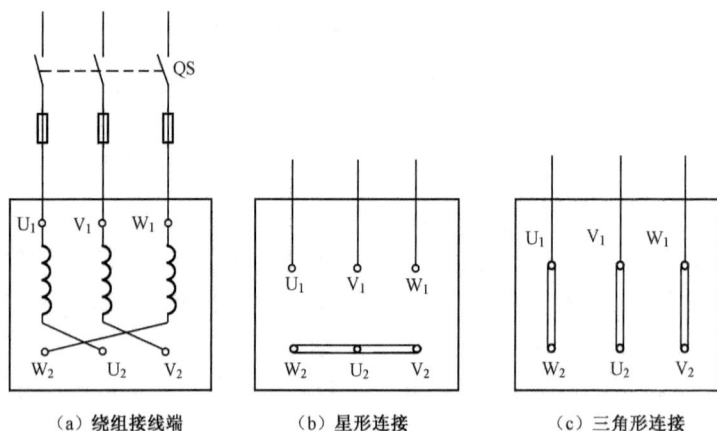

（a）绕组接线端　　　（b）星形连接　　　（c）三角形连接

图 6-6　定子绕组的接线端

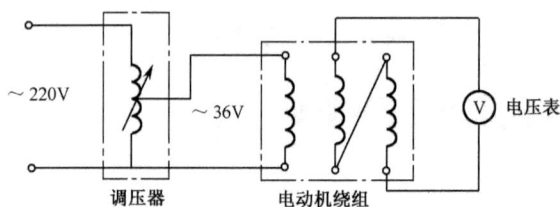

图 6-7　交流法判定电路

2. 直流法

直流法测量电路如图 6-8 所示。将指针式万用表置于直流电压毫伏挡，电源选择 1.5～3V 干电池，按所示电路连线。用电源一端的导线分别接触两个空置绕组的出线端，在接触瞬间，如果万用表指针偏转方向一致，根据楞次定律可判定这两个出线端是同名端，同为头或者同为尾。如果指针偏转方向不一致，则两个出线端是异名端，为一头一尾。然后将万用表表笔改接至另一绕组，重复以上操作，根据万用表指针偏转方向就可判定出三个绕组的同名端。

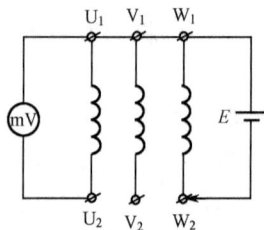

图 6-8　直流法判定电路

6.2.2 三相异步电动机的铭牌

电动机的铭牌通常钉在机座上，记载着这台电动机的型号、额定参数及使用条件等主要技术数据，是选择、安装、使用和维修电动机的依据。下面结合如图 6-9 所示电动机的铭牌来说明各项数据的意义。

三相异步电动机					
型号	Y160L—4	功率	15 kW	频率	50 Hz
电压	380 V	电流	30.3 A	接法	△
转速	1 460 r/min	温升	75℃	绝缘等级	B
防护等级	IP 44	重量	150 kg	工作方式	S₁
	年 月	编号		XX 电机厂	

图 6-9 三相异步电动机的铭牌

1. 型号

三相异步电动机的型号表示电动机的品种、规格、极数及使用环境等内容，它由产品代号、规格代号和特殊环境代号三部分组成。产品代号用字母表示电动机的特点，常见字母含义有：Y 表示三相异步电动机；YK 表示高速三相异步电动机；YR 表示绕线转子异步电动机；YB 表示防爆型异步电动机。规格代号用字母 L、M 和 S 分别表示长、中、短机座，用数字 1、2 分别表示短、长铁芯。特殊环境代号用字母表示特殊环境条件。没有必要说明的代号可以省略。Y160L—4 的含义如下：

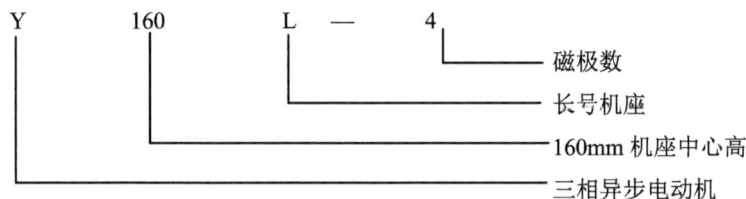

```
Y    160    L  —  4
                   └── 磁极数
              └────── 长号机座
      └───────────── 160mm 机座中心高
└────────────────── 三相异步电动机
```

Y 系列三相异步电动机是我国最新设计的统一系列产品，它符合我国国家标准和国际电工委员会（IEC）标准，是取代 J、JO、JR 系列老产品的新系列电动机。

2. 功率

铭牌上所标的功率值是指电动机在额定工作时转轴上输出的机械功率，也就是常说的输出功率，它说明这台电动机正常使用时做功的能力。在选用电动机时，要使电动机的功率与所拖动的机械功率相匹配。铭牌上功率标注 15kW，说明这台电动机正常工作时，输出的机械功率是 15kW。

3. 电压

铭牌上的电压是指电动机的额定电压，它表示电动机定子绕组对应某种连接时应加的线电压值。铭牌上电压标注 380V，说明电动机正常工作定子绕组应加线电压值是 380V。

4. 电流

铭牌上的电流是指电动机的额定电流，它表示电动机在额定电压下，转轴上输出额定功率时，定子绕组的线电流值。铭牌上电流标注 30.3A，说明电动机正常工作定子绕组线电流值是 30.3A，若电流大于此值表明电动机或拖动机械存在故障。

由额定电压和额定电流，可求得电动机的输入功率 P_1：

$$输入功率 P_1 = \sqrt{3}\,UI\cos\varphi$$

输入功率 P_1 是电动机所消耗的电动率，而铭牌上标注功率值是转轴上输出的机械功率，即输出功率 P_2，在数值上为：

$$输出功率 P_2 = \sqrt{3}\,\eta UI\cos\varphi$$

以上两式中，$\cos\varphi$ 是电动机的功率因数；η 是电动机的效率。

输出功率小于输入功率，二者的差值等于电动机本身的损耗功率，包括铜损、铁损和机械损耗等。

5．接法

接法是指电动机三相定子绕组的接线方法。接法有星形和三角形两种，星形用符号 Y 表示，三角形用符号 △ 表示。若铭牌上电压标注 380/220V，接法标注 Y/△，表明电动机每相定子绕组的额定电压是 220V，当电源线电压为 380V 时，定子绕组应接成 Y 形，当电源线电压为 220V 时，定子绕组应接成 △ 形。铭牌上接法标注 △，要求电动机定子绕组接成三角形，接入电源。

6．转速

转速是指电动机在额定频率、额定电压下输出额定功率时电动机的转速。铭牌上转速标注为 1460 r/min，表明电动机正常工作时的转速为每分钟 1460 转。

7．温升

温升是指电动机在额定负载下工作时，电动机的温度允许超出周围环境温度的数值。铭牌上温升标注 75℃，表明电动机工作时电动机最高温度不能超出环境温度 75℃。

8．绝缘等级

绝缘等级是指电动机所使用的绝缘材料耐热性能的等级。铭牌上绝缘等级标注 B，表明电动机绝缘等级为 B 级，绝缘材料耐热程度分为七个等级，B 级的耐热极限温度为 130℃。

9．防护等级

防护等级表示电动机的防护能力。铭牌上防护等级标注 IP44，其含义如下：

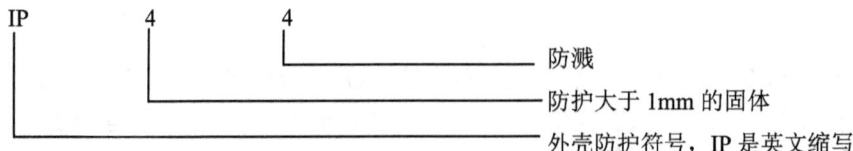

```
IP      4       4
 |      |       |_____ 防溅
 |      |_____ 防护大于 1mm 的固体
 |_____ 外壳防护符号，IP 是英文缩写
```

10．工作方式

工作方式是指电动机所允许使用的运行方式。通常运行方式分为连续、短时和断续三种。

铭牌上工作方式标注 S_1，表明电动机可以工作在连续运行状态。

有的电动机铭牌还标有功率因数、效率等技术数据。

三相异步电动机的功率因数较低，在额定负载时约为 0.7～0.9，在轻载和空载时功率因数还要低。在选用电动机时，应尽量满载运行，一般电动机在额定负载时其功率因数在 0.85 左右。

电动机的输出功率与输入功率的比值就是电动机的效率。一般鼠笼式电动机在额定运行时的效率约为 72%～93%。

通过铭牌，了解了电压、电流、功率因数就可以知道电动机的输入功率和效率。若该电动机的功率因数为 0.85，则其输入功率 P_1：

$$P_1 = \sqrt{3}\, UI\cos\varphi = \sqrt{3} \times 380 \times 30.3 \times 0.85 = 16.93\text{kW}$$

电动机效率 η：

$$\eta = \frac{P_2}{P_1} = \frac{15}{16.93} \approx 89\%$$

6.3　三相异步电动机的控制

三相异步电动机接通电源便开始启动，在启动瞬间，转子绕组与旋转磁场之间的相对速度最大，在转子绕组中产生的感应电动势和感应电流也最大。随之在定子绕组中也出现很大的电流，这个电流称为电动机的启动电流，通常为额定电流的 4～7 倍。

启动时，虽然转子绕组电流很大，但此时转子功率因数很低，启动转矩较小，约为额定转矩的 1.5 倍。启动电流大、启动转矩小是三相异步电动机启动时的特点。

电动机启动电流大，虽然在短时间内不致引起电动机过热，但可能造成供电线路电压急剧下降，不仅使电动机本身启动困难，而且影响接在同一电源上其他电气设备的正常工作。

为了限制启动电流，并得到适当的启动转矩，对不同容量的三相异步电动机应采用不同的启动方法。

6.3.1　鼠笼式电动机的直接启动

直接启动是将额定电压直接加到电动机上启动。直接启动的设备简单，启动时间短。当电源容量足够大时，电动机应尽量采用直接启动。

通常 30kW 以下的电动机采用直接启动方式，一般 5.5kW 以下的电动机，通过三相开关连接三相电源，如图 6-10 所示为闸刀开关直接启动电路。5.5kW 以上的电动机通过交流接触器、继电器等组成的控制电路来连接三相电源。下面介绍两种常见的直接启动控制电路。

1. 点动控制电路

如图 6-11 所示的是点动单方向旋转控制电路，它由电动机主电路和控制电路两部分组成。图左侧是主电路，从电源 L_1、L_2、L_3 经电源开关 QS、熔断器 FU_1、交流接触器 KM 的主触点到电动机 M，主电路流过的电流较大。图右侧是控制电路，由熔断器 FU_2、按钮开关 SB 和接触器 KM 的线圈组成，控制电路流过的电流较小，由 U_{11}、V_{11} 提供电源。其工作过程如下：

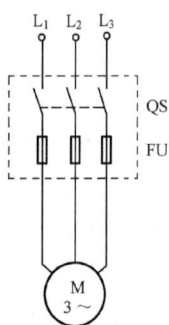

图 6-10　闸刀开关直接启动电路

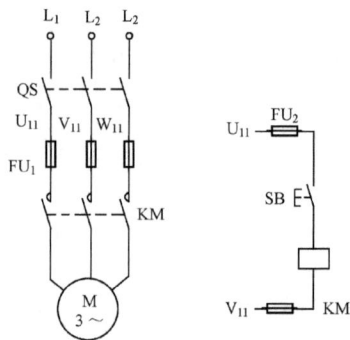

图 6-11　点动控制电路

合上电源开关 QS 后，

启动：按下 SB→KM 线圈得电吸合→KM 主触点闭合→电动机 M 运转

停止：松开 SB→KM 线圈失电释放→KM 主触点断开→电动机 M 停转

这种只有按下按钮开关 SB 时，电动机才运转，放开 SB 时就停转的电路，称点动控制电路。

2．自锁控制电路

如图 6-12 所示的是自锁单方向旋转控制电路。为了实现电动机连续运行，在点动控制电路的启动按钮两端并联一个接触器常开辅助触点；又为了完成电动机停转的功能，在控制电路中又串联一个停止按钮。

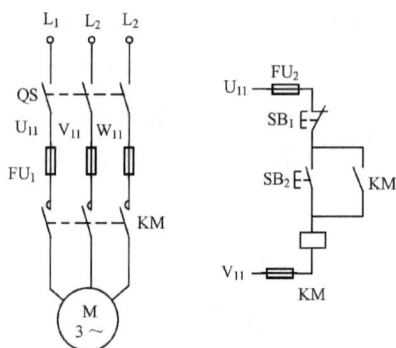

图 6-12　自锁控制电路

其工作过程如下：

合上电源开关 QS，

启动：按下启动按钮 SB$_2$→KM 线圈得电吸合 ——┬—→ KM 常开触点闭合（自锁）
　　　　　　　　　　　　　　　　　　　　　　　└—→ KM 主触点闭合→电动机 M 运转

启动后，松开按钮 SB$_2$，因 KM 常开触点闭合，KM 线圈仍得电，电动机 M 保持运转状态。

停止：按下停止按钮 SB$_1$→KM 线圈失电释放 ——┬—→ KM 常开触点断开
　　　　　　　　　　　　　　　　　　　　　　　└—→ KM 主触点断开→电动机 M 停转

这种当启动按钮松开后，控制电路仍能保持自动接通状态叫做自锁或自保控制电路，与 SB_2 并联的 KM 常开触点叫做自锁或自保触点。

自锁控制电路还具有欠压保护和失压保护的功能。当电动机运行时，电源电压降低，下降到正常工作电压的 85% 以下时，因接触器电磁力不足，KM 线圈释放，自锁触点断开，同时 KM 主触点也断开，电动机停转，起到保护作用。电动机因停电而停止运转，在恢复供电时，如果没有按下启动按钮，电动机不会自动启动，因此控制电路在突然断电时，具有自动切断电动机电源的失压保护作用。

6.3.2 鼠笼式电动机的降压启动

大功率的三相异步电动机不能直接启动，必须设法限制启动电流，降压启动是常用的方法之一。降压启动方法在启动时降低加到电动机上的电压，等电动机转速升高后，恢复电动机的电压至额定值。这种方法启动转矩小，适用于电动机空载或轻载情况下启动。下面介绍两种常见的降压启动方法。

1. 串联电阻降压启动

如图 6-13 所示的是串联电阻降压启动控制电路，QS_1、QS_2 是开关，FU 是熔断器。启动时，先合上电源开关 QS_1，电阻 R 串入定子绕组，由于其分压作用，加在定子绕组上的电压降低，从而限制了启动电流。当电动机转速接近额定转速时，再合上开关 SQ_2，把电阻 R 短接，使电动机在额定电压下正常工作。

2. Y/△降压启动

对于正常运行时定子绕组呈三角形连接的电动机，可采用 Y/△降压启动。Y/△降压启动在启动时定子绕组使用星形连接，降低定子绕组上的电压，启动后转换成三角形连接，恢复到正常工作状态。

如图 6-14 所示的是 Y/△降压启动控制电路，QS_2 是"启动"、"运行"控制开关。启动时，先将 QS_2 掷向"启动"位置，然后合上电源开关 QS_1。这时定子绕组被接成星形连接，加在每相绕组上的电压只是它呈三角形连接的 $1/\sqrt{3}$，降低了启动电流。当转速接近额定转速时，再将 QS_2 掷向"运行"位置，电动机定子绕组呈三角形连接，电动机在额定电压下运行。

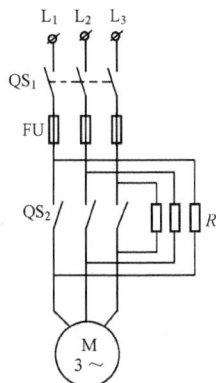

图 6-13 串联电阻降压启动电路

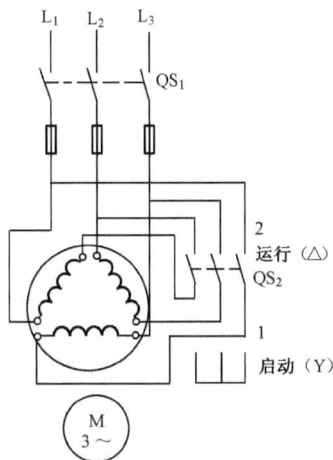

图 6-14 Y/△降压启动电路

6.3.3　鼠笼式电动机的软启动

所谓电动机的软启动就是利用电子控制装置，使电动机启动时供电电压逐渐增加，启动电流平滑升高，实现电动机无冲击启动，以保护电源系统、电动机及机械设备。

电动机直接启动启动电流大，降压启动虽然限制了启动电流，但启动转矩同时降低，只适用空载或轻载启动，这两种启动都会产生启动冲击。而电动机的软启动可以对电动机的启动参数进行最佳调整，以适应各类负载的要求。

1．软启动的工作原理

电动机的软启动是通过电子控制装置实现的，所用的电子控制装置称软启动器，它是由微处理器和三相可控硅组成的电子控制器。利用微处理器技术，调节可控硅的导通角，实现对电动机端电压的控制，使端电压随时间逐渐增加至额定值，并根据不同负载类型，完成预先整定的电动机启动电流和转矩的曲线形态，保证电动机处于理想的启动状态。

当电动机启动完成后，可控硅工作在全导通状态。

2．软启动器的使用

软启动器有多种规格型号，应根据所用电动机的电压和功率、负载的类型，选择相应的软启动器，软启动器的额定电流必须大于电动机的额定电流。

软启动器通常有3个输入端与三相电源相连，有3个输出端与电动机相连。软启动器结构紧凑、体积小，一般可安装在电动机的配电柜内。

使用软启动器，首先要对启动参数进行整定，通过按键输入额定功率、额定电流、额定转矩、额定转速等电动机参数，键入功率、惯性力矩、额定速度等负载参数及软启动器本身可直接预置的启动参数，即可完成启动电压、启动时间、惯性时间等启动参数的整定。

6.3.4　三相异步电动机的反转

电气设备中电动机有时需要反转，反转控制电路如图 6-15 所示。三相异步电动机的转动方向与旋转磁场的旋转方向一致，而磁场的转动方向与三相电源的相序一致，所以要使电动机反转，只需将三根相线中的任意两根对调接入电动机即可。当开关 QS_2 置于"1"时，通入电动机的三相电源相序是 L_1—L_2—L_3，电动机正转；当开关 QS_2 置于"2"时，三相电源的相序是 L_1—L_3—L_2，电动机反转。

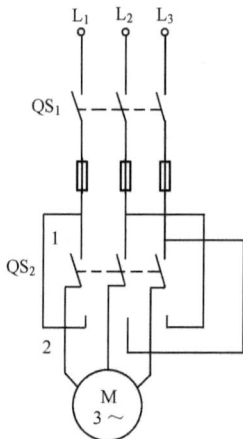

图 6-15　反转控制电路

注意

处于正转状态的电动机，要使它反转，应先切断电源，停止电动机转动，然后将开关 QS_2 置于"2"，电动机反转。切不可在电动机运行中，将开关 QS_2 从位置"1"直接扳向"2"，这样会使定子绕组产生很大的电流，以致线圈过热损坏。

6.3.5 三相异步电动机的调速

电动机投入运行以后，有时为适应工作要求，要改变电动机转速，实现电动机转速变化的过程称为电动机的调速。

根据异步电动机转差率公式 $s = \dfrac{n_1 - n}{n_1} \times 100\%$ 和转速公式 $n_1 = \dfrac{60f}{P}$，有：

$$n = (1-s)\frac{60f}{P}$$

可见，通过改变电源频率 f、定子绕组的磁极对数 P、转差率 s，都能实现电动机的调速。

1．变频调速

变频调速是通过整流器将 50Hz 的交流电变换成直流电，再用逆变器，将直流电转变成频率可调、电压可调的三相调频电源，三相异步电动机由三相调频电源供电，实现电动机的调速。

变频调速的调速性能好，具有较大的调速范围，并且调速平稳。但必须有三相调频电源设备。

2．变极调速

变极调速是根据异步电动机的转速与磁极对数成反比，用改变磁极对数的方法来实现电动机转速的变化。变极调速只适用于鼠笼式电动机。

双速异步电动机是变极调速的一种常见形式，它在制造时设计了不同的磁极对数，通过改变定子绕组的接法，来改变定子绕组的磁极对数，实现电动机的变速。如图 6-16 所示是双速异步电动机定子绕组的接线图。图 6-16（a）所示是三相定子绕组的三角形连接，三相电源连接接线端 U_1、V_1、W_1，接线端 U_2、V_2、W_2 空置，此时磁极数为 4 极，同步转速为 1500r/min。图 6-16（b）所示三相绕组呈双 Y 连接，绕组接线端 U_1、V_1、W_1 连在一起，三相电源连接接线端 U_2、V_2、W_2，此时磁极数为 2 极，同步转速为 3000r/min。

除变频调速、变极调速以外，还有利用滑差离合器的电磁作用，来实现电动机的调速，绕线式电动机用改变电动机的转差率实现调速。

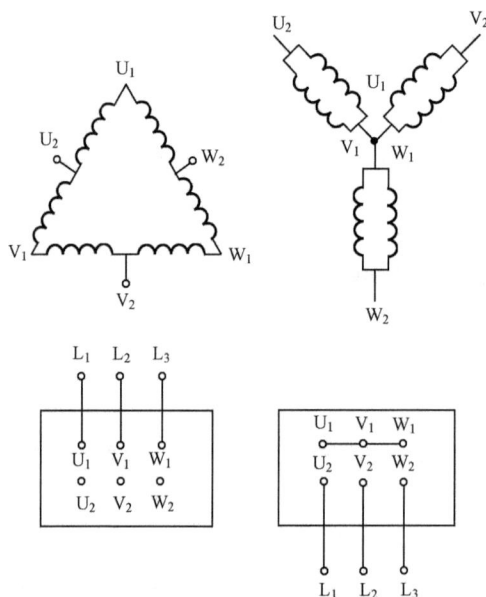

图 6-16　双速电动机定子绕组接线图

6.3.6　三相异步电动机的制动

运行的三相异步电动机切断电源后，由于惯性的作用，仍继续转动，为使电动机迅速停车所采取的措施，称为电动机的制动。异步电动机的制动分机械制动和电气制动两类。

机械制动是电动机切断电源后，利用机械装置使其迅速停车的方法。电磁抱闸是机械制动应用较普遍的一种制动方式。

电磁抱闸主要由制动电磁铁和闸瓦制动器两部分构成，利用电磁铁线圈的失电或得电，来控制闸瓦制动器闸瓦与闸轮的抱合，抱合所产生的机械力使电动机停转。

电气制动是在电动机断电后，利用控制电路产生一个与电动机实际转向相反的电磁力矩，用它作制动力矩，使电动机停止转动。反接制动是常用的电气制动方法之一。

反接制动是在电动机断电后，将运转中的电动机电源反接，以改变电动机定子绕组中的电源相序，使其旋转磁场反向，转子因受反相制动力矩而迅速停转。为避免电动机制动时反向转动，制动控制线路通常采用速度继电器进行自动控制，当电动机的转速接近零值时，及时切断电源，防止反转。

6.4　三相电动机的维护与检修

6.4.1　电动机的维护

电动机在使用中维护工作很重要，应发现问题及时处理，以免酿成大的事故，造成损失，因此必须认真对待。

1. 电动机在使用前的检查

对于新安装或长期停用的电动机，投入运行前，应做如下检查：

（1）用摇表测量各相绕组对地绝缘电阻、相间绝缘电阻和启动设备的绝缘电阻。对绕线式电动机还应测量转子绕组之间、滑环之间以及它们对地的绝缘电阻，其绝缘电阻值不应低于 0.5MΩ，否则必须进行干燥处理。

（2）检查电动机绕组的接线，电动机与启动装置的连接是否正确，接线是否牢固。接地或接零线是否可靠。

（3）检查电源电压是否正常。熔丝是否符合规格，是否完好。

（4）检查机械部件各部分螺丝是否紧固，电动机轴承、传动装置转动是否灵活，润滑部位是否缺油或需要更换新润滑油。

（5）对于绕线式电动机，还应检查滑环扳手（短接滑环装置的手柄）是否在启动位置，启动变阻器的控制手柄是否放在启动位置。

2．电动机启动操作的注意事项

（1）操作人员必须遵照安全操作规程进行操作，以免发生人身事故。

（2）使用闸刀开关时，合闸动作要迅速果断。利用 Y/△启动器或自耦降压启动器启动时，必须遵照操作顺序进行。

（3）合闸后，如果发现电动机不转，启动很慢，声音不正常等现象，应立即拉闸检查。

3．电动机在运行中的监视与维护

（1）监视电动机的三相电流，不允许超过额定数值。如果电动机长时间在大电流下工作，会使电动机的温度升高，绝缘性能下降，影响电动机的使用寿命，甚至烧毁电动机。引起电流增大的原因除电源电压过高外，还可能是因为电动机过载或绕组产生故障所引起的。在注意三相电流不要超过额定值的同时，还要注意三相电流是否平衡，任意两相电流的差值不应超过额定电流 10%。电动机由于三相电压不平衡，或者由于定子三相绕组的阻抗不平衡会造成三相电流的不平衡。

（2）注意电源电压的变化。如果电源电压太高，电动机电流会增大，致使电动机过热。电压过低，时间长了也会损坏电动机。因此，要求电源电压变化范围不宜超过电动机额定电压的±7%。在注意电源电压变化的同时，也要注意三相电压是否平衡。

（3）注意观察电动机不要缺相运行。正在运行的三相异步电动机，如果一相断电，则形成二相供电，称为缺相运行。缺相运行的电动机会发出沉闷的"嗡嗡"声，转速降低，绕组急剧发热，如不及时切断电源，时间稍长就会烧毁电动机。造成电动机缺相运行的原因有两方面：一方面原因是进入电动机的三相电源缺一相，另一方面原因是电动机三相定子绕组有一相断电。

（4）监视电动机的温升不要超过允许值。电动机的大部分故障都会使定子电流增大，温度升高，因此检查电动机温升是监视电动机运行情况的直接可靠的办法。监视电动机温升最简便的方法是凭经验用手接触电动机的外壳，根据感觉来估计电动机的温度。但注意用手触摸电动机前要用验电笔检查电动机外壳是否有电，确认没电后，方可用手背去接触电动机外壳，万一漏电，手能较快地离开电动机。准确的测量方法是用 0～100℃的酒精棒式温度计测量电动机的温度。测量时，将电动机的吊环拆下，把温度计插入吊环孔内，用玻璃泥子塞好。等温度计温度的读数不再上升时，温度计测得的温度再加上 10℃就近似等于电动机铁芯温度。

（5）注意电动机的震动、声音和气味是否正常。电动机的一些故障，特别是机械故障，常常从震动和异常声响反映出来。若发现电动机震动加大，应认真检查地基是否稳固，底脚螺丝是否松动，传动机构连接是否可靠。另外，转子或转轴不平衡也会引起电动机震动。若电动机发出很大的"嗡嗡"声，可能是由于超负荷或电流不平衡引起的，特别是缺相运行，"嗡嗡"声更大。电动机的轴承损坏或缺油也会发出异常声音。电动机绕组温度过高时，会散发出较强的绝缘漆气味或绝缘材料的烧焦味，严重时会冒烟。

（6）要保持电动机的清洁与干燥，防止尘土、水、油等脏物进入电动机。在电动机周围不要放置杂乱的东西，以免掉入电动机内。要经常清扫电动机和周围环境。

（7）对于绕线式电动机，要注意电刷的工作情况。电刷磨损到一定程度时，应及时更换。运行时发现电刷冒火，应检查滑环是否脏污和不光滑，电刷弹簧压力是否不足。

在上述检查中，如发现问题，要及时停机检修，消除故障后才能继续运行。

6.4.2　电动机的大修与小修

为保证电动机可靠运行和延长使用寿命，除了做好运行中的监视和维护外，经过一定时间的运行，还应该进行定期检查和维护保养。通常电动机每年进行 2～3 次小修，1 次大修。

1．小修项目

（1）清扫电动机和启动设备各部分的灰尘污物。

（2）测量绕组的绝缘电阻，低于 0.5MΩ 应进行干燥。

（3）检查轴承的润滑和磨损情况，缺油要补充，发现油污要清洗或更换润滑油。

（4）检查电动机、开关及启动器的引出线和连接线是否紧固可靠，有无烧伤痕迹，并检查启动器的触点接触是否良好，有无烧伤或腐蚀。对于连线接头和触点的烧伤，要用砂纸打去烧痕，以减小接触电阻。

（5）检查电动机的固定情况和接地是否完好，紧固各连接螺丝和固定螺丝。

（6）调整或更换电刷。

（7）检查风扇与转轴的固定情况，观察扇叶是否完好。

2．大修项目

电动机大修除包括小修项目外，还包括解体检修。

（1）更换部分或全部烧坏和有缺陷的绕组。

（2）更换轴承衬垫和损坏的轴承。

（3）平衡转子，测量定子和转子之间的间隙。

（4）紧固铁芯，清扫内部灰尘。

（5）修理或更换滑环和电刷。

（6）检查、找平电动机机座基础，及时对电动机进行防腐喷漆。

6.4.3　电动机常用的检修方法

1．轴承的维护

滚珠轴承应在电动机运行 1000h 左右换一次润滑油。换油时要清除旧油，用汽油或四氯化碳清洗轴承，然后加注洁净的黄油。四氯化碳不燃烧，溶解黄油效果比汽油好，但它能溶解有机物，在使用中切勿飞溅到绕组上，并注意通风，不要让其留在轴承室内。加黄油要适量，一般以充满轴承室空隙 2/3 为度，太多或太少都会引起轴承发热。

中小型异步电动机的定子和转子间的间隙很小（0.3～0.5mm），当轴承磨损后，转子下降，可能会碰触定子而损坏电动机，因此要及时检查电动机轴承的磨损程度。

更换轴承时，需要对轴承进行拆卸和安装。电动机轴承的拆装比较容易，但方法要得当，否则会损坏轴承。一般拆卸轴承可用下面两种方法：一种是利用拉盘拆卸，如图 6-17（a）所示，将拉盘的抓钩紧紧扣住轴承的内圈，切勿套在外圈上，然后旋动拉盘的丝杆，慢慢地把轴承卸下来；一种是利用敲打来拆卸轴承，如图 6-17（b）所示。用两块铁枕把转子轴夹在中间，在转子下方垫一块木板，防止转子落下时撞伤轴端，一个人用手扶住铁枕和转子，另一个人将轴承打下。

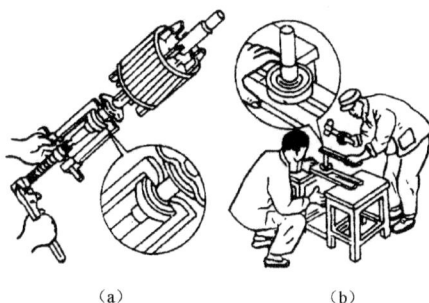

（a）　　　　　　　（b）

图 6-17　轴承的拆卸

当用上述方法拆卸不下来轴承时，可以用热膨胀的方法拆卸。将机械油加热到 100℃左右，然后将加热的油浇在轴承的内圈上。浇油前要将转轴用湿布包扎起来，尽量不使转轴受热，然后开始拆卸。

安装轴承时，先将轴承套入轴上，然后用一根内径略大于转轴的平口有色金属管顶住轴承的内圈，用锤子慢慢地打入。如果没有金属管，也可用有色金属棒顶在轴承内圈上，用锤子将轴承慢慢敲打进去。要特别注意使轴承受力均匀，不能偏敲一边，也不能用力过猛，要沿轴承四周多次敲打，逐渐把它装上去。

2．滑环和电刷的检查、维护

线绕式异步电动机的滑环和电刷应保持光滑清洁、配合紧密。定期维护要注意检查滑环表面，如发现有烧伤、擦伤痕迹和表面粗糙，要用细砂纸在转动的滑环上打磨，然后用帆布紧压在滑环表面揩拭干净。异步电动机的电刷一般是用螺栓固定在刷柄上，随着电刷的磨损，整个刷柄在弹簧作用下降落，使电刷紧密靠在滑环上。电刷磨损到一定程度应更换。新电刷应用细砂纸研磨，使电刷与滑环充分接触。

3．电动机的干燥

如果电动机绕组受潮，绝缘电阻降低，当绝缘电阻低于 0.5MΩ时就要进行干燥处理。通过干燥处理提高绕组的绝缘性能，保证电动机安全运行。

电动机干燥方法很多，常用的有：

（1）烘箱干燥法。烘箱多用耐火保温材料制成，内部设置发热元件，多采用电热丝。为了使热量传导均匀，电热丝外面用铁皮罩住，并与电热丝作好绝缘处理。通常将要干燥的电动机放置在铁皮之上。烘干过程中，随时用温度计监视烘箱的温度，不得超过其绝缘等级所规定的耐热温度。

（2）远红外线灯泡干燥法。如图 6-18 所示，将电动机放在一个铁箱里，铁箱内壁附衬石棉板，在铁箱对角上开两

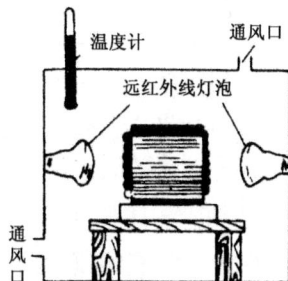

图 6-18　远红外线灯泡干燥法

个通风口，箱壁上装设远红外线灯泡，灯泡的位置应在定子的轴线上，离绕组不要太近。干燥时监视箱内温度，一般不得超过 90℃，如果温度太高，可停用一个灯泡，干燥时间约 12h。

（3）卤素管、石英管干燥法。近年来使用卤素管或石英管作为发热元件的比较多，所用的干燥容器与远红外线灯泡干燥法所用容器相同。干燥时按电动机的功率选择适当瓦数的卤素管或石英管，并将发热元件置于电动机定子的中央，使定子绕组受热均匀。需要注意的是，发热元件悬挂在定子中间，电源线与发热元件两端的引线接触要牢固，电源线不能触及烘箱的金属部分，通常电源线采用瓷套管绝缘。

（4）电流加热干燥法。这种方法是在定子绕组中通入 220V 单相交流电，通过改变可变电阻，使通过绕组的电流为电动机额定电流的一半而进行加热干燥。如图 6-19（a）所示为有六个接线端子的异步电动机烘干时的接线方法。它是将各相绕组串联起来，通过电流表、可变电阻和保险丝再和电源连接。若电动机只有三个接线端子，按照图 6-19（b）所示接线。但此时流过各绕组的电流不相等，为了克服加热不均匀，可在一定时间（约 1h）轮流将电源接线端换到不同的接线端子上，如"U_1"与"V_1"、"V_1"与"W_1"、"W_1"与"U_1"轮流相接。

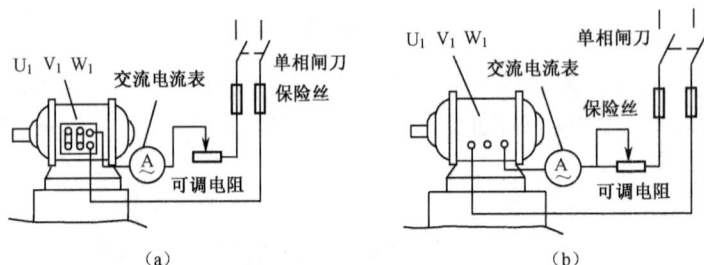

图 6-19　电流加热干燥法

用电流加热法干燥必须注意安全。在干燥过程中应经常注意监视电动机的温度，温度不得高于 70℃。

电动机在干燥前必须认真清扫，并用压缩空气吹掉灰尘。在干燥过程要有专门人员看管，监视温度，并测量绕组的绝缘电阻。电动机在干燥过程中绝缘电阻逐渐上升，并且上升速度越来越慢，最后稳定在某一数值上。绝缘电阻保持 2～3h 以上稳定不变时，干燥工作就可以结束。

6.5　直流电动机

6.5.1　直流电动机的用途

直流电动机是通以直流电而转动的电机，与三相异步电动机相比，具有以下显著优点：具有良好的启动性能，启动转矩较大；能在较宽的范围内进行平滑的无级调速；还适宜于频繁启动。因此，对启动性能和调速性能要求高的生产机械都采用直流电动机作电力拖动。轧钢机、起重机械、大型机床、电力牵引机车和电车都是以直流电动机作为动力。此外，小容量的直流电动机广泛应用于自动控制系统中。

直流电动机的缺点是结构工艺复杂、成本高、运行中电流换向器易出故障，维护检修不方便，并且需要直流电源。

6.5.2　直流电动机的分类

直流电动机按励磁方式可分为以下两类。

（1）它励式电动机：主磁极励磁绕组和电枢绕组分别由两个不同的直流电源供电。

（2）自励式电动机：主磁极励磁绕组和电枢绕组由同一直流电源供电。自励式电动机按励磁绕组与电枢绕组连接方式的不同分为并励、串励、复励三种。这里只以并励式电动机为例，介绍直流电动机的构造、工作原理。如图 6-20 所示的是并励式电动机的电路图，励磁绕组与电枢绕组相并联，共用同一直流电源。

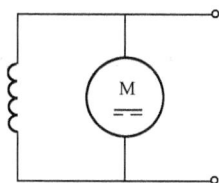

图 6-20　并励式电动机的电路图

6.5.3　直流电动机的铭牌

如图 6-21 所示的是一台直流电动机的铭牌，同三相异步电动机的铭牌一样，它说明了这台电动机的类型和各项额定数据。

直流电动机			
型号	2C—32	励磁	并励
功率	1.1kW	励磁电压	110 V
电压	110 V	励磁电流	0.895 A
电流	13.3 A	定额	连续
转速	1 000 r/min	温升	75℃
出厂号数		出厂日期	年　月
××××电机厂			

图 6-21　直流电动机的铭牌

（1）型号：直流电动机的型号采用大写汉语拼音字母和阿拉伯数字表示。Z2C-32 的含义如下：

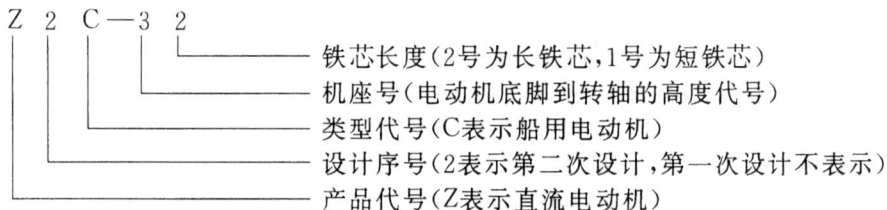

Z 2 C—3 2

铁芯长度（2号为长铁芯，1号为短铁芯）
机座号（电动机底脚到转轴的高度代号）
类型代号（C表示船用电动机）
设计序号（2表示第二次设计，第一次设计不表示）
产品代号（Z表示直流电动机）

（2）功率：电动机在额定条件下，长期运行所允许输出的机械功率。

（3）电压：在正常工作时，加在电动机上的额定电压。

（4）电流：电动机带动额定负载时的输入电流。

（5）转速：电动机在额定状态运行时的转速。

（6）励磁：电动机励磁方式。

（7）励磁电压：加在电动机励磁绕组两端的额定电压。

（8）励磁电流：电动机在额定状态时，通过励磁绕组的电流。

（9）定额：电动机在正常使用时的持续工作时间。一般分为连续、断续和短时三种。

（10）温升：在额定情况下，电动机允许的温升值。

6.5.4 直流电动机的构造

直流电动机也是由定子和转子两大部分组成。如图 6-22 所示的是直流电动机的外形和结构图。

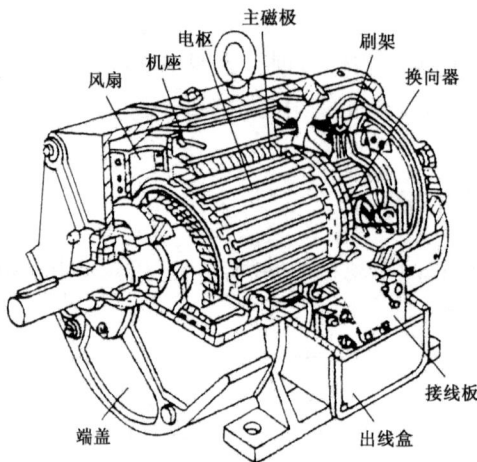

图 6-22 直流电动机

1. 定子

定子由主磁极、换向磁极、电刷和机座部分组成。

主磁极的作用是产生主磁场，它由主磁极铁芯和励磁绕组两部分组成。主磁极铁芯用薄钢片叠成。励磁绕组用铜线或铝线绕制在线架上，然后套在主磁极铁芯上。整个主磁极用螺钉固定在机座上，如图 6-23 所示。当励磁绕组中通入直流电流时，主磁极产生主磁场。直流电动机的主磁极可以有一对、两对或者更多。

换向磁极是比主磁极小的附加磁极，它也是由铁芯和套在铁芯上的绕组组成。换向磁极的铁芯大多用整块扁钢制成。换向磁极绕组用较粗导线绕制而成，同电枢绕组相串联。换向磁极一般装在主磁极之间的几何中性面上，作用是以换向磁极产生的磁场来抵消电枢产生的磁场，以保持主磁极中性面内的磁感应强度接近于零，从而改善电枢绕组电流的换向条件，减小电刷和换向器之间的火花。

电刷的作用是通过与旋转的换向器滑动接触，把外加直流电引进电枢绕组中变换为交流电。电刷装置包括电刷、刷握、刷杆和刷杆座等，如图 6-24 所示。电刷放在刷握上的刷握盒中，用弹簧压板把电刷压在换向器上。刷握用螺钉拧紧在刷杆上，通过铜线把电流从刷杆引到电刷。

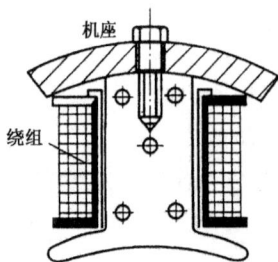

图 6-23 直流电动机的主磁极

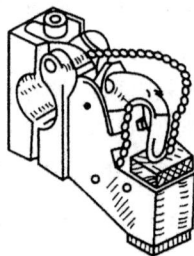

图 6-24 带电刷的刷握

直流电动机的机座除了具有保护与支持作用之外，还是电动机磁路的重要组成部分即磁轭部分。它用铸钢或钢板制成，具有良好的机械强度和导磁性能。

2. 转子

转子主要由电枢和换向器组成，它们一起装在电动机转轴上。

电枢由电枢铁芯和电枢绕组构成。电枢铁芯是用来放置电枢绕组的，并构成电动机磁路的一部分。为了减少磁滞与涡流损耗，电枢铁芯一般用相互绝缘的 0.5mm 厚的硅钢片冲片叠成。电枢绕组由许多完全相同的线圈组成，这些线圈叫做绕组元件。每个绕组元件的两端分别接在两个换向片上，通过换向片把这些独立的线圈互相连接在一起。电枢绕组的作用是在绕组中通入电流，使绕组在磁场中受到电磁力的作用而驱动电枢旋转，把电能转换为机械能。

转子上另一个主要部件是换向器，它的作用是和电刷一起把外加直流电变换为电枢绕组所需要的交流电，也就是说，它对通入绕组中的电流起着换向的作用。如图 6-25 所示是换向器的结构图，它是把许多带有燕尾形的换向片嵌入带有燕尾槽的金属套筒而制成的。换向片之间、换向片与金属套筒之间用云母片绝缘。

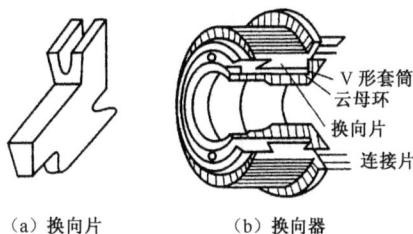

（a）换向片　　　（b）换向器

图 6-25　换向器的结构

6.5.5 直流电动机的工作原理

载流导体在磁场中受到磁场力的作用而运动，是直流电动机旋转的最根本道理。如图 6-26 所示为直流电动机的工作原理图。把电刷 A、B 接在电压为 U 的直流电源上，电刷 A 接直流电源的正极，电刷 B 接负极，故电流总是从电刷 A 流进，经线圈后从电刷 B 流出。在图 6-26（a）中，N 极范围内的导体 ab 中的电流从 a 流向 b，在 S 极范围内的导体 cd 中的电流从 c 流向 d。载流导体在磁场中受到电磁力的作用，根据磁场方向和导体中的电流方向，利用左手定则判断，导体 ab 和 cd 受力如图 6-26（a）所示。这样，线圈在电磁力作用下将按逆时针方向旋转。当线圈转到磁极的中性面上时，电磁转矩等于零。但是由于惯性，线圈继续转动。线圈转过半周之后，如图 6-26（b）所示，线圈 ab 与 cd 互换位置，ab 边转到 S 极范围内，cd 边转到 N 极范围内，由于换向片和电刷的作用，使得线圈 ab 和 cd 边中的电流方向同时改变。这样，就使线圈在电磁力作用力下仍然按逆时针方向转动。

从以上分析可以看到，当电枢导体从一个磁极范围转到另一个异性磁极范围，即导体经过中性面时，导体中的电流方向也要同时改变才能保证电枢继续朝同一方向旋转。使外电路的直流电流在电枢导体里变为交流电，是换向器和电刷完成的。

直流电动机的电枢绕组是由许多只线圈和相应数量的换向片组成的，从而使电动机得到平衡均匀的转矩，使电动机连续平衡地转动。

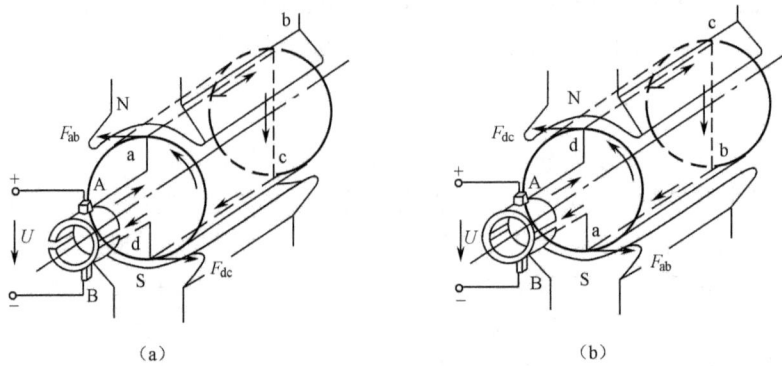

图 6-26　直流电动机的工作原理图

6.6　单相电动机

单相电动机采用单相电源供电，使用十分方便，普遍应用于日用电器、电动工具、医疗器械及自动控制系统中。这里主要介绍单相串励电动机和单相异步电动机。

6.6.1　单相串励电动机

单相串励电动机又称串激电动机，因为无论通以直流电还是交流电都能正常工作，所以又称之为交直两用电动机或通用电动机。

1. 单相串励电动机的结构

单相串励电动机主要由定子和转子两大部分组成，其结构与直流电动机相似，由轴承、换向器、弹簧、电刷、刷握、电框、电刷组件、定子铁芯、定子线圈等构成。

串励电动机的结构特点是电动机定子绕组和电枢绕组相串联，因而得名"串励"。定子绕组和电枢通过换向器和电刷完成电连接。

2. 单相串励电动机的工作原理

单相串励电动机电路如图 6-27 所示。励磁绕组和电枢绕组相串联，与电源相接。当供电方向如图 6-27（a）所示时，根据主磁通 Φ 的方向、电枢电流 I 的方向，利用左手定则判定，电枢将在电磁转矩的作用下，沿逆时针方向旋转。当供电方向改变时，如图 6-27（b）所示，因电源极性、励磁电流和电枢电流同时改变了方向，结果使电磁转矩的方向保持不变，电枢仍按逆时针方向旋转。当电动机由交流电源供电，主磁通和电枢电流随交流电周期性变化，电磁转矩方向不变，电动机仍按逆时针方向旋转，如图 6-27（c）所示。

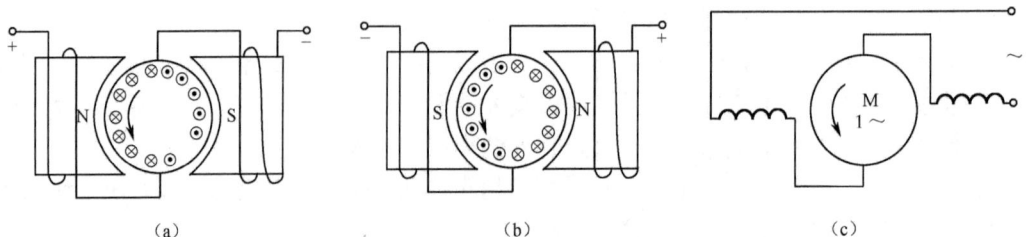

图 6-27　单相串励电动机电路

3．单相串励电动机的特点和应用

串励电动机的启动转矩和负载能力都较大，随着转矩的增加，转速下降较快，具有较软的机械特性。串励电动机这一特征特别适合某些电动工具的要求，目前生产的手电钻都普遍采用单相串励电动机。其优点是在钻小孔时，转矩小，但转速高；钻大孔时，转矩要求大，但转速可以变低。

串励电动机转速较高，其空载最高可达 20 000r/min，并且空载时转速上升快，负载时转速即下降，特别适合用于真空吸尘器，吸尘器电机普遍采用单相串励电动机。

串励电动机使用换向器和电刷，结构复杂，运行可靠性差，易发生故障。运行时有火花，对无线电通信有干扰。此外，串励电动机功率较小，一般在 1kW 以下。

6.6.2　单相异步电动机

单相异步电动机同功率相同的三相异步电动机相比，体积较大，运行性能较差。但单相异步电动机供电电源方便，被广泛应用于家用电器中。单相异步电动机的功率多在 1kW 以下，为小型或微型电动机。

1．单相异步电动机的结构和工作原理

单相异步电动机主要由定子和转子构成，如图 6-28 所示为其结构图。定子上一般有两套绕组，一套是主绕组，又称运行绕组；另一套是副绕组，又称启动绕组。主、副绕组在定子铁芯上相隔 90° 空间角度。转子绕组通常为鼠笼式。

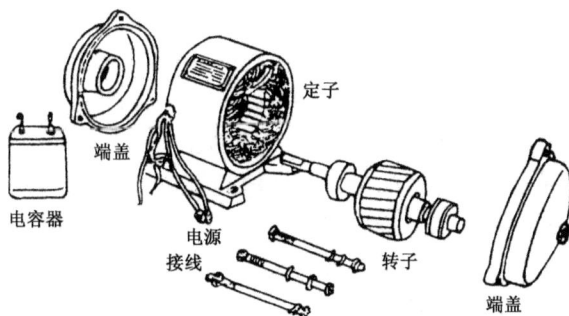

图 6-28　单相异步电动机的结构

电动机主绕组接通单相电源，就会产生磁场，但这个磁场与三相异步电动机的旋转磁场不同，它不旋转，而是分布位置不变，强弱随时间作周期性变化的脉动磁场。假设电动机只有主绕组，其转子处于静止状态，主绕组接通单相电源后，因无旋转磁场存在，转子导条不切割磁感线，转子不动，转速为零。可见，要想使电动机自行启动，必须有一个旋转磁场。解决的方法通常是在电动机定子上安放两套绕组——主绕组和副绕组，两者在空间相隔 90°，并且副绕组与电容器串联后，与主绕组并接至单相电源上。因为主绕组支路呈电感性，副绕组支路呈电容性，只要副绕组选配合适容量的电容器，则当单相交流电通过主、副绕组时，就能够使两绕组电流之间的相位差为 90°。具有 90° 相位差的两个电流，通入空间相隔 90° 的两个绕组，用分析三相旋转磁场的方法，同样可得到旋转磁场。在旋转磁场的作用下，电动机的转子将启动运行。

通常电动机启动后将副绕组支路切断，因此副绕组又称启动绕组，主绕组又称运行绕组。

说明

以上分析是在主、副绕组支路电流相位差为 90° 时产生旋转磁场，实际上两支路电流相位差在 30° 以上形成的旋转磁场，就能使电动机启动，但启动转矩较小。

当电动机运转起来后，转子产生感应电流，与定子磁场相作用，维持继续转动，这时旋转磁场是否存在都不会影响转子的转动状态。

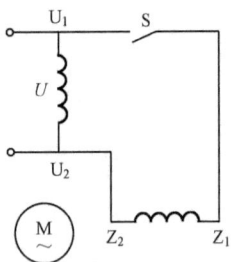

图 6-29　单相电阻启动异步电动机电路

2. 单相电阻启动异步电动机

单相电阻启动异步电动机利用电阻使启动绕组和运行绕组的电流产生相位差，使两个绕组的电流分相，实现单相异步电动机的启动。这种方法又称为电阻分相法。

如图 6-29 所示为单相电阻启动电路图。电动机运行绕组 U_1U_2 的感抗比电阻大得多，启动绕组 Z_1Z_2 导线较细，其电阻比感抗大得多，所以两绕组中的电流有相位差。由于两绕组电流相位差的存在，使定子绕组建立起旋转磁场，保证单相电阻启动电动机自行启动。

利用启动绕组电阻大、感抗小使 I_U 和 I_Z 产生的相位角较小，一般可达 30°，因而电阻启动电动机启动转矩小。单相电阻启动异步电动机为了获得较大的启动转矩，常常用增加启动绕组的电阻值方法来提高电阻与感抗的比值，具体做法是采用较细的导线或电阻率较大的导线来绕制启动绕组，启动绕组一部分线圈反绕，以增加电阻，减小感抗。

电路中启动开关的作用是电动机启动时启动开关合上，启动绕组接入电源，电动机启动运行。电动机启动绕组只允许在短时间工作，待电动机转速达到额定转速的 75% 时，启动开关离合，将启动绕组电源切断，由运行绕组单独工作。单相异步电动机的启动开关多采用离心开关。在转子静止不动时，离心开关的触点闭合；当转子运转时，由于离心力的作用对触点的压力减小，当转速为额定转速的 75% 时，离心开关的触点完全离合。

电动机需要改变转动方向，只需将启动绕组或运行绕组中任一绕组的两个接线端对调，就可以改变电动机的旋转方向。

单相电阻启动异步电动机的功率范围一般在 40～350W 之间，额定电压 220V；同步转速 1500 r/min、3000 r/min，常用于电冰箱、鼓风机、医疗器械设备上。

3. 单相电容启动异步电动机

单相电容启动异步电动机利用电容器使启动绕组和运行绕组产生相位差，实现单相异步电动机的启动。利用电容启动的方法又称为电容分相法。如图 6-30 所示为单相电容启动异步电动机电路。启动绕组与电容器和启动开关串联后与运行绕组并联，再与电源相接。在启动绕组中，容抗大于感

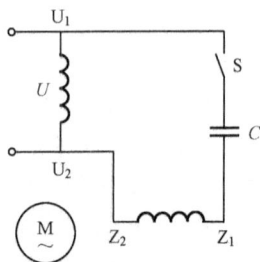

图 6-30　单相电容启动异步电动机电路

抗，选择适当容量的电容器，使启动时启动绕组的电流 I_Z 的相位正好超前运行绕组电流 I_U 90°，使定子产生旋转磁场，实现单相异步电动机启动。两相绕组的电流相位差可达 90°，所以单相电容启动异步电动机的启动转矩较大，可达额定转矩的两倍以上。

启动开关的作用与单相电阻启动异步电动机开关相同，单相电容启动电动机的启动绕组和电容器不允许长期工作，当电动机启动后，转速达额定转速的 75%，启动开关离合，启动绕组电源切断，电动机由运行绕组单独工作。

单相电容启动异步电动机的功率范围在 120～750W 之间，额定电压 220V，同步转速为 1500 r/min、3000 r/min；因启动转矩比电阻启动电动机大，常用于电冰箱、空调器、磨粉机等设备上。

4. 单相电容运行异步电动机

单相电容运行异步电动机也称为永久分相电动机，电路如图 6-31 所示。单相电容运行异步电动机的启动原理与单相电容启动异步电动机相同，其区别是在正常运行时，电容器和启动绕组仍与电源相连，电容器和启动绕组能够长时间工作。由于取消启动用的离心开关，与电阻启动、电容启动电动机相比，电容运行异步电动机的结构变得简单，成本下降，使用方便。电容运行异步电动机的启动转矩较小。

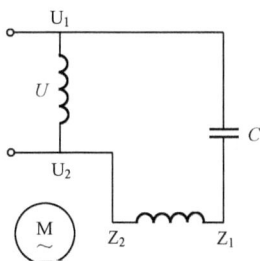

图 6-31　单相电容运行异步电动机电路

单相电容运行异步电动机的功率范围在 8～180W 之间，同步转速为 1500 r/min、3000r/min。尽管电容运行异步电动机启动转矩小，仅有额定转矩的 0.5 倍左右，但其结构简单、功率因数较高，被广泛应用于电风扇、排油烟机、洗衣机等家用电器上。

使用单相电容运行异步电动机应注意以下几点：

（1）电动机的转动方向与电动机的启动绕组、运行绕组接线有关，只要改变其中一个绕组的接头，便可以改变电动机的转动方向。

（2）当运行绕组、启动绕组无标记时，可用万用表测量两绕组的电阻，阻值较大的绕组为启动绕组。

（3）电路中的电容器称为移相电容器，移相电容器的容量一般在 1～10μF 之间。更换电容器时，应选用工作于交流电路的电容器，工作电压应在 400V 以上。

习题 6

1. 三相异步电动机主要由哪几部分构成?各起什么作用?

2．试述三相异步电动机的工作原理。

3．怎样改变三相异步电动机的转向？

4．一台三相四极异步电动机，所用的电源频率是 50Hz，试求旋转磁场的转速。如果转差率是 5%，求转子的转速。

5．某三相异步电动机铭牌标注：电压 380/220V，电流 6.1/10.5A，接法 Y/△，说明各项数据的含义。

6．电动机铭牌标注：电压 380/220V，接法 Y/△，现有的三相电源线电压为 220V，试问能否将电动机定子绕组接成 Y 形与电源相接？为什么？

7．电动机铭牌标注：功率 10kW，电压 380V，电流 20.2A，功率因数 0.8。试求该电动机的输入功率和效率。

8．观察拆卸开的三相电动机，加深对电动机结构的认识，并指出各部分的名称。

9．什么是三相电动机的启动电流？

10．三相电动机启动时有什么特点？

11．鼠笼式三相异步电动机有哪些启动方式？

12．为什么电动机应尽量采用直接启动？

13．画出电动机点动控制电路图，说明其工作过程。

14．画出电动机自锁控制电路图，说明其工作过程。

15．结合 Y/△降压启动，说明其工作原理。

16．简述三相电动机反转控制的工作原理。

17．试述双速异步电动机的变速原理。

18．电动机启动前应做哪些检查?启动时要注意哪些问题？

19．对运行中的三相异步电动机应监视哪些方面？

20．画出并励式直流电动机的电路图。

21．电动机为什么要进行干燥处理？常用的干燥方法有哪些？

22．简述并励式直流电动机的工作原理。

23．简述换向器和电刷在直流电动机的作用。

24．什么叫单相串励电动机？它有什么特点？主要应用在哪些设备上？

25．打开手电钻的外壳，仔细观察其内部结构，找出电枢、定子铁芯和线圈、换向器、电刷等。

26．移相电容器在单相电容运行异步电动机中起什么作用？更换移相电容器应注意什么问题？

27．画出单相电容运行异步电动机的电路，说明如何使电动机反转。

28．实际观察普通洗衣机或排油烟机所用单相电容运行异步电动机的接线，试用万用表找出运行绕组和启动绕组。

第7章 电气线路的安装与维修

电气线路的安装与维修涉及的范围广，包括的内容多。根据电气线路电压的高低，可分为高压电气线路和低压电气线路，低压电气线路又分为低压架空线路和室内电气线路。本章讲述的电气线路安装与维修是指室内电气线路安装与维修，主要内容有电线电缆的选择、低压配电箱、照明电路图、照明电路的安装与维修、接地装置的安装与维修。

7.1 电线电缆的选择

电线电缆是电气线路安装与维修必不可少的电工器材，应合理地选择电线电缆以保证电气线路正常运行。

7.1.1 电线电缆种类的选择

有关电线电缆的品种、规格和用途，请见第1章的内容，这里仅将室内电气线路常用的电线电缆进行简单的归纳，为安装和维修电气线路选择电线电缆的品种提供参考。

1．室内配线常用电线品种

（1）BV（BLV）聚氯乙烯绝缘电线：又称塑料绝缘电线，固定敷设于室内，适用于明敷、暗敷或穿管配线，其耐湿性、耐气候性较好。聚氯乙烯绝缘电线在室内配线中被广泛应用。

（2）BX（BLX）橡皮绝缘电线：这是另一类大量用于室内配线的绝缘电线，同样适用于室内明敷、暗敷或穿管配线。

（3）BVVB（BLVVB）聚氯乙烯绝缘聚氯乙烯护套平型电线：这是家庭照明或家用电器常用的室内配线，俗称塑料护套线。其特点是适用于固定敷设，配线安装方便。

（4）BVV铜芯聚氯乙烯绝缘聚氯乙烯护套圆形电缆：这是一种适合较大载流量在室内固定敷设的电缆，通常芯线数为4根。

2．室内日用电器、照明用电源线品种

（1）RXS棉纱纺织橡皮绝缘双绞软线：适用于小功率日用电器的电源线及照明灯具的电源线，是平时所说的花线。

（2）RVB铜芯聚氯乙烯绝缘平型连接用软电线：适用于300V以下家用电器、小型电动工具及照明用电线。

3．室内移动电器仪表、电信设备用电源线品种

室内移动电器及电信设备的电源线通常选用RVV铜芯聚氯乙烯绝缘聚氯乙烯护套软线，其质地柔软，并有护套保护，具有一定抗机械损伤的能力。

4．仪器设备、电气控制设备安装线品种

（1）RV 聚氯乙烯绝缘软线。
（2）RVB 聚氯乙烯两芯平型绝缘软线。
（3）RVS 聚氯乙烯两芯绞型绝缘软线。
（4）AV 铜芯聚氯乙烯绝缘安装电线。
（5）AVR 铜芯聚氯乙烯绝缘安装软电线。

5．移动大功率电器设备用电源线品种

大功率移动电器设备的电源线多采用 Y 系列移动式通用橡套软电缆，有的设备采用专用电缆，如电焊机用电缆、电梯用电缆、潜水泵用电缆、电动机用电缆。

7.1.2 电线电缆截面的选择

1．安全载流量

电线电缆的安全载流量又称允许载流量，是指导线连续运行所允许通过的电流。导线具有电阻，在通过持续负荷电流时因热效应使导线发热，温度升高。一般的电线电缆的最高允许工作温度为+65℃，若超过这个温度，导线的绝缘层将加速老化，甚至变质损坏，严重的会引起火灾。电线电缆通过的电流在安全载流量之内，就可避免导线在连续工作时出现温度超过最高允许值的情况，保证电线电缆的安全运行。

需要说明的是，导线的安全载流量不是一个固定的值，影响它的因素主要有：
（1）敷设方式。导线的敷设方式不同，其散热条件也不同，因此同样的导线，明敷和暗敷时其安全载流量不相同，明敷时的安全载流量大于暗敷时的安全载流量。
（2）导线数量。同样的敷设方式，因导线数量不同，其安全载流量也不相同。导线数量越多，安全载流量取值越小。
（3）环境温度。导线的环境温度越高，其安全载流量取值越小。
因此要准确地确定导线的安全载流量，就要综合考虑以上各种因素的影响。

2．电线电缆截面选择原则

电气线路工程电线电缆截面的选择，要遵循下面 3 项原则：
（1）按最小机械强度的要求选择导线的截面。
（2）按电压损失的条件选择导线的截面。
（3）按导线的安全载流量选择导线的截面。

3．室内电气线路导线截面的选择

与输配电线路相比，室内电气线路的总长度较短，配线的支撑点之间的跨度也较小，因而在选择导线截面时一般可以不考虑电压损失和机械强度的影响，通常只按导线的安全载流量来选择导线的截面。

如表 7-1 所示的是橡皮和塑料绝缘线明敷时的载流量。

表 7-1　常用橡皮和塑料绝缘线明敷时的载流量

导线截面 (mm²)	BLX、BLXF、铝芯橡皮绝缘线（A）				BX 铜芯橡皮线（A）				BLV、铝芯塑料电线（A）				BV 铜芯塑料电线（A）			
	25℃	30℃	35℃	40℃	25℃	30℃	35℃	40℃	25℃	30℃	35℃	40℃	25℃	30℃	35℃	40℃
0.75	—	—	—	—	18	17	16	14	—	—	—	—	16	15	14	13
1.0	—	—	—	—	21	20	18	17	—	—	—	—	19	18	16	15
1.5	—	—	—	—	27	25	22	21	—	—	—	—	24	22	21	19
2.5	27	25	23	21	35	33	30	28	25	33	22	20	32	30	28	25
4	35	33	30	28	45	42	39	36	32	30	28	25	42	39	36	33
6	45	42	39	36	58	54	50	46	42	39	36	33	55	51	48	44
10	65	61	56	51	85	79	74	67	59	55	51	47	75	70	65	59
16	85	79	74	67	110	103	95	87	80	75	69	63	105	98	91	83
25	110	103	95	87	145	136	125	115	105	98	91	83	138	129	119	109
35	138	129	119	109	180	168	156	142	130	122	112	103	170	159	147	134
50	175	164	151	138	230	215	199	182	165	154	143	131	215	201	186	170
70	220	206	192	174	285	266	247	225	205	192	177	162	265	248	229	210
90	265	248	229	210	345	323	298	273	250	234	216	198	325	304	281	257
120	310	290	268	245	400	370	345	316	—	—	—	—	—	—	—	—
150	360	337	311	206	470	439	470	347	—	—	—	—	—	—	—	—
185	420	393	363	332	540	505	567	399	—	—	—	—	—	—	—	—

7.2　低压配电箱

连接外电源与用电设备的中间装置称为配电装置，除了分配电能外，还具有对用电设备进行控制、测量、指示及保护等功能。大容量的配电装置通常将电气控制器件、测量仪表及保护电器等按一定规律安装在专用柜内或屏上，称为配电柜、配电屏或配电盘；低压小容量配电装置的电器元件和测量仪表较少，通常安装在专用箱内或板上，称为配电箱、配电板或配电盘。

7.2.1　配电箱的种类和分类

由用户变电所低压配电盘输出的低压供电线路，进户后接入用户配电柜，用户配电柜为大容量的接电装置，对电能实施再分配。一般配电柜输出多路供电线路至各用电部门。各用电部门设置接电配电箱，为用电设备提供电源。配电箱为小容量的接电装置，是用电设备的直接供电电源。通常用户配电柜又称总配电箱，各部门的配电箱又称分配电箱。

低压配电箱简称配电箱，是用来配电和控制监视动力、照明电路及设备的装置，是配电系统中最低一级的电器控制设备，分布在各种用电场所，是保障电力系统安全正常运行的最基础环节。配电箱内一般配置测量仪表、控制开关、保护装置、交流接触器等电气元件。

配电箱内的线路分一次线和二次线，供电线路称一次线，又称主线路或主干线；箱内的控制线路称二次线，又称输出线或出线。

低压配电箱有标准配电箱和非标准配电箱两类。标准配电箱是国家统一设计定型的产品，往往只绘出电气系统图；非标准配电箱又称现制配电箱，是根据电气线路安装现场制作的配电箱，其内部设置和出线的回数与标准配电箱有所不同，但配电箱外形尺寸基本不变。非标准配电箱除了电气系统图以外，还应绘出设备布置及接线图。按配电用途的不同，配电箱又分为照明配电箱和动力配电箱两类，近年来又出现了动力及照明配电在一起控制的动力照明综合式配电箱。按配电箱的安装方式又分为嵌入式配电箱和悬挂式配电箱两种。

7.2.2　常用配电箱

配电箱的种类繁多，即使是同一种型号的，又有多种规格的产品。下面介绍几种常用的配电箱。

1．XM系列照明配电箱

XM系列照明配电箱主要用于交流500V以下的三相四线制照明系统中作非频繁操作控制照明线路用，它对所控制的线路能分别起到过载与短路保护的作用。

照明配电箱型号的含义为：

例如，XM（R）—7—3/1型配电箱为嵌入式配电箱，第七设计序列，共有3路输出线，线路方案为1。查阅有关手册资料可得其电气系统图，所用电器元件为：一次线采用25A的三相组合开关，型号是HZ1—25/3；二次线用熔断器控制，型号是RL1—15/15。

2．XL系列动力配电箱

XL系列动力配电箱主要用于工矿企业交流500V以下的三相四线制动力配电用。配电箱中一般安装刀开关、空气开关、熔断器、交流接触器、热继电器等，对所控制的线路与设备有过载、短路、失压等保护作用。

3．X（R）J系列照明配电箱

X（R）J或X（X）J系列照明配电箱又称照明计测箱，适用于民用住宅等建筑，用以计测50Hz、单相三线或二线220V照明线路的有功电能，内部装有电度表、断路器、漏电保护器、熔断器等电器元件，对照明线路具有过载及短路保护作用。

4．PZ-30型配电箱

PZ-30型配电箱是目前较为流行的动力照明综合式配电箱，它的最大特点是采用了C45、NC100系列的小型断路器，配电箱的体积仅为老型号配电箱的几分之一到几十分之一。C45系列的小型断路器可以自由组合，能够满足对出线回路数目的各种要求。

7.2.3　自制配电箱

根据动力和照明配电的需要，配电箱也可以自制，这样的配电箱是非标准配电箱。自制配电箱通常容量比较小，常常不做箱体，只做背面留有一定空间的面板，称为配电板或配电盘。配电板的制作步骤如下：

1. 配电板电路图

在制作配电板之前，根据实际需要设计配电板电路图。比较简单的配电板画出电气系统图即可，比较复杂的配电板应画出电气安装图，标注所用电器元件及导线的规格型号。电路图是制作配电板的依据。

如图 7-1 所示的是家用配电板和电路图。家用配电板由单相电度表、带熔丝的二极闸刀开关组成。

如图 7-2 所示的是 6 支路配电板和电路图。配电板由三极闸刀开关、瓷插熔断器和零线端子板组成，有 6 路出线回路，提供 6 组单相 220V 电源。

用端子板作配电板的接零线，称零线端子板。零线由电源线引至端子板的上端，由端子板的下端送至各支路。零线端子板端子的数目由出线回路的多少决定，如图 7-3 所示的是 JX2—25 端子板。

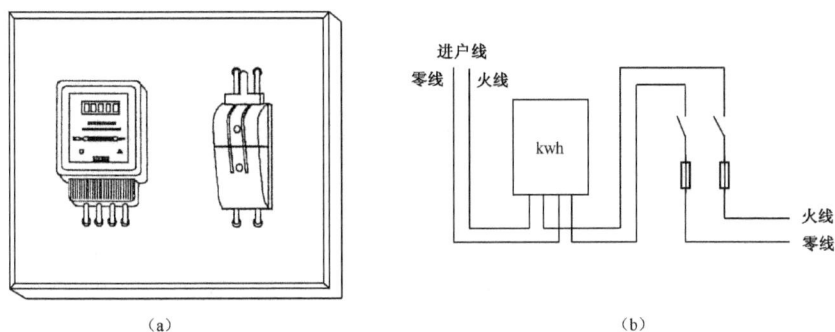

（a）　　　　　　　　　　　　　　　　　（b）

图 7-1　家用配电板和电路图

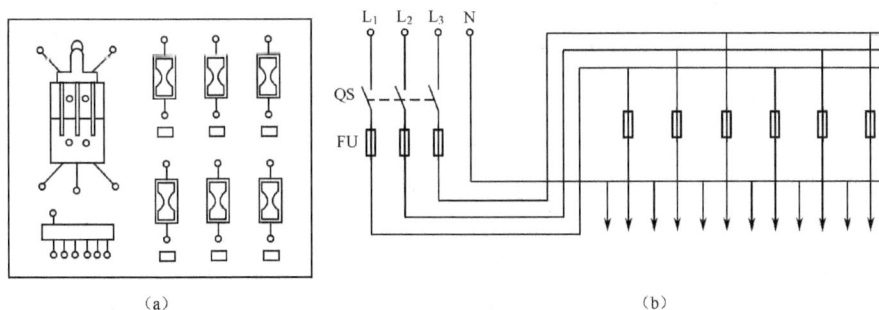

（a）　　　　　　　　　　　　　　　　　（b）

图 7-2　6 支路配电板和电路图

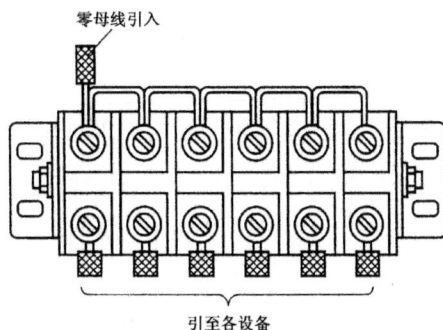

图 7-3　JX2—25 零线端子板

2．面板的制作

（1）面板材料的选择。面板材料主要有铁板、木板和塑料板三种。铁板厚度应在 1mm 以上，木板厚度在 15mm 以上；塑料板按其结构来选择，带加强筋的塑料板厚度在 5mm 以上，普通板在 8mm 以上。

面板的大小根据其上电器元件的多少来确定，面板四周应留有适当空余，以便在配电箱内安装固定。不制配电箱箱体的，应在面板四周制作围框，以便配线。

（2）电器元件的定位。根据设计电路图备齐所需的电器元件。将面板放平，把电器元件实物全部置于面板上，进行电器元件的排列和定位。放置的一般原则如下：

① 电度表放置在面板的上方，横向安装的配电板电度表放置左侧。

② 各回路的开关及熔断器要相互对应，放置的位置要便于操作和维护。

③ 垂直装设的开关、熔断器和其他电器上端接电源，下端接负载，横装电器左侧接电源，右侧接负载。

④ 面板上电器元件的分布应均匀、整齐、美观。

⑤ 对于各电器元件排列的间距，电度表之间的间距不应小于 60mm，开关、熔断器等之间的间距不应小于 30mm，各电器元件跟面板四周边缘的距离不应小于 50mm，电器元件的出口线之间的距离、与面板四周边缘的距离不应小于 30mm。

各电器元件的位置确定后，标出电器元件安装孔和出线孔的定位标志。

（3）面板的加工。首先按安装孔和出线孔的定位标志进行钻孔。安装孔直径根据安装螺钉的直径来确定，出线孔根据瓷管头的外径来确定。钻孔后木制面板要刷漆，铁制面板先除锈再刷防锈漆，作防腐处理。

（4）电器元件的固定。将电器元件全部放在加工后的面板上，摆正定位，检查安装孔和出线孔的位置、大小无误后，逐一用螺钉或木螺丝安装固定各电器元件。安装后再微动调整各电器元件，使之排列整齐，最后固定牢靠。

3．配电板的配线

（1）导线的选择。按设计电路图要求选取导线截面，最小铜芯绝缘导线应大于或等于 1.5mm^2，按电度表和电器元件规格及位置决定导线长度。

（2）导线的敷设。配线之前，在木质或塑料配电板的出线孔套上瓷管头或塑料管头；在铁制配电板的出线孔套上橡皮护套，以保护导线不受损伤。面板明敷布线时，导线须列整齐，绑扎成束，一般用卡钉、铝线卡、铁卡等固定，不能使导线摇动。配电板的引入线和引出线应留出适当的余量，以方便检修。面板暗敷布线也应排列整齐，尽量沿面板配线，使导线固定不动。

（3）导线的连接。导线敷设好后，按要求依次正确地与电器元件连接，其方式多为导线与接线螺钉的连接。

配电板完成以后，可进行安装。没有箱体的配电板可直接固定在墙体、梁、柱上，然后连接电源线和负载线。

7.3　照明供电

照明供电线路是低压供电线路的重要组成部分，本节首先介绍常用的照明平面图，然后简要介绍照明供电的电源和照明线路的结构。

7.3.1　照明平面图

照明设备和线路的电气平面图称电气照明平面图或照明平面图。照明平面图与照明电原理图相比，具有画法简单明了、内容反映直观形象的特点，因此在照明电路工程实践中应用广泛。

照明平面图主要表示照明线路的敷设位置、敷设方式、导线穿线管种类、线管管径、导线截面及导线根数，同时还标出各种用电设备，如照明灯、电风扇、插座等，以及各种配电箱、控制开关等的安装数量、型号及相对位置。

1．照明平面图的常用图形符号

照明平面图的常用图形符号如图 7-4 所示。

图 7-4（a）所示为导线、电缆、传输线路的一般符号。

图 7-4（b）所示为穿管线路。

图 7-4（c）所示为架空线路。

图 7-4（d）所示为配电屏、配电箱、开关柜等配电设备的一般符号。

图 7-4（e）所示为动力配电箱、动力——照明配电箱。

图 7-4（f）所示为信号板、信号屏的图形符号。

图 7-4（g）所示为开关的一般符号。

图 7-4（h）所示为明装单极开关。

图 7-4（i）所示为暗装单极开关。

图 7-4（j）所示为明装双极开关。

图 7-4（k）所示为暗装双极开关。

图 7-4（l）所示为明装单极拉线开关。

图 7-4（m）所示为双控拉线开关。

图 7-4（n）所示为双控开关。

图 7-4（o）所示为荧光灯的一般符号。

图 7-4（p）所示为双管荧光灯。

图 7-4（q）所示为风扇的一般符号，方框可省略不用。

图 7-4（r）所示为单相插座。

图 7-4（s）所示为单相暗装插座。

图 7-4（t）所示为密闭防水插座。

图 7-4（u）所示为带接地插孔的暗装插座。

图 7-4（v）所示为带接地插孔的插座。

图 7-4（w）所示为带接地插孔的防水插座。

图 7-4（x）所示为带接地插孔的三相插座。

图 7-4（y）所示为带接地插孔的三相暗装插座。

图 7-4（z）所示为带接地插孔的三相防水插座。

图 7-4（aa）所示为球形灯的图形符号。

图 7-4（bb）所示为电灯、信号灯的图形符号。

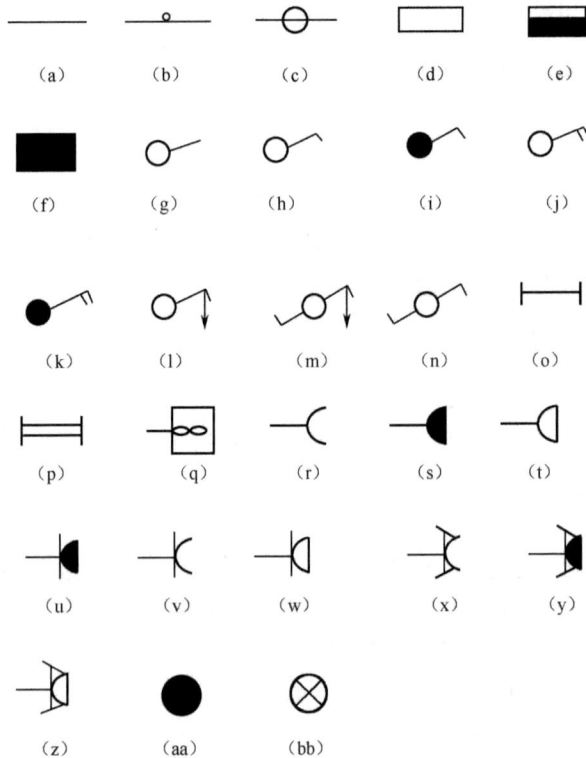

图 7-4　照明平面图常用图形符号

2. 照明平面图的常用文字符号

在照明平面图中，常在照明电器、电线、管路旁标注一些文字符号，表示线路所用电工器材的规格、容量及数量等。如表 7-2 所示的是配线方式常用的文字符号，如表 7-3 所示的是配线部位常用的文字符号。

表 7-2　配线方式文字符号的含义

文 字 符 号	含 　义	文 字 符 号	含 　义
CP	瓷瓶配线	DG	电线管配线（薄壁）
CJ	瓷夹配线	VG	硬塑料管配线
VJ	塑料线夹配线	RVG	软塑料管配线
CB	槽板配线	PVC	PVC 塑料管配线
XC	塑料模板配线	SPG	蛇铁皮管配线
G	普通钢管配线（厚壁）	QD	卡钉配线

标注举例：

$$BVR（2×2.5）PVC16－QA$$

这表示线路所用的是聚氯乙烯绝缘软电线（BVR）。导线两根，每根截面为 $2.5mm^2$；配线方式采用 $\phi16mm$PVC 塑料管配线；在墙体内暗敷配线（QA）。

$$BLX－500，3×2.5－DG15－DA$$

这表示线路所用导线是铝芯橡皮绝缘电线，耐压 500V；共有 3 根导线，截面均为 $2.5mm^2$；

采用直径为 15mm 的薄壁钢管穿管配线；在地面下暗敷配线（DA）。

表 7-3　配线部位文字符号的含义

文 字 符 号	含 义	文 字 符 号	含 义
M	明配线	DM	沿地板或地面明配
A	暗配线	LA	在梁内暗配或沿梁暗配
LM	沿梁或屋架下弦明配	ZA	在柱内暗配或沿柱暗配
ZM	沿柱明配	QA	在墙体内暗配
QM	沿墙明配	PA	在顶棚内暗配
PM	沿天棚明配	DA	在地下或地板下暗配

3．照明灯具的标注

照明灯具在照明电路图中一般按下式标注：

$$a - b\frac{c \times d}{e}f$$

式中　a——灯数，单位是盏；

　　　b——型号或代号，一般用拼音字母代表灯具的种类，常用灯具的代号如表 7-4 所示；

　　　c——每盏照明灯的灯泡数；

　　　d——灯泡的功率，单位是 W；

　　　e——照明灯具底部至地面或楼面的安装高度，单位是 m；

　　　f——安装方式的代号，代号的含义如表 7-5 所示。

标注举例：

$$4 - G\frac{1 \times 150}{3.5}G$$

这表示 4 盏隔爆灯，每盏灯中装有 1 只 150W 的白炽灯，采用管吊式安装，吊装高度为 3.5m。

$$2 - Y\frac{3 \times 40}{2.5}L$$

这表示 2 组荧光灯，每组由 3 根 40W 的荧光灯组成，采用链吊式安装，吊装高度为 2.5m。

表 7-4　常用灯具代号的含义

文 字 符 号	含 义	文 字 符 号	含 义
P	普通吊灯	T	投光灯
B	壁灯	Y	荧光灯灯具
H	花灯	G	隔爆灯
D	吸顶灯	J	水晶低罩灯
Z	柱灯	F	防水防尘灯
L	卤钨探照灯	S	搪瓷伞罩灯

表 7-5　灯具安装方式代号的含义

文 字 符 号	含 义	文 字 符 号	含 义
X	线吊式	T	台上安装式
L	链吊式	R	嵌入式
G	管吊式	DR	吸顶嵌入式
B	壁装式	BR	墙壁嵌入式
D	吸顶式	J	支架安装式
W	弯式	Z	柱上安装式

4．电原理图与照明平面图的转换

电原理图将电路中的电源、各电路元件以及它们之间的相互关系，通过电路图来表述，而照明平面图将电原理图加以简化，来描述电气设备线路在建筑物上的组成、位置、布线等特征。如图 7-5 所示的是几种基本照明控制电路图在照明平面图中的表示方法。

如图 7-5（a）所示的是一只开关控制一盏灯的原理图和平面图。需要说明的是，原理图中没有表示是明装开关，还是暗装开关；是壁灯，还是花灯，重点是反映电路控制原理。平面图明确表示为一只拉线开关控制一盏普通的白炽灯。电气平面图标示必须专一，如果用图形符号表达不清楚，要在图形符号旁或在施工说明中把灯具和开关的型号、规格列出来，以便采购和安装。平面图比原理图更侧重于施工安装操作。

图 7-5（b）所示为一只暗装开关控制一只球形灯。

图 7-5（c）所示为一只明装开关控制一个吊扇。

图 7-5（d）所示为一只暗装开关控制一只单管荧光灯。

图 7-5（e）所示为用两只双联开关在两处控制一盏灯。在原理图所示状态下，灯不亮，这时无论扳动开关 S_1 还是扳动开关 S_2，即将 S_1 扳向"1"或将 S_2 扳向"2"，都可将灯点亮。同样道理，也可在两处分别控制，将灯熄灭。通常采用两只双联开关，在楼上、楼下同时控制楼梯上的灯，走廊的两端同时控制走廊中间的灯。双联开关又称双控开关。

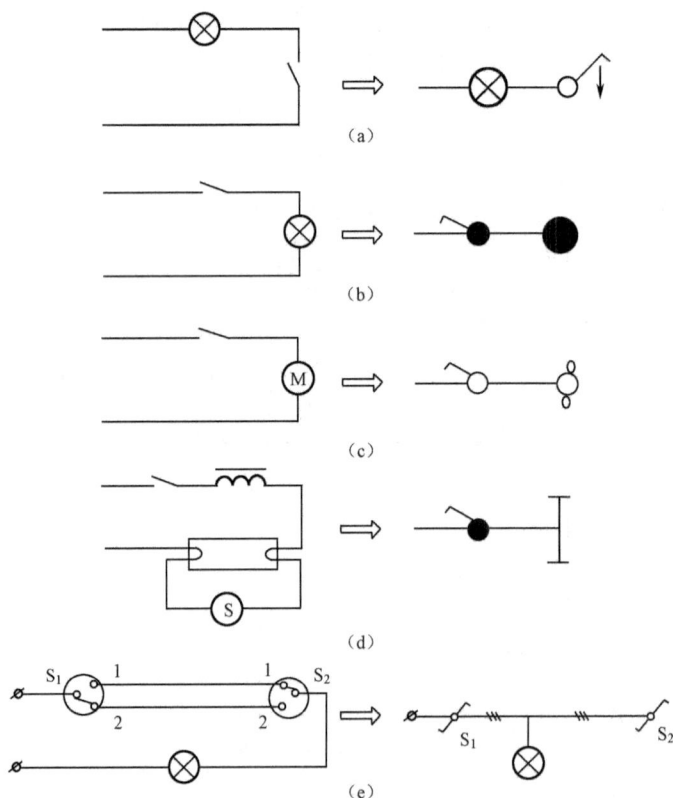

图 7-5　照明控制电路与平面图的转换

7.3.2 照明供电线路

照明线路由用户变电所输出，经架空线路或采用电缆埋地敷设引入总配电箱，总配电箱、分配电箱、干线和支线构成照明供电线路，如图 7-6 所示。

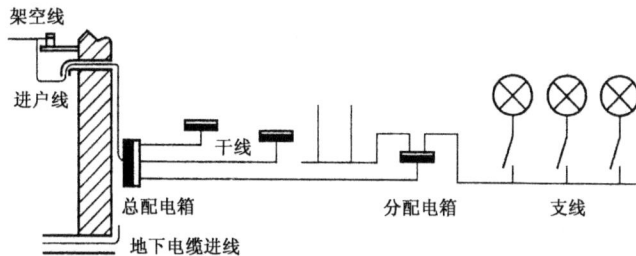

图 7-6　照明供电线路图

1．照明线路的供电电源

通常，在某一区域或某一建筑物内以该处的总配电箱作为照明线路的供电电源，而以分配电箱作为照明支路的供电电源。对供电电源的要求主要有以下几方面。

（1）电源电压。照明线路的供电采用 380/220V 三相四线制交流电源，照明支路通常采用 220V 单相两线制供电。

（2）电压偏移。照明电器的端电压允许电压偏移值，上偏移值不超过额定电压的 5%，下偏移值不应低于额定电压的 10%。我国家用照明额定电压为 220V，则供电电压范围应在 231～198V 之间。

（3）配电箱的位置。照明配电箱的设置位置应尽量靠近供电负荷中心，以满足照明支线供电距离的要求，通常单相支线供电距离不超过 30m。

2．照明干线的供电方式

照明线路从总配电箱到分配电箱的干线有放射式、树干式和混合式三种供电方式，如图 7-7 所示。

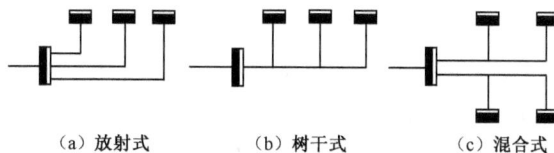

（a）放射式　　　　（b）树干式　　　　（c）混合式

图 7-7　照明干线的供电方式

（1）放射式。各分配电箱分别由各条干线供电。当某一分配电箱发生故障时，保护开关将其电源切断，不影响其他分配电箱的正常工作。放射式供电方式的电源工作可靠性较好，但材料消耗较大。

（2）树干式。各分配电箱的电源由一条公用干线供电，当某分配电箱发生故障时，影响到其他分配电箱的正常工作。所以树干式供电方式可靠性较差，但节省材料。

（3）混合式。吸取了放射式和树干式供电方式的优点，既兼顾材料消耗的经济性，又保证电源具有一定的可靠性。

3．照明供电线路

如图 7-8 所示为常见照明供电线路。图 7-8（a）为车间一般照明供电线路。图 7-8（b）为多层住宅的照明供电线路。由进户线将电源引至多层住宅的总配电箱，由干线引至每一单元的分配电箱，再由分配电箱分几路支线引至各用户的配电板上。由配电板引入各家的是单相 220V 二线制电源，并且是同相供电。各个房间厅室的照明灯具通常固定由配电板上某一支路供电，可移动的灯具和其他家用电器由电源插座供电。

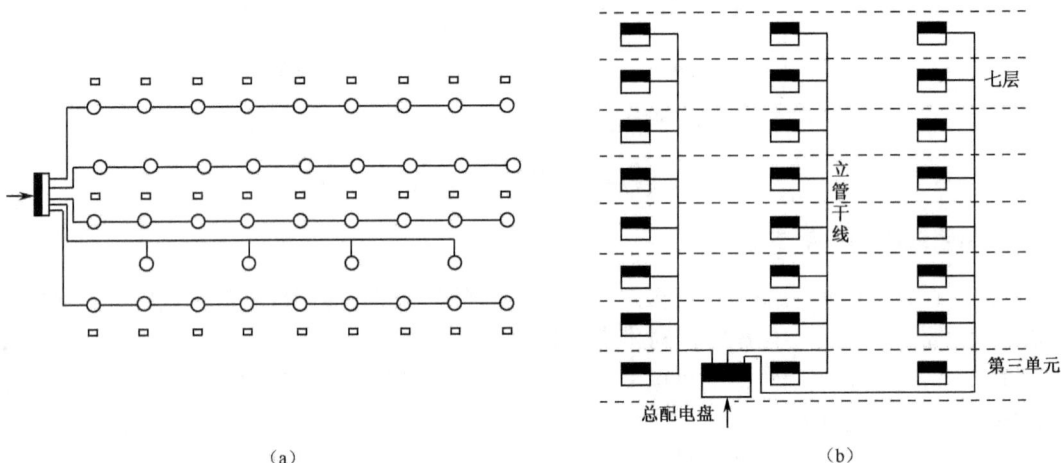

（a）   （b）

图 7-8　常见照明电路

7.4　照明线路的安装与维修

7.4.1　照明线路安装的一般步骤

1．电气施工的一般程序

电气施工程序大致可分为以下四个阶段：

（1）准备阶段。

① 技术准备：熟悉与电气施工有关的各种图纸，如施工图、施工说明、电气平面图、配电系统图、电气原理图和安装接线图等。

② 组织准备：根据电气安装项目配备施工人员。

③ 供应准备：根据设计或工程预算提供的材料清单进行备料，准备施工设备和机具等。

④ 施工场地准备等。

（2）施工阶段。

① 预埋操作：管线的预埋、固定支撑件的预埋等，通常需与土建施工交叉配合进行。

② 电气线路的敷设：依据设计图纸的要求，按照电气设备的安装方法和电气线路的敷设方法进行安装操作，包括定位画线、配件加工及安装、管线的敷设、电器安装、导线的连接等。

（3）收尾调试阶段。

① 线路的检查和调试：布线是否正确的检查，线路、开关、用电设备相互连接的检查，

线路绝缘的检查等和保护整定的调试。

② 施工资料的整理和竣工图的绘制。

③ 安装工程质量的评定。

④ 通电试验和竣工报告。

（4）竣工验收阶段。工程项目全部完成后，由建设单位、设计单位、施工单位和工程质量监督部门共同进行竣工验收，办理交工验收证书，交付使用。

2．室内照明配线的一般步骤

（1）熟悉电气施工图，做好预留、预埋工作，主要是确定电源引入的预留、预埋位置；引入配电箱的路径；垂直引上、引下及水平穿梁、柱、墙位置等。

（2）按图纸要求确定照明灯具、插座、开关、配电箱及电气设备的准确位置，并沿建筑物确定布线的路径。

（3）将布线路径所需的支撑点打好眼孔，将预埋件埋齐。

（4）装设绝缘支承物、线夹或线管及配电箱等。

（5）敷设导线。

（6）连接导线。

（7）将导线出线端按要求与电气设备和照明电器相连接。

（8）检验室内配线是否符合图纸设计和安装工艺的要求。

（9）测试线路的绝缘性能，对线路作通电检查。检查合格后可会同使用单位或用户进行验收。

目前，电气照明线路的安装多采用暗敷设配线，与土建施工配合进行，基本上是由内线电工来操作。维修电工了解照明线路安装的步骤和操作方法，便于对电气线路设备进行维护、维修和改造。

7.4.2　白炽灯的安装

常用照明电光源主要有热辐射电光源和气体放电光源两类。白炽灯是目前使用最广泛的热辐射电光源。

1．白炽灯

白炽灯也称钨丝灯泡，其结构如图 7-9（a）所示，主要由灯丝、玻璃外壳和灯头三部分组成。灯丝一般由钨丝制成，当电流通过钨丝将灯丝加热到白炽状态而发光。玻璃外壳内或抽成真空或充入惰性气体。通常 40W 以下的白炽灯泡抽成真空，40W 以上充入氩气或氮气，其目的是减缓钨丝的蒸发，提高灯泡的发光效率，延长使用寿命。灯头用来与电路相接，引入电能。灯头的形式有插口和螺口两种，使用时与相应的插口或螺口灯座相配接，其中螺口灯头应用较多。

白炽灯的优点是结构简单、安装方便、价格低廉，但其发光效率较低，寿命也不太长，约 1000h。

普通照明白炽灯的技术数据如表 7-6 所示。

表 7-6 普通照明白炽灯的技术数据

白炽灯型号	电压（V）	功率（W）	光通量（lm）
PZ220—10		10	65
PZ220—15		15	110
PZ220—25		25	220
PZ220—40		40	350
PZ220—60		60	630
PZ220—75	220	75	850
PZ220—100		100	1250
PZ220—150		150	2090
PZ220—200		200	2920
PZ220—300		300	4610
PZ220—500		500	8300
PZ220—1000		1000	18 600
JZ6—10	6	10	115
JZ6—20		20	240
JZ12—10		10	91
JZ12—15		15	170
JZ12—20		20	200
JZ12—25		25	300
JZ12—0	12	30	350
JZ12—40		40	500
JZ12—60		60	850
JZ12—100		100	1600
JZ36—15		15	135
JZ36—25		25	200
JZ36—40	36	40	460
JZ36—60		60	800
JZ36—100		100	1550

2．白炽灯照明电路

如图 7-9（b）所示为白炽灯照明电路图，白炽灯不用附件，接入电源就可以发光，所以由白炽灯构成的照明电路简单。

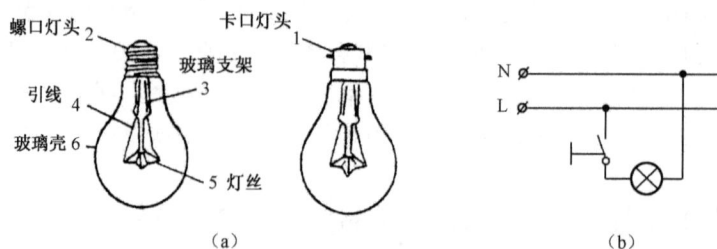

图 7-9 白炽灯及照明电路图

白炽灯是通过灯座接入线路的，灯座又称灯头，其种类很多，应根据所用白炽灯和使用的场所选择相应的灯座。常用灯座的规格和用途如表 7-7 所示。

表 7-7　常用灯座的规格和用途

名　称	种　类	规　格	外　形	外形尺寸（mm）	备　注
普通插口灯座	胶木	250V，4A，C22		$\phi34\times48$	一般使用
	铜质	50V，1A，C15		$\phi25\times40$	
平装式插口灯座	胶木	250V，4A，C22		$\phi57\times41$	装在天花板上、墙壁上
	铜质	50V，1A，C15		$\phi40\times35$	
插口安全灯座	胶木	250V，4A，C22		$\phi43\times75$	可防触电
				$\phi43\times65$	还有带开关式
普通螺口灯座	胶木 铜质	250V，4A，E27		$\phi40\times56$	安装螺口灯泡
平装式螺口灯座	胶木 铜质 瓷质	250V，4A，E27		$\phi57\times50$ $\phi57\times55$	同插口
螺口安全灯座	胶木 铜质 瓷质	250V，4A，E27		$\phi47\times75$ $\phi47\times65$	同插口
悬挂式防雨灯座	胶木 瓷质	250V，4A，E27		$\phi40\times53$	装设于户外防雨
M10 管接式螺口、卡口灯座	胶木 瓷质 铁质	E27 250V，4A，E40 C22		$\phi40\times77$ $\phi40\times61$ $\phi40\times56$	用于管式安装 还有带开关式
安全荧光灯座	胶木	250V，2.5A		39.5 $\phi45\times32.5$ 54	荧光灯管专用灯座
荧光启辉器座	胶木	250V，2.5V		$40\times30\times12$ $50\times32\times12$	荧光灯启辉器专用灯座

照明开关又称灯开关，用来控制白炽灯的通断。开关中设有两个接线柱，通过导线与被控白炽灯和电源相接，利用拉线或扳把等结构实现两个接线柱的通与断，达到控制的目的。开关的种类很多，根据安装形式分为明装式和暗装式，明装式常用的有拉线开关、扳把开关等，暗装式常用的有跷板开关和扳把开关等。按其控制线路数目又分为单极开关、双极开关、三极开关、单控开关、双控开关等。常用灯开关的规格如表 7-8 所示。

表 7-8　常用灯开关、插座的规格

名　　称	规　　格	外　　形	外形尺寸（mm）	备注
拉线开关	250V，4A		φ72×30	胶木 还有吊线盒式拉线开关
跷板式明开关	250V，4A		55×40×30	还有带指示灯式
跷板式一位暗开关 　　　二位暗开关 　　　三位暗开关 　　　四位暗开关	250V，6A，10A 86 系列		86×86 146×86	有单控，双控 单控和双控 并有带指示灯式
单相二极暗插座 单相二极扁圆两用 暗插座 单相三极暗插座 三相四极暗插座	250V，10A 250V，10A 250V，10A 250V，15A 380V，15A 380V，25A		75×75 86×86 75×75 86×86	还有带指示灯式和带开关式
单相二极明插座	250V，10A		φ42×26	有圆形、方形及扁圆两用插座
单相三极明插座	250V，6A 250V，10A 250V，15A		φ54×31	有圆形、方形

3. 灯具的安装方式

白炽灯灯具室内安装方式，根据设计施工要求通常有悬吊式、嵌顶式和壁装式等几种，如图 7-10 所示。

（1）悬吊式：又称悬挂式，其结构是采用挂线盒与线路相连，通过软线连接挂线盒和灯座。根据吊装灯具所用材料的不同，悬吊式又分为以下几种方式：

① 吊线式（X）：直接由连接软线承重，由自在器调节灯具的高低。由于挂线盒内接线螺钉承重较小，因此安装时需在挂线盒内打好线结，使线结卡在盒盖的线孔处，承受部分悬吊灯具的质量，此线结又称保险结。吊线式灯具的质量限于 1kg 以下。

② 吊链式（L）：悬挂灯具的质量由吊链承担，其安装方法与吊线式相同。当软线吊灯的质量大于 1kg 以上时应采用吊链式安装方式。

③ 吊杆式（G）：悬挂灯具的质量超过 3kg 时应采用吊杆式安装方式，由钢管来悬挂灯具。

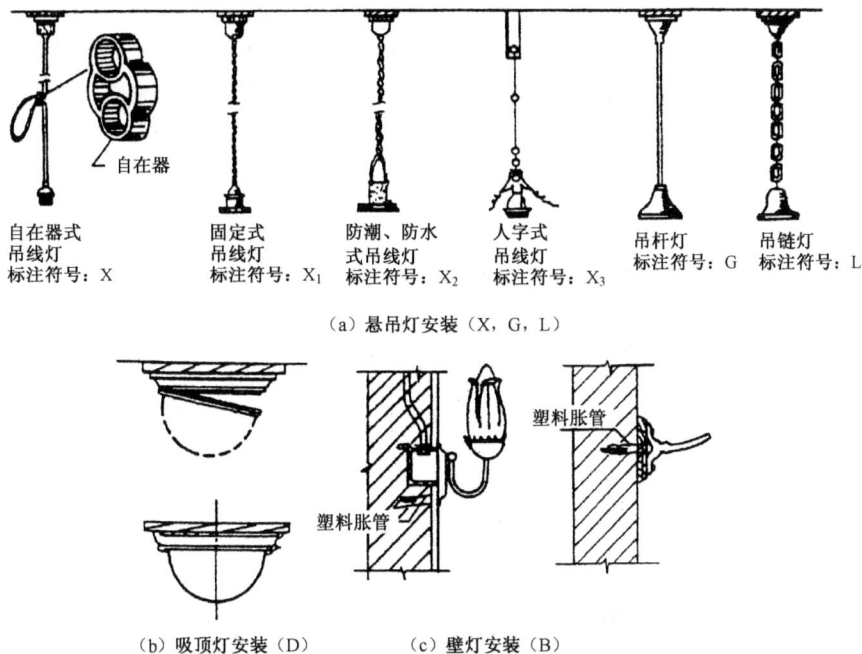

自在器

自在器式
吊线灯
标注符号：X

固定式
吊线灯
标注符号：X₁

防潮、防水
式吊线灯
标注符号：X₂

人字式
吊线灯
标注符号：X₃

吊杆灯
标注符号：G

吊链灯
标注符号：L

（a）悬吊灯安装（X，G，L）

塑料胀管

塑料胀管

（b）吸顶灯安装（D）　　　　　　（c）壁灯安装（B）

图 7-10　灯具的安装方式

（2）嵌顶式：其安装方式又分为吸顶式和嵌入式。

① 吸顶式（D）：通过木台将灯具吸顶安装在屋顶面上。在空心楼板上安装木台时，通常采用弓形板固定，其做法如图 7-11 所示。

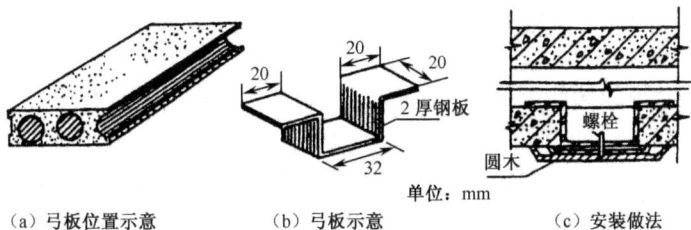

20

20
20

2厚钢板

32

螺栓

圆木

单位：mm

（a）弓板位置示意　　　　　（b）弓板示意　　　　　（c）安装做法

图 7-11　弓形板的安装

② 嵌入式（R）：嵌入式适用于室内有吊顶的场合，在吊顶制作时预留嵌入孔洞，再将灯具嵌装在吊顶上。

（3）壁装式（B）：这是通常所说的壁灯，设在墙上或柱上。一般用预埋件或膨胀螺栓固定。

4．灯具的安装

灯具的种类很多，其安装步骤大致相同，下面主要以吊线式安装方式叙述灯具的安装过程。

（1）确定安装位置。室内灯具悬挂的最低高度通常不得低于 2m，室内开关一般安装在门边或其他便于操作的位置。拉线开关离地面高度不应低于 2m，扳把开关不低于 1.3m。

（2）选择安装电线。室内照明灯具一般选择铜芯软电线，其最小截面积为 $0.4mm^2$，如安装用电量大的灯具，应计算线路电流，按安全载流量确定导线截面。

（3）固定安装底座。底座通常采用木台或塑料圆台，固定底座的方法有多种，主要根据安装灯具的质量选择适当的固定方法。如图 7-12 所示为采用吊挂螺栓来固定安装底座，如图 7-13 所示为采用吊钩、螺栓来固定安装底座。常用的还有用弓形板和膨胀螺栓来固定安装底座。木台固定前将电源线引出，木台固定后把电源线从挂线盒底座穿出，用木螺丝将挂线盒紧固在木台上。

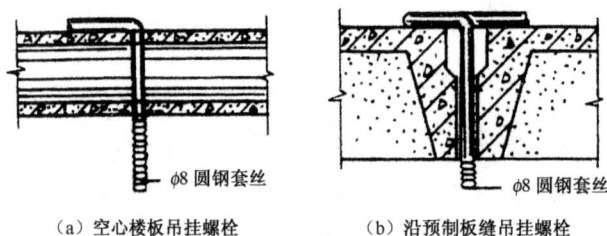

|（a）空心楼板吊挂螺栓|（b）沿预制板缝吊挂螺栓|

图 7-12　吊挂螺栓的安装

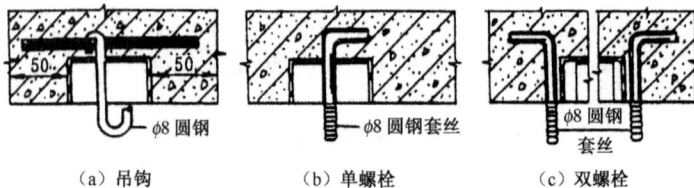

|（a）吊钩|（b）单螺栓|（c）双螺栓|

图 7-13　吊钩和螺栓的安装

（4）接线。

① 挂线盒接线：先接电源线，把电源线两个线头做绝缘处理，弯成接线圈后，分别压接在挂线盒的两个接线螺钉上。取一段长短适当的绞合软电线，作为挂线盒与灯头的连线。连接线的上端接挂线盒内的接线螺钉，下端与灯头相接。在连接线距上端头约 50mm 处打一个保险结，使其承担部分灯具的质量。然后把连接线上端的两个线头分别穿入挂线盒底座正中凸出部分的两个侧孔里，再分别接到孔旁的接线螺钉上。挂线盒接线完毕，将连接线下端穿过挂线盒盖，把盒盖拧紧在挂线盒底座上。

② 灯座接线：旋下灯座盖，将连接线下端穿入灯座盖孔中，在距下端 30mm 处打一个保险结，然后把经绝缘处理的两个下端线头分别压接在灯座的两个接线螺钉上。如图 7-14 所示为灯座接线、接线螺钉接线和保险结打法的图示。

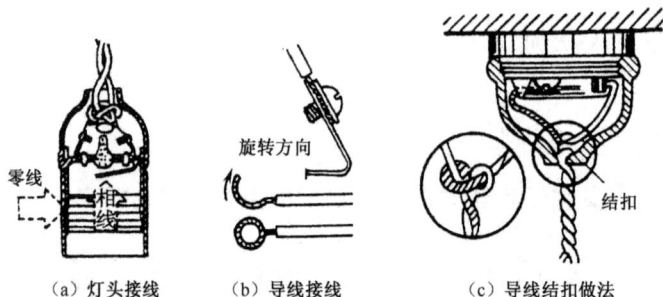

|（a）灯头接线|（b）导线接线|（c）导线结扣做法|

图 7-14　灯座接线、接线螺钉接线、保险结打法示意图

需要说明的是，连接软电线采用双芯棉织绝缘线即花线时，花色线必须接相线即火线，无花单色线接零线。当采用螺口灯座时，必须将相线即开关控制的火线接入螺口内的中心弹簧片上的接线端子，零线与灯座螺旋部分相接。

（5）开关的安装。开关的安装有明装和暗装两种，明装的方法与挂线盒安装基本相同。暗装一般采用预埋件或膨胀螺栓安装接线盒，然后开关与接线盒固定。须注意的是，开关均应接在电源的相线上，即开关的一端接电源相线，另一端接灯座相线。

7.4.3　荧光灯的安装

1. 荧光灯

荧光灯又称日光灯，它的发光效率比白炽灯高出 3 倍以上，是目前应用最广泛的气体放电光源。

荧光灯由荧光灯管、启辉器、镇流器和灯座等组成，其各部分作用简述如下：

（1）荧光灯管。由玻璃管、灯丝和灯脚等构成，如图 7-15 所示。玻璃管内抽真空后充入少量的汞和氩等惰性气体。管的内壁涂有一层荧光粉，两端各有一根灯丝，灯丝上涂有氧化物，灯丝通过引出脚与电源相接。

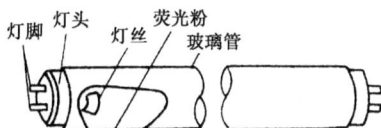

图 7-15　荧光灯管结构示意图

当灯丝引出脚与电源相接后，灯丝通过电流而发热，灯丝氧化物便发射出大量的电子。电子不断轰击水银蒸气，产生看不见的紫外线；紫外线射到管壁的荧光粉上，发出近似日光的可见光。氩气的作用是帮助启辉，保护电极，延长灯管使用寿命。

（2）启辉器。由氖泡和纸介电容器、出线脚和外壳等构成。氖泡内装有倒 U 形的动触片和一个固定的静触片，平时动触片和静触片分开，二者相距约 0.5mm。

启辉器相当于一个自动开关，使电路自动接通和断开。纸介电容器与两触片并联，它的作用是消除或减弱荧光灯对无线电设备的干扰。启辉器的外壳是铝质或塑料的圆筒，起保护作用。

（3）镇流器。它是一只具有铁芯的电感线圈，有两个作用：在起动时与启辉器配合，产生瞬时高压，使灯管启辉；工作时限制灯管中的电流，以延长荧光灯的使用寿命。

镇流器有单线圈和双线圈两种结构形式。前者有两只接头，后者有四只接头，外形相同。单线圈镇流器应用较多。选择镇流器时应使其功率与所用灯管功率一致。

（4）灯座和灯架。荧光灯灯座有几种形式，都是利用灯座的弹簧铜片卡住灯管两头的引出脚来接通电源，灯座还起支撑灯管的作用。灯座一般固定在灯架上，灯架有木制的和铁制的。镇流器、启辉器等也装置在灯架上。灯架便于荧光灯安装，具有美观、防尘的作用。简易安装荧光灯，也可省去灯座、灯架，用导线直接将镇流器、启辉器、灯管相连接。

2. 荧光灯电路

如图 7-16 所示为常见荧光灯电路原理图，使用的是单线圈镇流器。其工作原理如下：

当开关合上时，电源接通瞬间，启辉器的动、静触片处于断开状态，电源电压经镇流器、灯丝全部加在启辉器的两触片间，使氖管辉光放电而发热。动触片受热后膨胀伸展与静触片相接，电路接通。这时电流流过镇流器和灯丝，使灯丝预热并发射电子。动、静触片接触后，氖管放电停止，动触片冷却后与静触片分离，电路断开。在电路断开瞬间，因自感作用，镇流器线圈两端产生很高的自感电动势，它和电源电压串联，叠加在灯管的两端，脉冲高电压使管内汞蒸气电离放电，灯管启辉。启辉后灯管正常工作，一半以上的电源电压降在镇流器上，镇流器起限制电流保护灯管的作用，启辉器两触片间的电压较低不能引起氖管的放电。

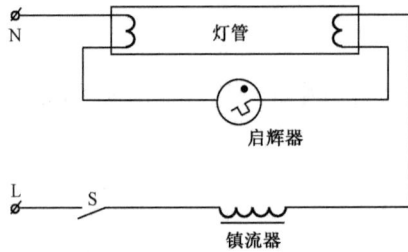

图 7-16　荧光灯电路原理图

3. 荧光灯的安装

荧光灯的安装一般分为两步，先将荧光灯管等组装成灯架，然后将灯架整体固定在建筑物上。

（1）组装灯架。将荧光灯管、镇流器、启辉器、灯座等组装在一块灯架板上，这一整体称为灯架，也称荧光灯灯具。成品的荧光灯灯具有各种规格型号，可根据需要选购。自制灯架可选用木板或铁板做灯架板，根据所用荧光灯管的长度决定灯架板的长度。将启辉器底座、灯座和镇流器依次固定在灯架板上，然后按荧光灯电路图进行连线。检查连线无误后接入启辉器、荧光灯管，通电试验正常发光，说明灯架组装正确。

（2）固定灯架。荧光灯灯架安装方式有嵌顶式和悬吊式两种，简易灯架多采用吊杆式安装，用钢管来悬挂灯具。与白炽灯安装一样，安装前在固定点预埋合适的紧固件，如吊挂螺栓、吊钩、弓形板等。简易灯架有时不用挂线盒，灯架的两线端可以直接与电源线两线端绞合连接，但一定要绞合紧，并做绝缘处理。

安装荧光灯时应注意，荧光灯的组件必须严格按规格配套使用。

如表 7-9 所示为直管荧光灯技术数据。

表 7-9　直管荧光灯技术数据

灯管型号	额定功率（W）	工作电压（V）	工作电流（A）	启动电流（A）	灯管压降（V）	光通量（1m）	平均寿命（h）	主要尺寸（mm）		
								直径	全长	管长
YZ4RR	4	35	0.11			70	700	16	150	134
YZ6RR	6	55	0.14			160	1500	16	226	210
YZ8RR	8	60	0.15			250	1500	16	302	288
YZ10RR	10	45	0.25			410	1500	26	345	330

灯 管 型 号	额定功率	工作电压	工作电流	启动电流	灯管压降	光通量	平均寿命	主要尺寸（mm）		
	（W）	（V）	（A）	（A）	（V）	（1m）	（h）	直径	全长	管长
YZ12RR	12	91	0.16			580		18.5	500	484
YZ15RR	15	51	0.33	0.44	52	580	3000	38.5	451	437
YZ20RR	20	57	0.37	0.50	60	930	3000	38.5	604	589
YZ30RR	30	81	0.41	0.56	89	1550	5000	38.5	909	894
YZ40RR	40	103	0.45	0.65	108	2400	5000	38.5	1215	1200
YZ85RR	85	120	0.80			4250	2000	40.5	1778	1764
YZ100RR	100		1.5			5000	2000	38	1215	1200
YZ125RR	125	149	0.94			6250	2000	40.5	2389	2375

注：1. 启动电压均小于190V。

2. Y——荧光灯。

3. Z——直管型。

4. RR——日光色。

7.4.4　插座的安装

室内插座是家用电器和办公电器的供电装置，一般不用开关控制，直接与电源相连。插座的种类很多，应根据实际需要选择合适的插座。常用插座的规格和外形如表7-8所示。

1. 插座的固定

插座分明装和暗装。明装插座的固定与挂线盒的安装一样，先固定木台，然后将插座用木螺丝拧紧在木台上；暗装插座要预埋接线盒，然后将插座固定在接线盒上。木台和接线盒的固定多用膨胀螺栓来完成。

2. 插座的连线

插座的连线有一定的要求，规定如下：

（1）双孔插座水平排列时，相线应接右孔，零线应接左孔。

（2）双孔插座垂直排列时，相线接上孔，零线接下孔。这就是常说的"左零右火，下零上火"。

（3）安装三孔插座时，大孔应朝上与保护接地线相连，可避免家用电器外壳漏电而引起触电事故。下面的两孔接电源线，仍按左零右火的规则接线。安装三孔插座时绝不允许将大孔与其中一个小孔相连，省去保护接地线。

（4）安装三相四孔插座时，上边的大孔与保护接地线相连，下边三个较小的孔分别接三相电源相线。

如图7-17所示为插座接线规定示意图。

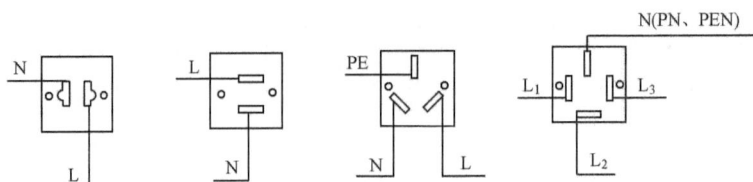

图 7-17　插座接线规定示意图

7.4.5　其他电光源的安装与维修

1. 高压水银灯

高压水银灯又称高压汞灯，是一种高气压放电光源，与白炽灯相比，具有光效高、用电省、寿命长等优点，适用厂房、街道、广场等场所大面积照明。

高压水银灯有镇流式和自镇式两种类型。

（1）镇流式高压水银灯：由石英放电管、玻璃外壳和灯头等组成。玻璃外壳内壁涂有荧光粉。石英放电管的两端有一对用钍钨丝制成的主电极，灯头一侧主电极附近有一启动电极，又称引燃极，用来启动放电。启动电极串有一只 $4k\Omega$ 电阻，与灯头相连。放电管内充有水银和氩气。如图 7-18 所示为高压水银灯结构示意图和接线原理图。

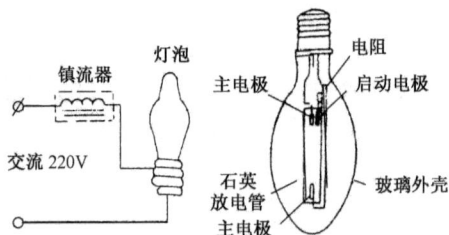

图 7-18　高压水银灯

接通电源，电压同时加在两主电极之间和启动电极与主电极之间。因启动电极与相邻主电极靠近，产生辉光放电，使放电管温度上升；接着上、下主电极产生弧光放电，管内水银汽化，发出紫外线。紫外线激发玻璃外壳上的荧光粉，发出近似日光的可见光，水银灯开始稳定工作。由于启动电极上串联一只大电阻，当主电极之间产生弧光放电时，启动电极与相邻主电极的电压下降，不足以引起放电。水银灯工作时石英管内水银蒸气压力很高，故称高压水银灯。

使用高压水银灯的注意事项如下：

① 高压水银灯应与相应功率的镇流器配套使用，镇流器应安装在灯具附近，置于室外的镇流器应有防雨措施。

② 按高压水银灯的功率选用相应的灯座，通常 125W 配用 E27 瓷质灯座，175W 以上的配用 E40 瓷质灯座。

③ 熄灯以后，需隔 10min 以上，待石英管内水银气压下降后才能再次启动。

（2）自镇式高压水银灯：又称复合灯。它与镇流式高压水银灯的外形相同，工作原理基本一样，但它在放电管外围串联了镇流用的钨丝，不需要附设镇流器，可直接用于 220V 电源上，使用方便。缺点是发光效率低，寿命比较短。

高压水银灯的技术数据如表 7-10 所示。

表 7-10　高压水银灯的技术数据

| 灯泡型号 | 额定功率（W） | 工作电压（V） | 工作电流（A） | 启动电流（A） | 稳定时间（min） | 再启动时间（min） | 光通量（lm） | 平均寿命（h） | 配用镇流器数据 | | | |
									镇流器型号	端电压（V）	损耗（W）	功率因数 $\cos\varphi$
GGY50	50	95	0.62	1.0	10～15		1500	2500	GYZ-50	184	8.6	0.44
GGY80	80	110	0.85	1.3	4～8		2800	2500	GYZ-80	165	10	0.51
GGY125	125	115	1.25	1.8	4～8		4750	2500	GYZ-125	154	13	0.55
GGY175	175	130	1.50	2.3	4～8	5～10	7000	2500	GYZ-175	152	14	0.61
GGY250	250	130	2.15	3.7	4～8		10 500	5000	GYZ-250	153	25	0.61
GGY400	400	135	3.25	5.7	4～8		20 000	5000	GYZ-400	146	36	0.61
GGY700	700	140	5.45	10.0	4～8		35 000	5000	GYZ-700	144	70	0.64
GGY1000	1000	145	7.50	13.7	4～8		50 000	5000	GYZ-1000	139	100	0.67
GGZ160	160		0.75	0.95			2560					
GGZ250	250	220	1.20	1.70		3～6	4900	3000				
GGZ450	450		2.25	3.50			11 000					
GGZ750	750		3.55	6.00			22 500					

2. 碘钨灯

碘钨灯是卤钨灯的一种，也属于热辐射电光源。碘钨灯靠提高灯丝温度来提高发光效率，发光强度大。与白炽灯相比，光色好、辨色率高，而且发光效率和使用寿命都高于白炽灯。

（1）碘钨灯的结构及工作原理。碘钨灯的结构如图 7-19 所示，主要由石英玻璃管、灯丝和电极组成。电极装在石英玻璃管的两端，分别与外电源相连，在石英玻璃管内部穿有钨制灯丝，与两极相连，管内充有卤族元素碘的蒸气。

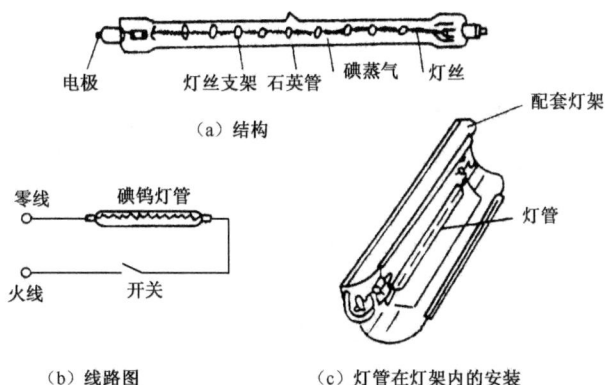

（a）结构

（b）线路图　　　（c）灯管在灯架内的安装

图 7-19　碘钨灯

碘钨灯的电路与白炽灯完全相同。接通电源，在碘钨灯的灯管中，由于钨丝通电而发热发光，钨分子蒸发，在管壁的低温区与碘蒸气化合成碘化钨。在管内因冷热气体对流，碘化钨又返至灯丝附近的高温区，在高温下被分解成碘和钨，使钨重新回到灯丝上。在灯丝上钨蒸发后又返回，形成循环，使钨丝消耗减少，延长了灯管的使用寿命，使灯管很少发黑，发光强度保持稳定。

（2）碘钨灯的安装。碘钨灯工作时温度很高，灯管必须安装在与之配套的专用灯架上。专用灯架如图 7-19（c）所示，灯管两端电极与灯架的管脚相连，管脚的连接导线采用穿有瓷管绝缘的裸铜线，再通过瓷质端子板与电源线相接。灯架的设计既考虑了对光线的反射，又兼顾了散热性能，有利于提高照明度和延长灯管寿命。电源线用耐热性能好的橡胶绝缘铜芯软线，并要求灯架离可燃性物体的距离大于 1m。

灯管的安装必须保持水平状态，要求倾角不大于 4°，避免钨在循环过程中，因自重使灯丝粗细不匀，而影响使用寿命。

（3）使用注意事项。

① 碘钨灯管的使用寿命与所用电源电压的稳定程度有关，电源电压超过额定值的 5%，灯管寿命将减少一半，因此要求电源电压的波动不应超过±2.5%。

② 碘钨灯工作时，灯管的温度高达 600℃，用以保证碘和钨的正常循环，所以使用碘钨灯管必须安装专用灯架，并与易燃物保持足够的安全距离。

③ 碘钨灯耐震性能差，不能在震动较大的场所使用，不易作移动光源使用。

3．霓虹灯

霓虹灯利用灯管内充有的金属或非金属元素，在电离状态下，不同元素发出不同的光。霓虹灯灯光鲜艳多彩，形状可任意制作，因而广泛用于夜间作宣传广告。

（1）霓虹灯的工作原理。霓虹灯是一种低气压气体放电光源，主要由高压变压器和灯管组成。在灯管内分别充有氦、氖、氩、氮、钠、汞、镁等非金属或金属元素，灯管的两端装有电极，当两端加有高电压后，电极就发射电子。电子的高速运动激发管内惰性气体或金属蒸气分子，使其电离产生导电离子而发光。不同的元素被激发后发光颜色不同，如氦能发淡红色光，氖发红色或深橙色光，氩发青光，氮和钠发黄光。如管内充有几种元素，根据各种元素比例的不同可以发射不同的复合色光。

灯管两极工作电压随着灯管直径、长度以及管内所充气体的不同而有所差别，通常在 4000～15 000V 之间，电压由霓虹灯高压变压器供给。

（2）安装要求。

① 高压变压器应尽量安置在霓虹灯灯管附近，减少高压线路的路径。

② 高压变压器应安装在金属保护箱内，箱体侧面应设百叶窗以利通风散热，同时要求能防水避雨雪。

③ 高压变压器的输入回路应加装开关和熔断器进行控制和保护。变压器铁芯、金属外壳、输出回路的一端及金属保护箱均应可靠接地。

④ 霓虹灯的安装高度，户外应在距地面 4m 以上，室内应在距地面 2.5m 以上，注意安全防护，必要时应加防护栏保护。

⑤ 高压回路导线必须选用高压绝缘线。

7.4.6　照明电路的故障与检修

照明电路的检修是维修电工的主要任务之一。维修电工应根据故障现象，分析故障产生的原因，使用试电笔、万用表等工具，判断出故障部位，找出故障点加以排除。在检修过程中，要注意安全，一般不要带电操作，必须带电操作时，一定要有安全防护措施。

1．照明电路检修的一般原则

照明电路的故障现象多种多样，可能出现故障的部位不确定。为了比较迅速地排除故障，通常遵循以下检修原则：

（1）了解故障出现的情况，判断故障出现部位。某一地区照明全部熄灭，肯定是外线供电出现故障或停电；而相邻居室照明正常，自家居室照明熄灭，故障出现在内线或引入线。

（2）本着先易后难的原则，缩小故障范围。一般配电板电路和用电器具的测量与检查比较方便，应首先检查，然后进行线路的检查。

（3）分析故障现象，分清是断路故障还是短路故障，以选择相应的方法做进一步检查。

（4）通过测量检查，确定故障存在于干线、支线还是用电器具的某一部位。

（5）常用的电压测量点有配电板上的输入、输出电压，用电器插座电压，照明灯座电压。检查故障发生的重点是配线的各接线点，开关、吊线盒、插座、灯座的各接线端。

2．照明电路检修的一般方法

照明电路故障现象有几种：一是配电板所属整个线路照明灯不亮，二是某一分支照明灯不亮，三是某一照明灯不亮或用电器不工作。产生上述现象的原因是照明灯或用电器中没有电流通过，从电路原理可分为断路和短路两种故障。其中短路特点比较明显，但确定故障发生的部位较复杂。下面就常见故障现象，介绍检修的一般方法。

（1）短路的检修方法。照明线路的所有用电器都采用并联电路，所以线路中任何部位出现短路故障，都会烧断保险丝。短路故障的特征是整个配电板保险丝熔断，整个线路照明灯熄灭。

对于短路故障可采用校火灯法和电阻法检查故障所在。

① 校火灯法。发生短路后，拉下配电板上的刀开关，取下线路中所有的用电器。检查配电板上的总保险丝，使一路保险丝保持正常接通状态，取下另一路保险丝。用一只 40W 或 60W 的白炽灯作为校火灯，串联在取下保险丝的两接线柱上，如图 7-20 所示。推上闸刀开关，如果校火灯发光正常，说明总干线或某分支线路有短路或漏电现象存在，然后逐段寻求短路或漏电部位。必要时切断所怀疑部分的一段导线，若这时校火灯熄灭，表明短路现象存在

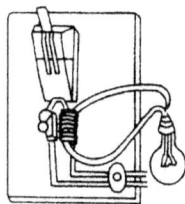

图 7-20　用校火灯检查短路故障

于该部位。接通电源，校火灯不发光，说明线路无短路现象存在，短路故障是由用电器所引起的。这时可逐个接入用电器，正常现象是校火灯发红，但远达不到正常亮度。若接入某一用电器时，校火灯突然接近正常亮度，表明短路故障存在该电器内部或它的电源线内。

② 电阻法。这是使用万用表的电阻挡，测量导线间或用电器的电阻值，来判断短路部位的一种方法。发生短路后，拉下配电板上的闸刀开关，并取下所有的用电器。用万用表×100电阻挡，测量相线和零线的电阻值。如果指针趋于零或产生偏转，说明线路有短路或漏电现象，逐段检查干线和各分支线路，必要时切断某一线路，测量两线的电阻，确定故障所在。

（2）整个线路照明灯不亮的检修。遇到这种现象，应先检查配电板上的总保险丝，若总保险丝熔断，说明线路存在短路或负载电流过大。减少用电器，使线路在小负荷情况下工作，如仍烧保险丝，确定有短路，可参照短路的检修方法检修。排除短路可能后，用试电笔或万

用表测量配电板的输入电压，以判定故障存在外线或内线。若输入电压接近 220V，说明内线存在断路，并在配电板或总干线上。

判断断路最简便的方法是使用试电笔检查。一般先测量相线保险丝是否有电，以区别断路发生在配电板上，还是其后的干线上；然后用试电笔沿相线逐段检测，断路点在有电和无电的线路之间。断路检测的重点是干线导线的连接处。

（3）部分照明灯不亮的检修。这种故障是由分支线路存在断路引起的，可参照总干线断路的检查方法确定故障所在。检查的重点是总干线与分支线路的连接处。

如果某一照明灯不亮或某一用电器不工作，一般是用电器本身或用电器到分支线路的导线存在断路而造成。用试电笔判断故障点很方便。用试电笔分别接触装有灯泡的灯座两接线柱，如果试电笔氖管都不亮，表明连接灯座的相线断路；如果只在一个接线柱上氖管发亮，表明灯丝断或灯头与灯座接触不良。

（4）照明灯发光不正常的检修。这类故障现象多为灯光暗淡或灯光闪烁，有时灯光特别亮。灯光暗淡或灯光特别亮可能是受外线电压的影响，电压过低或电压过高造成，线路中有漏电或局部短路的存在是引起灯光变暗的主要原因。这时观察电度表，若转盘旋转明显变快，可参照短路检修方法排除。线路中接线处因接触不良或有跳火现象，常引起灯光闪烁。如果是个别灯泡灯光暗淡，则可能是灯泡质量不佳或陈旧造成；若闪烁，可能是开关、灯头接触不良造成。

3. 白炽灯照明线路故障检修

白炽灯照明线路简单，白炽灯本身故障也容易检查，如表 7-11 所示列出了白炽灯常见故障及检修方法。

表 7-11　白炽灯常见故障及检修方法

故障现象	产生原因	检修方法
灯泡不亮	（1）灯泡钨丝烧断 （2）电源熔断器的熔丝烧断 （3）灯座或开关接线松动或接触不良 （4）线路中有断路故障	（1）调换新灯泡 （2）检查熔丝烧断的原因并更换熔丝 （3）检查灯座和开关的接线处并修复用电器 （4）检查线路的断路处并修复
开关合上后熔断器熔丝烧断	（1）灯座内两线头短路 （2）螺口灯座内中心铜片与螺旋铜圈相碰、短路 （3）线路中发生短路 （4）用电器发生短路 （5）用电量超过熔丝容量	（1）检查灯座内两接线头并修复 （2）检查灯座并扳准中心铜片 （3）检查导线是否老化或损坏并修复 （4）检查用电器并修复 （5）减小负载或更换熔断器
灯泡忽亮忽暗或忽亮忽熄	（1）灯丝烧断，受震后忽接忽离 （2）灯座或开关接线松动 （3）熔断器熔丝接头接触不良 （4）电源电压不稳定 （5）附近有大负荷用电器接入，引起电压波动	（1）调换灯泡 （2）检查灯座和开关并修复 （3）检查熔断器并修复 （4）检查电源电压 （5）采取相应措施
灯泡发强烈白光并瞬时或短时烧坏	（1）灯泡额定电压低于电源电压 （2）灯泡钨丝有搭丝，从而使电阻减小，电流增大	（1）更换与电源电压相符的灯泡 （2）更换新灯泡

故 障 现 象	产 生 原 因	检 修 方 法
灯光暗淡	（1）灯泡内钨丝挥发后，积聚在玻璃壳内表面透光度降低，同时由于钨丝挥发后变细，电阻增大，电流减小，光通亮减小 （2）电源电压过低 （3）线路因年久老化或绝缘损坏有漏电现象	（1）正常现象，不必修理 （2）调高电源电压 （3）检查线路，更换导线

4．荧光灯照明线路故障检修

荧光灯照明电路比白炽灯复杂，除了线路故障以外，荧光灯电路出故障的可能性也很大。其线路的检测与白炽灯线路相同，在分支线路电压正常的情况下，要认真检查荧光灯电路，常用的工具有试电笔和万用表。如表 7-12 所示列出了荧光灯常见故障及检修方法。

表 7-12　荧光灯常见故障及检修方法

故 障 现 象	产 生 原 因	检 修 方 法
日光灯管不能发光	（1）灯座或启辉器底座接触不良 （2）灯管漏气或灯丝断 （3）镇流器线圈断路 （4）电源电压过低	（1）转动灯管，使灯管四极和灯座四夹座接触，使启辉器两极与底座二铜片接触，找出原因并修复 （2）用万用表检查确认灯管坏，可换新灯管 （3）修理或调换镇流器 （4）不必修理
日光灯抖动或两头发光	（1）接线错误或灯座灯脚松动 （2）启辉器氖泡内动、静触片不能分开或电容器击穿 （3）镇流器配用规格不合适或接头松动 （4）灯管陈旧 （5）电源电压过低	（1）检查线路或修理灯座 （2）将启辉器取下，用两把螺丝刀的金属头分别触及启辉器底座两块铜片，然后将两根金属杆相碰并立即分开。如灯管能跳亮，则是启辉器坏了，应更换启辉器 （3）调换适当镇流器或加固接头 （4）调换灯管 （5）如有条件升高电压
灯管两端发黑或生黑斑	（1）灯管陈旧，寿命将终 （2）如是新灯管，可能因启辉器损坏使灯丝发射物质加速挥发	（1）调换灯管 （2）调换启辉器
灯光闪烁或光在管内滚动	（1）新灯管暂时现象 （2）灯管质量不好 （3）镇流器配用规格不符或接线松动 （4）启辉器损坏或接触不好	（1）开用几次或对调灯管两端 （2）换一根灯管试一试有无闪烁 （3）调换合适的镇流器或加固接线 （4）调换启辉器或加固启辉器
灯管光度减低或色彩转差	（1）灯管陈旧 （2）灯管上积垢太多 （3）电源电压太低 （4）气温过低或冷风直吹灯管	（1）调换灯管 （2）清除灯管积垢 （3）调整电压 （4）加防护罩或避开冷风
灯管寿命短或发光后立即熄灭	（1）镇流器配用规格不合或质量较差；镇流器内部线圈短路，致使灯管电压过高 （2）受到剧震，使灯丝震断 （3）新装灯管因接线错误将灯管烧坏	（1）调换或修理镇流器 （2）调换安装位置或更换灯管 （3）检修线路

故障现象	产生原因	检修方法
镇流器有杂音或电磁声	（1）镇流器质量较差或其铁芯的硅钢片未夹紧 （2）镇流器过载或其内部短路 （3）镇流器受热过度 （4）电源电压过高引起镇流器发出声音 （5）启辉器不好引起开启时辉光杂音 （6）镇流器有微弱声，但影响不大	（1）调换镇流器 （2）调换镇流器 （3）检查受热原因 （4）如有条件设法降压 （5）调换启辉器 （6）是正常现象，可用橡皮垫衬，以减少震动
镇流器过热或冒烟	（1）电源电压过高，或容量过低 （2）镇流器内线圈短路 （3）灯管闪烁时间长或使用时间太长	（1）有条件可调低电压或换用容量较大的镇流器 （2）调换镇流器 （3）检查闪烁原因或减少连续使用的时间

7.5 接地装置的安装与维修

将电气设备不带电的金属外壳或某一点，通过导线与大地之间形成符合技术要求的可靠电连接称为接地。电气设备接地的作用有两个：一是为了保护人身安全，防止因电气设备绝缘损坏而引起触电事故；二是保证电气设备的正常运行和安全。

7.5.1 电气设备的接地

1. 接地装置

接地装置是电气设备与大地进行电连接的装置，它由接地体和接地线组成。接地体又称接地极，是直接与大地接触的金属导体。接地线是连接电气设备接地点与接地体的导线。接地装置按接地体数量的多少，有以下三种组成形式：

（1）单极接地装置。这是由一个接地体和接地线所构成的接地装置。接地线一端与接地体相连，另一端与电气设备的接地点相连。它适用于对接地要求不太高和电气设备接地点较少的场合。

（2）多极接地装置。这是由两个或两个以上接地体与接地线构成接地装置，各接地体之间用接地干线连成一体。接地干线和电气设备的接地点由接地支线相连。多极接地可靠性强，接地电阻小，适用于接地要求较高、电气设备接地点较多的场合。

（3）接地网络。将多个接地体用接地干线连接成网络构成接地网络，它具有接地可靠、接地电阻小的特点，适合机群设备的接地需要，多用于配电所、大型车间等场所。

2. 几种接地方式

根据电气设备接地的不同作用，接地方式有多种，常见的有以下四种：

（1）保护接地。为防止人体触电，将电气设备的金属外壳及与外壳相连的金属构架接地称为保护接地，如电动机的外壳接地，敷线的线管接地等。采取保护接地后，一旦电气设备带电部分的绝缘损坏，其金属外壳带电，此时人体触及设备外壳，由于接地装置的电阻远小于人体电阻，大部分电流经过接地体入地，从而保证了人身的安全。

（2）工作接地。为了保证电气设备可靠运行，将电路中的某一点接地称为工作接地。如三相变压器中性点接地，防雷设备和耦合电容器底座接地。

（3）保护接零。在中性点接地的三相四线制配电系统中，将电气设备的金属外壳、构架等与中性线连接称为保护接零。采取保护接零的电气设备，若绝缘损坏而使外壳带电，因中性线接地电阻很小，所以短路电流很大，导致电路中保护开关动作或保险丝熔断，从而避免触电危险。

需要注意的是，在中性点未接地系统中，绝对不允许采用接零保护。因为在这种情况下，配电系统某一点与外壳相碰，会使所有接在零线上的电气设备外壳均带电，电压接近相电压数值，这是十分危险的。

必须指出，在 380/220V 三相四线制系统中，为使保护装置可靠地动作，确保人身安全，用电设备外壳除了采取保护接地，同时应采取保护接零。

（4）重复接地。将中性线上的一点或多点再次接地，称为重复接地。重复接地的作用是确保接零安全可靠。当系统中发生中性线断路时，仍能保证人与断路处后面的电气设备接触时的安全。另外，中性线的截面不可能选得很大，中性线的电阻不可能为零，当三相负载不对称时，中性线中有电流，并产生电压降。为了降低中性线对地电压，往往使中性线重复接地。

3．电气设备接地的技术要求

对电气设备接地的技术要求主要是接地电阻，它是指接地装置与大地之间的电阻。接地电阻包括接地体本身的电阻、接地线的电阻、接地体与土壤接触面的电阻及土壤的电阻。其中接地体、接地线的电阻很小，可忽略不计。接地体与土壤接触面的电阻及土壤的电阻称为散流电阻，通常认为接地电阻就是散流电阻。

根据电气设备不同的电压等级、不同设备容量，所采用的不同接地方式，对其接地电阻值都有相应的要求。原则上接地电阻越小越好，考虑到经济合理，接地电阻值应符合表 7-13 规定的数值。

表 7-13　各种电器设备接地的电阻值

接 地 种 类	接地电阻值
35kV 以上装有避雷线的架空线路接地装置	10～30Ω
低压架空电力线路的零线重复接地	不应超过 10Ω
电气设备不带电的金属部分的保护接地	不应超过 10Ω
配电变压器中性点工作接地	容量在 100kVA 以下不超过 10Ω 容量在 100kVA 以上不超过 4Ω
中性线重复接地	不应超过 10Ω
避雷器工作接地	不应超过 20Ω

4．电气设备保护接地的范围

为了保证人身安全和电气设备正常运行，以下所列电气设备应采取保护接地或保护接零：

（1）电机、变压器、开关设备及其操作机构的底盘和外壳。

（2）配电盘及控制屏等的金属构架或外壳。

（3）架空线路的避雷线和架空线路的铁塔，装了避雷线的杆、塔。

（4）居民区的高压架空电力线路的金属杆、塔和钢筋混凝土杆。

（5）电流互感器、电压互感器的二次线圈。

（6）配线的金属管、电缆的金属外皮。

（7）照明灯具的金属外壳和底座。

（8）手提电动工具及移动式电气设备。

（9）医疗电器设备及民用电器的金属外壳。

7.5.2　接地体的安装

接地体分自然接地体和人工接地体。埋置在地下的金属水管、建筑物的金属构架、埋设于地下具有金属外皮的电缆及建筑物钢筋混凝土基础等都可作为自然接地体。人工接地体一般用镀锌钢管、镀锌角钢或镀锌圆钢等制成。电气设备的接地应尽量利用自然接地体，以便节约钢材和节省接地安装费用。人工接地体的安装有垂直埋设和水平埋设两种方法。

1．人工接地体的垂直安装

垂直安装是指接地体与地面垂直，采用打桩法将接地体打入地下。

（1）接地体的选择。垂直安装的接地体通常用角钢或钢管制成。角钢接地体一般为40mm×40mm×4mm 或 50mm×50mm×5mm 的角钢，长度在 2～3m 之间；管形接地体一般采用直径为 50mm，壁厚不小于 3.5mm 的钢管，长度在 2～3m 之间；若采用圆钢作接地体，其直径不得小于 20mm。

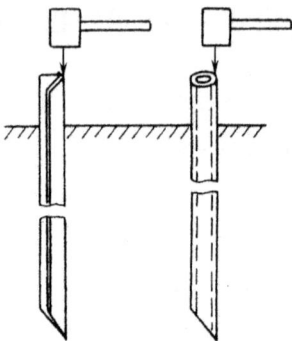

图 7-21　垂直接地体

（2）接地体的制作。垂直接地体的下端应加工成尖形。角钢的尖点应在角钢的角脊上，两个斜边要对称。钢管的尖点由一面斜削而成，也可将其一端打扁。垂直接地体的外形如图 7-21 所示。

（3）接地体的安装。采用打桩法将接地体垂直打入地下，接地体应与地面保持垂直，不可倾斜，以免增大接地电阻，打入地面的深度应大于 2m。

锤子敲击角钢的落点应在其端面的角脊处，以保证角钢垂直打入。锤子敲击钢管的落点，应与钢管尖端位置相对应，使锤击力集中在尖端位置。否则钢管容易倾斜，造成接地体与土壤之间的缝隙，增大接地电阻。

接地体打入地面后，应在接地体四周填土夯实，尽量减小接地电阻。

2．人工接地体的水平安装

在土层浅薄的地方，接地体一般采用水平安装。

（1）接地体的选材与制作。水平安装的接地体通常采用扁钢或圆钢制成。扁钢接地体的厚度应不小于 4mm，截面积不小于 48mm^2；圆钢接地体的直径应不小于 8mm。水平安装接地体的长度应根据安装条件和接地装置的结构形式而定，通常在几米至十几米之间。为了便于接地体与接地线的连接，水平接地体的一端弯成直角，安装时露出地面。如采用螺钉压接，应先钻好螺钉通孔。

（2）接地体的安装。采用挖沟填埋的方法，将接地体水平埋设在地下，其深度应在距地面 0.6m 以下。如果是多极接地，接地体之间应相隔 2.5m 以上。

3．减小接地电阻的措施

接地电阻主要取决于接地体与土壤接触面的电阻及土壤电阻。为了减小接地电阻，达到规定要求，在安装接地体时可采取以下措施：

（1）在土壤电阻率不太高的地层，可增加接地体的个数。

（2）如果地下较深处电阻率较低，可增加接地体埋设的深度。

（3）在土壤电阻率较高的地层，可在接地体的周围填入化学降阻剂，其配方有多种，请参阅有关资料。

（4）对于土壤电阻率很高的地层，可采用挖坑换土的方法。

7.5.3　接地线的安装

接地线应尽量利用建筑物的金属结构、吊车轨道、配线的钢管等。如果不能利用上述导体时，应安装接地线。

1．接地线的选用

常用的接地线有圆钢、扁钢、各种裸铜线、绝缘铜线、铝裸线、绝缘铝线，具体要求如下：

（1）电气设备的金属外壳保护接地线的选用，请见表 7-14 的规定。

表 7-14　保护接地线选用规定

接 地 线	接地线类别		最小截面积（mm²）	最大截面积（mm²）
铜	移动电气引线的接地支线	生活用	0.2	25
		生产用	1.0	
	绝缘铜线		1.5	
	裸铜线		4.0	
铝	裸铝线		6.0	35
	绝缘铝线		2.5	
扁钢	户内：厚度不小于 3mm		24.0	100
	户外：厚度不小于 4mm		48.0	
圆钢	户内：直径不小于 5mm		19.0	100
	户内：直径不小于 6mm		28.0	

（2）输配电系统工作接地线的选用应按下列规定：配电变压器低压侧中性点的接地支线，要用截面积为 35mm² 的裸铜绞线；容量在 100kV·A 以下的变压器中性点接地支线可用截面积为 25mm² 的裸铜绞线。

10kV 避雷器的接地线可采用铜芯、铝芯的裸线或绝缘线。若选用扁钢、圆钢做接地线，

其截面积应不小于 $16mm^2$；用做避雷针的接地线，其截面积不应小于 $25mm^2$。

必须注意的是，埋设在地下的接地线不准采用铝导线，移动电气的接地支线必须采用铜芯绝缘软线。

2. 接地干线的安装

（1）接地干线与接地体的连接处要用加固镶块，加固镶块和接地体应采用电焊相连，焊接处均应刷沥青防腐。接地干线的连接也应尽量用电焊焊接，如用螺钉压接，连接处的接触面须经防锈处理，如镀锌或镀锡，采用直径为 12～16mm 的镀锌螺钉。安装时螺帽要拧紧，接触面要保持平整、严密。

连接处如埋入地下，应在地面上做好标记，以便于检查和维修。

（2）多极接地和接地网络的接地干线与接地支线的连接处通常设置在地沟中，并有沟盖覆在上面。连接方法可采用电焊或螺钉压接。用螺钉连接时，接地干线应使用扁钢，预先钻好通孔，并经防锈处理。单纯接地干线之间的连接处应埋入地下 300mm 左右，也应用电焊焊接，做防腐处理，并在地面上标明干线的走向和连接点的位置。

（3）室内的接地干线多为明设，一般沿墙敷设，与地面的距离约为 300mm，与墙距 15mm，并用线卡支持牢固。

（4）用圆钢或扁钢作接地干线，接地干线之间的连接，接地干线的加长，必须用电焊连接。搭焊时扁钢的搭接长度为宽度的 2 倍，圆钢的搭接长度为圆钢直径的 6 倍。焊接处同样作防腐处理。

3. 接地支线的安装

（1）电气设备与接地线的连接可采用电焊和螺钉连接两种方法，但应保证连接可靠，有震动的地方要采取防震措施。

（2）每一接地的设备，必须用单独的接地线分别与接地干线或接地体连接。不允许用一根接地线把几台设备的接地点串联起来，也不允许几根接地支线并接在接地干线的同一连接点上。

（3）在室内容易被人体触及的地方要选用多股绝缘线作接地线，其他场所可选用多股裸线作接地线。用于移动电气的接地支线一般由设备的外壳接至电源插头的接地点，应选用铜芯绝缘软线，接地线与电源线一齐套入绝缘护层内，并规定三芯或四芯橡皮或塑料护套电缆中黑色绝缘层的一根作为接地支线。

（4）接地支线加长时，连接处必须按正规接线要求处理。

（5）接地支线的每一连接处，都应置于明显位置，以便于维修。

7.5.4 接地电阻的检测

接地电阻测量方法有多种，下面介绍用接地电阻测量仪和万用表测量接地电阻的方法。

1. 用接地电阻测量仪测量接地电阻

ZC—8 接地电阻测量仪是一种常用的测量接地电阻的仪器，又称接地电阻摇表。它由手摇发电机、电流互感器、滑线电阻和检流计等组成，备有接地探针和连接线等附件，其外形与普通摇表相似。ZC—8 测量仪可测量小于 1Ω 的接地电阻，使用时按四个端钮接线测量。常用的是测量大于 1Ω 的接地电阻，这时需按三个端钮接线进行测量，直接读出接地电阻的数值。

用 ZC—8 测量仪测量大于 1Ω 的接地电阻的方法如下：

（1）断开接地线与电气设备外壳之间的连接，如图 7-22 所示。

（2）将一支接地探针 C′ 插在距接地体 40m 处，把另一支接地探针 P′ 插在距接地体 20m 处，两支探针垂直插入地面约 400mm 深。

（3）用最短的连接线将仪器的接线柱 E 与接地体 E′ 相连，用较短的连接线将仪器的接线柱 P 与接地探针 P′ 相连，用最长的连接线将仪器的接线柱 C 与探针 C′ 相连。

（4）仪器粗调旋钮有三挡，根据被测电阻的大小，选择粗调旋钮的位置。

（5）以 120 r/min 的速度均匀摇动仪器手柄，当表头指针偏离中心时，调节细调拨盘，直到表针居于中心为止。

（6）细调拨盘的指示值与粗调旋钮的倍率，就是被测接地电阻值。如细调拨盘的读数是 0.35，粗调旋钮的倍率是 10，则被测接地电阻是 3.5Ω。

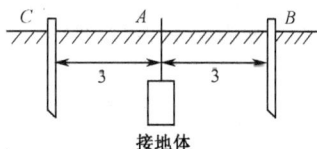

2．用万用表测量接地电阻

这是一种简易的测量接地电阻的方法，操作如下：

（1）如图 7-23 所示，A 为接地体点，在距 A 点 3m 的 B、C 处，分别打入两根测试探针，打入地面的深度约 500mm。

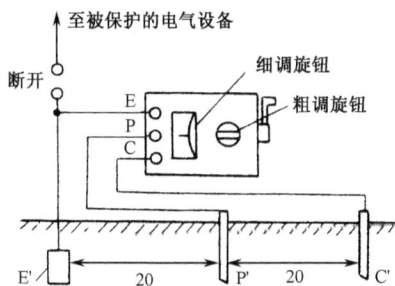

图 7-22　用 ZC-8 测量仪测接地电阻　　　　图 7-23　用万用表测接地电阻

（2）将万用表置于 ×1 电阻挡，调好零点，选好测试线，测量并记录 AB 之间、BC 之间、AC 之间的电阻值，得 R_{AB}、R_{BC}、R_{AC}。

（3）根据接地电阻等于（$R_{AB}+R_{AC}-R_{BC}$）÷2 进行计算。例如，测得 $R_{AB}=7Ω$、$R_{AC}=11Ω$、$R_{BC}=12Ω$，则接地电阻为 3Ω。

7.5.5　接地装置的检修

1．接地装置验收检查

当接地装置安装完毕后，要对接地装置的外露部分进行外观检查和测量检查，内容包括：

（1）检查接地装置的材料，看是否按设计要求选用，重点检查接地线的载流量是否够用。

（2）检查接地体、接地干线、接地支线的连接处位置是否按设计要求进行。

（3）逐一检查接地装置的各连接点，看是否有漏接、错接、虚焊和松动的地方，发现上述情况应采取措施加以处理。

（4）检查明设的接地线，应符合安全要求、配线要求。

（5）检查接地体周围的土壤，土壤应夯实。

（6）按技术要求测量接地电阻，其阻值应在规定允许范围之内。若超出指标，要分析原因，采取措施解决，不能任意降低标准。

2．定期检查

运行中的接地装置应进行定期检测，主要内容有：

（1）半年或一年进行一次接地电阻的测定，发现接地电阻增大，应及时修复，不可勉强使用。

（2）通常每年检查一次接地装置的连接处和接地线的支撑点，出现松动、开焊应及时修复。

（3）要定期检查埋设在地下的接地体和接地干线，若有严重锈蚀应及时更换。

3．常见故障的维修

（1）对于新安装的接地装置或设备维修后安装的接地装置，应按设计接线图检查线路，如有漏接、错接之处，应予纠正。

（2）对于定期检查发现的隐患应及时处理。焊口出现锈蚀、脱焊的应重新焊接；连接处螺钉松动的，应予拧紧；处于震动环境中的螺钉连接处应加防震垫。

（3）检测中若接地电阻值增大，应着重检查接地体与接地线连接处、接地干线与接地支线连接处，接触不良是接地电阻增大的原因之一。同时应检查接地体，接地体锈蚀往往造成接地电阻值的增大，严重锈蚀的接地体应重新更换。

7.6　安全用电

7.6.1　安全用电的意义

当电力系统及电气设备存在质量问题时，当操作人员违反安全操作规程操作时，以及其他一些意外因素的影响，都可能造成用电事故。

用电事故可分为人身事故和设备事故。人身事故是指电对人体产生的伤害，这就是通常所说的人身触电事故。触电事故最为严重，最容易造成人的死亡。据有关资料统计，触电事故的死亡率占触电伤亡人数的 30%～40%。设备事故除了造成电气设备本身损坏外，还能引起重大停电、停产事故，严重的还会酿成电气火灾和爆炸事故。统计资料表明，造成用电事故的第一位因素是安全用电技术水平低下，缺乏电气安全知识。造成触电事故的多为缺乏安全用电知识的人。违反操作规程是造成用电事故的第二位因素。可以说，安全用电关系到国计民生，影响到千家万户。安全用电的意义在于尽量避免或减少用电事故的发生，一旦发生用电事故，应采取有效措施迅速处理，尽一切可能避免或减少人身伤亡和财产损失。

7.6.2　电流对人体的影响

人体是导体，当人体与带电部位接触构成回路时，就会有电流流过人体，这就是常说的触电。人体触电会造成电击或电伤。电击是指电流通过人体，使内部组织受到损伤，造成人体发热、发麻、肌肉抽搐，神经麻痹，以致呼吸窒息、心脏停止跳动而死亡。电伤是指电流对人体外部造成的局部伤害，引起皮肤的灼伤、烙伤，造成肌肉和神经的坏死，严重的导致死亡。

经过大量的实验和研究表明，电流对人体的危害程度与下列因素有关：

（1）人体的电阻值。人体的电阻值通常在 $10\sim100\text{k}\Omega$ 之间，不同的人在不同的情况下有很大的差异，最小阻值可在 $1\text{k}\Omega$ 以下。人体的电阻越小，触电时通过的电流越大，对人的危害也越大。

（2）通过人体的电流。不同强度的电流对人体危害程度不同。人体通过 1mA 50Hz 交流电或 5mA 直流电，就有麻痛的感觉，人体最小感知电流为 0.5mA 50Hz 交流电。人体通过 10mA 以内的交流电，触电者尚能摆脱电源，超过 50mA 就有生命危险，达到 100mA 足以使人致死。

（3）加在人体上的电压。人体接触的电压越高，通过人体的电流越大，对人体的危害越严重。220V、380V 交流电压引起触电死亡人数占整个触电死亡人数的大多数，36V 以下的交流电对人体没有严重的威胁，规定为安全电压。

（4）通过人体电流的时间。电流作用于人体的时间越长，对人体的危害越严重。如 50Hz 50mA 的交流电持续时间为 10s，还没有生命危险；若超过几十 s，必将引起心脏室颤，心跳停止而致死。

（5）通过人体电流的频率。一般说来，人体对直流电的抵抗能力较交流电高，高频电流对人体的危害较 50Hz 交流电小，$40\sim60$ Hz 交流电对人的危害最大。

除此以外，人体触电造成的损害还与人体自身的状态、触电时的环境有关，特别是在潮湿炎热条件下触电的危险性较大。

常见的触电形式有单相触电和两相触电。人体的一部分在接触一根带电相线的同时，另一部分与大地接触，电流从相线通过人体入地形成回路，由此造成触电称单相触电。在触电事故中，单相触电的事例最多，其中因接触漏电电气设备外壳所造成的单相触电较为常见。当人体的两个不同部位同时接触两根带电相线时，电流经过人体造成两相触电。线电压较高，两相触电的危险性大。

7.6.3　保护接地与保护接零

为了防止触电，电气设备的金属外壳必须采取保护接地或保护接零的措施。

1．保护接地

为防止人体触电，将电气设备的金属外壳及与外壳相连的金属构架接地称保护接地，如电动机的外壳接地，敷线的金属管接地等。采取保护接地后，一旦电气设备的金属外壳因带电部分的绝缘损坏而带电，此时人体触及设备外壳，由于接地线的电阻远小于人体电阻，大部分电流经过接地线入地，从而保证了人身的安全。如图 7-24 所示为保护接地示意图。

需要说明的是，接地是指电气设备通过接地装置与大地形成可靠的电连接。

2．保护接零

在中点接地的三相四线制配电系统中，将电气设备的金属外壳、构架等与中线连接称为保护接零。采取保护接零的电气设备，若绝缘损坏而使外壳带电，因中线接地电阻很小，所以短路电流很大，导致电路中保护开关动作或保险丝熔断，从而避免触电危险。如图 7-25 所示为保护接零示意图。

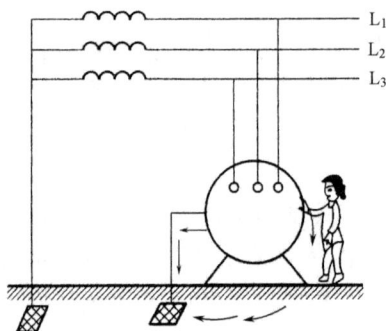

图 7-24　保护接地示意图

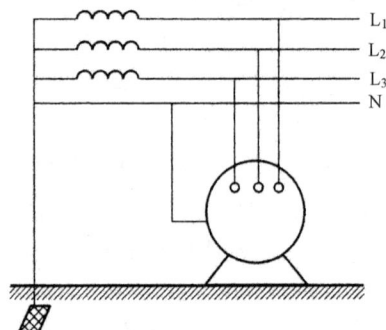

图 7-25　保护接零示意图

注意

在中点未接地系统中，绝对不允许采用接零保护。因为在这种情况下，配电系统某一点与外壳相碰，会使所有接在中线上的电气设备外壳均带电，电压接近相电压数值，这是十分危险的。

在380/220V三相四线制系统中，为使保护装置可靠地动作，确保人身安全，用电设备外壳除了采取保护接地，同时应采取保护接零。

在同一供电线路上，不允许一部分电气设备保护接地，另一部分电气设备保护接零。

7.6.4　照明供电线路的某些规定

照明电路与人们的生活密切相关，做到安全用电，要明确照明电路的某些规定。

1. 三相四线制的零线

照明电路采用三相四线制供电方式，规定三根相线的颜色分别为黄色、绿色和红色，零线的颜色为黑色或白色。这里特别提醒操作者，无论布线还是维修，零线的颜色不能变，不能用其他颜色的导线作零线。零线的错接、断路的后果是严重的。

配电箱的零线较细，应经常检查并保证零线良好接触。因零线断路，使照明电路的电压偏高，造成家用电器的损坏，在各地时有发生。

2. 相线的连接

相线又称火线，由配电箱或配电板引入后，规定相线一定要接开关，这就是常说的"火线进开关"。相线接开关，开关切断后，开关以后的电路脱离电源，便于线路的检查和灯具的更换。

3．电源插座的连接

插座的连线规定请见插座安装部分的叙述。

4．接地、接零的保护

对于设置接地或接零线的照明线路，单相家用电器也可以采用三相电气设备保护接地、保护接零的安全措施。如图 7-26（a）所示是接地保护或接零保护。

设置接地线或接零线的电源插座，使用的是 3 孔插座，接地线或接零线与插座上端的大孔相接。家用电器的电源线也必须是 3 线插头，家用电器的外壳接线与大孔对应的插头相接。

注意

单相电源采用保护接地、保护接零的关键是照明线路中要设置符合电气技术要求的接地线或接零线。若室内配置的是 2 孔插座，表明没有设接地线或接零线。无论在何种情况下都不能将配电板上的电源零线作为接零线，使 3 孔插座的零线端与保护接地端或保护接零端直接相连，如图 7-26（b）所示。因为电源零线通过保险丝引入，一旦零线断路，用电器外壳带电，这样不仅起不到保护作用，还将带来触电的危险。

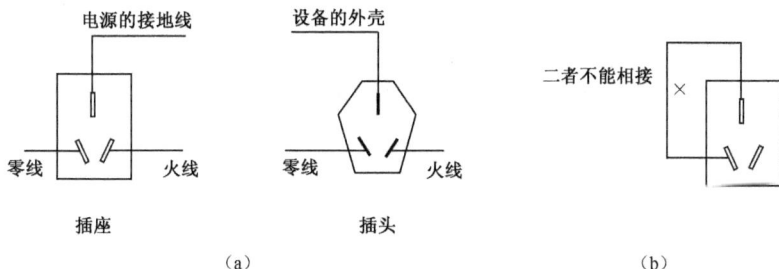

图 7-26　单相家用电器保护接地或接零

7.6.5　一般安全用电常识

（1）熔丝或保险丝是单相照明电路最基本的保护电器，熔丝的额定电流应稍大于负载的额定电流，通常选用家用电器中功率最大的负载电流作额定电流，如空调器或微波炉的负载电流。在更换熔丝时，不可随意加大规格或用铜导线代替。

（2）严禁采用一条相线和大地作零线给用电器具供电，以防止有人拔出接地零线而触电。

（3）不可用湿手接触带电的开关、灯座、导线等，不可用湿布擦带电电器。

（4）在搬动可移动电器时，应先切断电源，然后搬动。

（5）漏电保护器又称漏电保护开关，具有漏电、触电、过载和短路等保护功能。使用漏电保护器一定要定期检测其漏电保护性能，通常每月检测一次，按下试验按钮时，漏电保护应立即动作，确认工作正常。

7.6.6　触电紧急救护

当发现有人触电时，不可惊慌失措，应保持冷静，迅速、安全、正确地进行紧急救护。

触电急救对于减少触电伤亡是行之有效的方法。

（1）使触电者尽快脱离电源。一旦发生触电事故，首先应当设法使触电者迅速而安全地脱离电源，每争得一秒钟都是给触电者一分生存的希望。脱离电源采用的方法应视触电现场具体情况而定，常用的方法有：当电源开关距离触电现场很近时，可迅速切断电源，再把触电者移开。如电源开关很远或不具备关闭电源的条件，可拉住触电者干燥的衣角，使之与带电体分离；也可站在干燥的木板上拉触电者使之脱离电源；断落的导线与触电者相连时，可用干燥的木棒将电线挑开；救护人员还可用绝缘钳子，从来电的方向切断电线，使触电者脱离电源。

（2）脱离电源后的急救。触电者脱离电源后，应迅速就地抢救，同时请医生来治疗。

若触电者伤害较轻，没有失去知觉，只是一度昏迷，应使触电者处于有利恢复呼吸的环境，如要通风阴凉，解开触电者的衣领裤带，使其平卧放松，注意观察触电者的变化，等待医生治疗。

若触电者已停止呼吸，应立即对触电者进行人工呼吸；如触电者心跳停止，应立即采用胸外心脏挤压法进行抢救。在实施上述急救的同时，迅速去请医生，并采取措施送往医院。

习题 7

1．什么叫安全载流量?它是一个固定的值吗?选取安全载流量要考虑哪些因素的影响?

2．什么叫配电箱?它有什么功能?请观察你所在教学楼和住宅楼的配电箱，写下配电箱内的电器元件，分析其作用。

3．简述自制配电箱的步骤。

4．什么叫照明平面图?它有什么特点?照明平面图表达哪几方面的内容?

5．熟悉照明平面图常用的图形符号和文字符号标注方法，说明下列标注的含义。

（1）$6-P\dfrac{1\times100}{2.5}L$

（2）$4-G\dfrac{1\times150}{3.5}G$

（3）BVR（2×2.5）PVC15—DA

（4）BVV（2×2.5）QD—QM

（5）BLV（2×2.5）CP—LM

（6）BVR（3×4+1×2.5）G25—DA

6．简述室内照明配线的一般步骤。

7．简述白炽灯安装的过程。开关、灯座接法有什么规定?花线的接线有何要求?

8．简述荧光灯的组成和作用。实际解剖荧光灯电路，画出其电路图。

9．简述荧光灯的工作原理。

10．安装用电器插座有哪些规定?用示意图表示。

11．简述照明电路检修的一般方法。

12．接地装置的作用是什么?哪些电气设备需保护接地和保护接零?

13．什么叫接地电阻?如何测量接地电阻值?

14．简述接地装置的检修内容。

15．电气设备保护接地、保护接零为什么能防止人体触电事故？

16．电气设备的接地是什么含义？

17．单相家用电器连接保护接地或保护接零应注意哪些问题？

第8章 可编程控制器

可编程控制器简称 PLC，它是计算机技术和继电器控制技术相结合而形成的新型工业自动控制设备。可编程控制器简化了计算机的编程方法和输入输出方式，保留了继电器控制系统简单易学，操作方便的优点，直接应用于工业控制环境，具有很强的抗干扰能力，广泛的适应能力，目前已成为现代工业自动化控制的重要支柱设备。

可编程控制器作为工业控制的专用机与通用微机相比，抗干扰性能强，编程简单，易学易用，设计周期短，并且投入成本低。可编程控制器与继电器控制系统相比较，PLC 采用梯形图语言，沿用继电器控制电路的元件符号，其电路与继电器控制原理图相似。传统的继电器控制电路由许多继电器、接触器组成，这些元件是实在的物理器件，称为硬件继电器。而PLC 中众多继电器是由存储器的触发器组成，通过置 1 或置 0，实现继电器的通与断，这些继电器称为软件继电器。继电器控制电路通过继电器元件及接线，实现功能控制，并只能实现开关量的控制，执行并行工作方式，接通电源各继电器均处于受制约状态。PLC 通过软件编程实现功能控制，调整便捷，应用范围广，采用串行工作方式，各软件继电器处于周期循环扫描接通状态，功能完善，可进行开关量和模拟量的控制。

本章以 FX2 系列 PLC 为例，介绍 PLC 的内部系统配置、指令系统及在电动机控制电路的应用，以便对可编程控制器有概括的了解。

8.1 可编程控制器概述

8.1.1 PLC 的功能特点和应用

1. PLC 的功能特点

（1）抗干扰性强，可靠性高。PLC 专为工业自动化控制而设计，在硬件和软件上采取一系列抗干扰措施，从而提高了控制系统整体的可靠性。

（2）具有较强的通用性、适应性。PLC 已形成系统化、模块化，通用性强；硬件配置灵活，可方便地组成规模不同、功能不同的控制系统。在硬件配置确定后，通过适当地修改用户程序，就能适应生产工艺条件的变化，实现生产线自动化控制，具有较强的适用性。

（3）编程简单，使用方便。PLC 的梯形图语言采用类似传统继电器的符号和规定，编程简单，便于电气技术人员学习和掌握。

（4）功能完善。PLC 具有模拟量和数字量输入/输出、逻辑和算术运算、数据处理、通信、自检、记录和显示功能，可以实现顺序控制、位置控制和过程控制。

（5）PLC 控制系统设计、安装和调试快捷。PLC 利用软件继电器功能，取代继电器控制系统大量使用的继电器，大大地减少了控制系统设计、安装的工作量，PLC 的模块化减少了现场调试的工作量。

随着微电子技术、计算机技术和网络通信技术的发展，必将促进可编程控制器的结构和功能的不断改进，PLC 将以速度更快、功能更强、价格更低、体积更小来满足工业自动化控制系统的需要。

2．PLC 的应用

（1）顺序控制：指按照生产工艺预先规定的顺序，在各输入信号的作用下，根据内部状态和时间的顺序，控制生产过程中的各个执行机构自动有序地进行操作的过程。顺序控制是可编程控制器最早的一种应用方式，也是 PLC 应用最广泛的领域，目前已取代了继电器在顺序控制中的主导地位，常用于单台电动机控制、多机群控制和自动生产线控制。顺序控制是 PLC 的基本控制功能，在工业控制中，大部分的控制系统属于顺序控制系统，PLC 小型机以价格优势广泛用于顺序控制系统。

（2）过程控制：指 PLC 对温度、压力、流量、速度、电压或电流等各种模拟量实现闭环控制。如 PLC 通过模拟量 I/O 模块，实现模拟量和数字量之间转换，对模拟量进行闭环控制。PLC 大、中型机一般都具有闭环控制功能。

（3）数据处理：PLC 具有各类数字运算、数据传递、数据变换和数据比较等功能，可以按要求完成数据的采集、分析和处理。PLC 数据处理一般用于大、中型自动控制系统。

（4）集散控制：PLC 与计算机或其他 PLC 建立通信网络，进行信息交换，组成集散控制系统，应用于集中管理，分散控制。

3．PLC 的性能指标

（1）I/O 点数：指 PLC 的外部输入、输出端子数。PLC 的输入、输出有开关量和模拟量之分，开关量用最大的 I/O 点数表示，模拟量用最大的 I/O 通道数表示。

（2）软件继电器的种类和点数：PLC 内部继电器包括辅助继电器、特殊的辅助继电器、定时器、计数器和移位寄存器等，其点数为几十点至千点。

（3）用户程序存储量：指 PLC 的用户程序存储器通过编程器输入的用户程序量，通常用 K 字、K 字节、K 位来表示。

（4）扫描时间：指 PLC 执行一次解读用户逻辑程序所需的时间。通常用每执行 1000 条指令所需时间估算，一般在 10～40ms 之间。

（5）编程语言及指令功能：PLC 常用的语言有梯形图语言、指令表语言、功能图语言及某些高级语言等。目前使用最多的是梯形图语言和指令表语言。

PLC 的性能指标还包括 PLC 的工作环境、耐振动性、耐冲击性等项目。

4．PLC 的分类

PLC 的产品种类很多，通常根据 PLC 的 I/O 点数和存储器容量分为以下三个等级。

（1）PLC 小型机：I/O 点数在 256 以下，用户程序存储量为 2K 字节以下。

（2）PLC 中型机：I/O 点数为 256～2048，用户程序存储器容量一般为 2～8K 字节。

（3）PLC 大型机：I/O 点数在 2048 以上，用户程序存储器容量在 8K 字节以上。

按照 PLC 结构形状，PLC 分为整体式 PLC 和模块式 PLC。整体式 PLC 将电源、中央处理器和输入输出部件集中配置在一起，其体积小，重量轻、价格低，PLC 小型机通常采用这种结构。模块式 PLC 将 PLC 的各个部分以模块的形式分开，通过机架组装在一起，这种结构配置灵活，装配方便，便于扩展，中型机和大型机常采用模块式结构。

8.1.2 PLC 的基本组成

可编程控制器主要由中央处理单元、存储器、输入/输出单元、电源和编程器等组成，如图 8-1 所示。

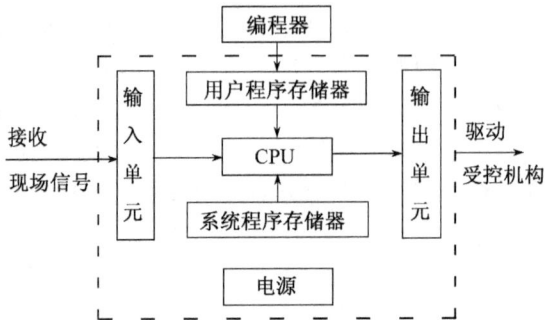

图 8-1 PLC 的基本组成

1. 中央处理单元

中央处理单元又称 CPU，由微处理芯片构成，是可编程控制器的核心。CPU 的功能主要有：接受并存储从编程器键入的用户程序和数据；用扫描方式采集由控制现场输入的信号和数据，并存入相应的寄存器；自检 PLC 电源、内部电路的工作状态和编程过程中的语法错误等；PLC 工作时，从用户程序存储器逐条读取指令，产生相应的控制信号，去控制有关电路，完成用户程序所规定的运算任务；根据处理结果，更新有关标志位的状态和输出状态寄存器的内容，实现输出控制、制表打印及数据通信等任务。

2. 存储器

可编程控制器均配置系统程序存储器和用户程序存储器。系统程序存储器存放系统工作程序、监控程序等管理程序及各种系统参数，系统程序不能由用户直接存放。用户程序存储器存放用户程序，即存放由编程器键入的用户程序或用户编制的梯形图等程序。

3. 输入/输出单元

输入/输出单元是 CPU 和控制现场 I/O 装置或其他外部设备之间的接口部件。因 CPU 所处理的信号只能是标准电平，为了使 PLC 能直接用于控制现场，必须设计 I/O 单元。

输入单元可以接受两种类型的输入信号，一种是由按钮开关、选择开关、光电开关等各种开关或继电器提供的开关量输入信号；另一种是由电位器、热电偶或各传感器等提供的连续变化的模拟信号。输入单元一般由输入接口，光电耦合器、PLC 内部电路接口和驱动电源等组成。

输出单元一般由 PLC 内部电路输出接口、光电耦合器、输出接口和驱动电源等组成。通过输出单元可以将接触器、电磁铁等各种执行机构直接接到 PLC 输出端，控制各执行机构，并反映外部负载的状态。

4．编程器

用户程序是通过编程器送入 PLC 的存储器中，编程器是 PLC 重要的外部设备。编程器不仅用于用户程序的编制、调试和监测，还可以调用显示 PLC 一些内部状态和系统参数。

编程器有简易型和带显示屏的两类，在一般情况下均采用简易型手持编程器。简易型编程器只能在联机状态下，通过其键盘完成编程。大、中型 PLC 多采用带有显示屏的编程器，这种编程器可以在联机或者脱机状态下完成编程。

5．电源

PLC 的供电电源一般为 AC 220V，也有采用 DC 24V。对 220V 交流电源无特殊要求，允许电压在±（10%～15%）的范围波动。PLC 内部设有直流稳压电源，为各单元电路提供直流电源。为了防止因外部电源发生故障，造成 PLC 内部重要数据丢失，PLC 一般都设有后备的直流电源。

8.1.3　PLC 的编程语言

PLC 常用的编程语言有梯形图语言、指令表语言、功能图语言和高级语言等。其中功能图语言又称流程图或转移图语言，是描述控制系统的控制过程、功能和特性的一种图形。高级语言是高档机使用的编程语言，系统软件具有这种专用语言编译程序。下面介绍使用普遍的梯形图语言和指令表语言。

1．梯形图语言

梯形图语言沿用继电器的触点、线圈、串并联等术语和图形符号，具有形象、直观、实用等特点。梯形图中的继电器、定时器和计数器称软件继电器，反映的是 PLC 存储器中的位，─┤├─ 表示继电器的常开触点，即动合触点，─┤/├─ 表示继电器的常闭触点，即动断触点，─○─ 表示继电器的线圈。当存储器中的位为 1 时，则相应继电器的常开触点闭合，常闭触点断开，线圈得电。

PLC 梯形图的结构如图 8-2（a）所示。梯形图两端的竖线称做母线，两端的母线不接任何电源。为了便于分析、理解梯形图工作原理，假设左母线为相线，右母线为零线，在电器元件——软件继电器触点闭合的情况下，则有假想电流从左向右流过，即线圈得电，控制相应的触点动作。两条母线间由电器元件的触点和线圈组成的支路称为梯级，每一梯级必须至少有一输出元件与右母线相连。通常一个梯形图由多个梯级组成，梯级的多少由控制系统的复杂程度决定，但一个完整的梯形图至少应有一个梯级。图中所示梯形图由三个软件继电器触点和一个线圈组成，当触点 X000 接通，即 X000 为 1 时，Y030 线圈得电，Y030 动合触点自锁。

2．指令表语言

指令表语言又称助记符语言，用助记符即操作指令组成指令表。指令表也称语句表，若干条语句表构成程序，描述出控制流程，反映 PLC 的各种操作功能。通常一条指令由指令助记符和作用元件编号组成，如图 8-2（b）所示。

指令表语言编程简单，逻辑紧凑，与梯形图语言相比，连接范围不受限制，但单纯地阅读指令表，其逻辑关系不能一目了然，反映比较抽象。目前各类 PLC 通常使用梯形图语言，配合指令表共同完成编程。

需要说明的是，PLC 编程语言的兼容性较差，不同的厂家，甚至同一厂家的不同型号的 PLC，其编程语言都不具有兼容性，这一点在实际应用 PLC 时要注意。

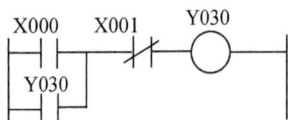

步序	助记符号	元件编号
0	LD	X000
1	OR	Y030
2	ANI	X001
3	OUT	Y030

（a）梯形图　　　　　　　　　　　　　（b）语句表

图 8-2　梯形图及语句表

8.1.4　PLC 的工作原理

可编程控制器在硬件的支持下，通过执行反映控制要求的用户程序，实现对系统的控制，其工作过程就是 CPU 扫描程序的执行过程。PLC 工作特点是采用分时操作和循环扫描的工作方式。PLC 工作时，CPU 不能同时去执行多个操作，每一时刻执行一个操作，完成一个动作，按时间顺序执行下去，这种工作方式称分时操作。CPU 对用户程序的扫描处理完毕，将自动返回执行下一个扫描周期，重复对程序的扫描，这种方式称循环扫描。

PLC 工作过程可分以下 4 个工作阶段。

1．初始化处理阶段

这一阶段完成的任务是开机清零和自检。开机时，CPU 使输入暂存器清零，并进行自检。自检也称自诊断，若发现故障，通过指示灯报警，并根据故障性质，作出相应处理。自检确认硬件工作正常后，进入下一工作阶段。

2．输入处理阶段

在此阶段 CPU 对输入端进行扫描取样，将输入信号送入输入暂存器。在同一扫描周期内，输入端的信号在输入暂存器中一直保持不变，不会受到各输入信号变化的影响，保证了在此期间内用户程序的正确执行。

3．用户程序处理阶段

当输入端子的信号全部进入输入暂存器后，CPU 工作进入用户程序处理阶段。按顺序对用户程序逐条扫描、解释和执行，最后将结果写入输出暂存器。

4．输出处理阶段

用户程序处理完毕，CPU 将输出信号从输出暂存器中取出，通过输出锁存电路，经输出端子，发出外设操作命令，被控设备执行各种相应的动作。然后 PLC 进入下一循环工作周期，整个循环工作过程如图 8-3 所示。

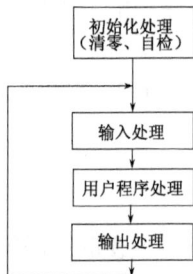

图 8-3　PLC 循环扫描过程

　　从 PLC 的工作过程可以看出，PLC 采用循环扫描、分时操作的工作方式，只有在输入处理阶段对输入端子进行扫描取样，而在其他时段输入端被封锁，直到下一个工作周期的输入处理阶段才对输入端进行新的扫描取样。这种定时取样的方法，保证了 CPU 执行用户程序时，输入端处于隔离状态，输入端的变化不会影响 CPU 的工作，提高了 PLC 的抗干扰能力。同样，PLC 在一个工作周期内，其输出暂存器中的数据发生变化，但输出锁存器中的数据一直保持不变，直到输出处理阶段才对输出锁存器刷新。这种集中输出的方法，使 PLC 在执行用户程序时，输出锁存器与输出端处于隔离状态，也保证了 PLC 的抗干扰能力。

8.2　FX2 系列 PLC 的主要性能

　　FX2 系列 PLC 是日本三菱公司 1991 年推出的高性能的 PLC，CPU 采用 16 位微处理器和一个专用逻辑处理器，编程语言为梯形图语言和指令表语言，指令系统包括基本指令、步进指令和功能指令。

8.2.1　FX2 系列 PLC 型号的含义

　　FX2 系列 PLC 型号的含义如下：

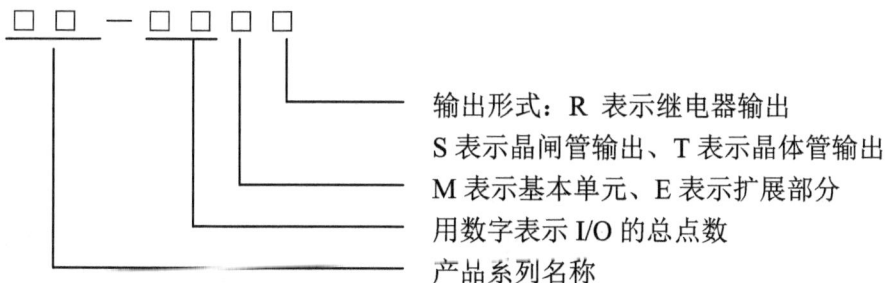

□□—□□□□

　　　　　　　　　　　　　输出形式：R 表示继电器输出
　　　　　　　　　　　　　S 表示晶闸管输出、T 表示晶体管输出
　　　　　　　　　　　　　M 表示基本单元、E 表示扩展部分
　　　　　　　　　　　　　用数字表示 I/O 的总点数
　　　　　　　　　　　　　产品系列名称

　　例如，FX2—48MS 表示 FX2 系列，I/O 总点数为 48，采用晶闸管输出形式的基本单元可编程控制器。

8.2.2　FX2 系列 PLC 的结构

　　FX2 系列 PLC 采用整体式和模块式相结合的叠装式结构，由基本单元、扩展单元和特殊适配器组成。通过增设扩展单元，改变系统输入、输出点数，以满足控制系统的需要。特殊适配器具有基本单元所没有的特殊服务功能，它设置在基本单元左侧的特殊端口上，由基本单元提供电源。

8.2.3　FX2 系列 PLC 的内部配置和功能

　　可编程控制器内部各种功能不同的软件继电器是由电子线路和存储器组成，称为 PLC 的内部系统配置，如输入/输出继电器，辅助继电器、定时器和计数器等。

1．输入继电器（X）

　　在 PLC 内部的存储器中有一个用来存储输入信号的存储区，其每一位状态与 PLC 的输入状态相对应，用于反映控制现场的输入信号，存储区的位称为输入继电器或输入暂存器。存储区的状态也就是继电器动合触点的状态，由现场的输入信号决定。

输入继电器用 X 表示，它通过输入端子接受由外部控制现场发来的控制信号，而不受 PLC 内部程序的控制，编程时使用次数不限。

2．输出继电器（Y）

同样在 PLC 的内部有一存储输出信号的存储区，用于反映 PLC 输出端的状态，称为输出继电器或输出暂存器。

输出继电器用 Y 表示，它通过输出端子，向外部负载传递控制信号。输出继电器只接受 PLC 程序的控制，一个输出继电器对应于输出单元外接的一个继电器或其他执行元件。FX2 系列 PLC 输出继电器通常有继电器、晶体管、晶闸管三种输出形式。

3．辅助继电器（M）

PLC 内部设置许多辅助继电器，有若干对动合触点和动断触点。其特点是：辅助继电器只能由 PLC 的程序，即 PLC 中其他继电器的触点来驱动，其作用相当于继电器控制系统中的中间继电器，仅供中间转换环节使用。辅助继电器不能直接驱动外部负载，要驱动外部负载必须通过输出继电器执行。除通用辅助继电器外，还有保持辅助继电器和特殊辅助继电器。

保持辅助继电器设有后备电池供电，在 PLC 电源中断时能保持继电器原来的状态不变，适用于要求保持断电前状态的控制系统。

特殊辅助继电器是一些具有专门功能的辅助继电器，如运行监控继电器、初始化脉冲继电器、中断继电器等，主要用于电池电压的监控，扫描周期和工作状态等监控及保护。

4．定时器（T）

定时器是 PLC 提供的不同延时触点，相当于继电器控制中的时间继电器，供编程时选用和设定。定时器有通用定时器和积算定时器两类。通用定时器又称非积算定时器，它没有保持功能，在线圈断电或 PLC 停电时复位操作。通用定时器有 100ms 和 10ms 两种定时器，设定值范围分别为 0.1～3276.7s 和 0.01～327.67s。积算定时器又称保持定时器，定时器设有后备电池，在继电器触点断开时保持当前值，触点再次接通时继续定时。1ms 积算定时器的设定值范围为 0.001～32.767s，100ms 积算定时器的设定值范围为 0.1～3276.7s。

5．计数器（C）

计数器主要用来记录脉冲的个数或根据脉冲个数设定某一时间。计数器的计数值是用户根据设计要求，通过编程设定。设置后备电池的计数器具有断电保持功能，当电源中断时计数器能保持当前计数值。计数器分通用计数器和高速计数器。

6．数据寄存器（D）

数据寄存器用于存储数据和参数，为 16 位寄存器，最高位是符号位，两个数据寄存器合并可构成 32 位寄存器，最高位仍为符号位。数据寄存器分为：

（1）通用数据寄存器　用于存储运算最终结果或中间结果。其中的断电保持数据寄存器不论电源是否接通，PLC 是否运行，都不会改变寄存器的内容。

（2）特殊数据寄存器　用于监控 PLC 的运行状态，如电池电压、扫描时间等。

（3）文件寄存器　用于存储大批量数据，如取样数据、统计计算数据等。

（4）变址寄存器　用于修改编程器件的地址编号。

7. 状态寄存器（S）

状态寄存器用于表示 PLC 各类运行的具体状态，是编制步进顺序控制程序时使用的基本单元，常与步进指令 STL 配合使用。

8. 指针（P）

指针包括分支指令用的指针和中断用的指针。前者表示跳转指令的跳步目标和调用指令调用子程序的标号；后者用于指出某一中断源的中断入口程序的标号。

8.2.4 FX2 系列 PLC 软件继电器的编号

PLC 软件继电器都有确切的地址编号，软件继电器、编程元件与其地址编号均一一对应。FX2 系列 PLC 软件继电器的编号如表 8-1 所示。

表 8-1 FX2 系列 PLC 软件继电器的编号

元 件 名 称	符 号	元 件 编 号	点 数	编 号 方 式
输入继电器	X	000～177	128	按八进制编号
输出继电器	Y	000～177	128	按八进制编号
辅助继电器				
通用辅助继电器	M	M0～M499	500	按十进制编号
断电保持辅助继电器	M	M500～M1023	524	同上
特殊辅助继电器	M	M8000～M8255	256	同上
定时器				
100ms 定时器	T	T0～T199	200	同上
10ms 定时器	T	T200～T245	46	同上
1ms 定时器	T	T246～T249	4	同上
100ms 积算定时器	T	T250～T255	6	同上
计数器				
通用加计数器	C	C0～C99	100	同上
保持加计数器	C	C100～C199	100	同上
通用加/减计数器	C	C200～C219	20	同上
保持加/减计数器	C	C220～C234	15	同上
高速计数器	C	C235～C255	21	同上
数据寄存器				
通用数据寄存器	D	D0～D199	200	同上
断电保持寄存器	D	D200～D511	312	同上
特殊寄存器	D	D8000～D8255	256	同上
文件寄存器	D	D1000～D2999	2000	同上
状态寄存器				
初始化用状态寄存器	S	S0～S9	10	同上
通用状态寄存器	S	S10～S499	490	同上
断电保持状态寄存器	S	S500～S899	400	同上
报警状态寄存器	S	S900～S999	100	同上
指针	P	000～063	64	同上

8.3　FX2 系列 PLC 的指令系统

FX2 系列 PLC 的指令系统包括基本逻辑指令、步进指令和功能指令三部分，下面对常用指令作以简单介绍。

8.3.1　基本逻辑指令

基本逻辑指令简称基本指令，是 FX2 系列 PLC 最基本、最常用的指令，共 20 条。虽然各种型号的 PLC 基本指令各有差异，但基本格式、基本功能和表示方法相似。

（1）取指令（LD）。

（2）取反指令（LDI）。

（3）输出指令（OUT）。

以上三条指令又称输出输入指令。

LD：取指令，完成"取"的操作功能，在梯形图中用软件继电器的动合触点—| |—表示，并且与左母线相连。

LDI：取反指令，完成"取反"的操作功能，在梯形图中用动断触点—|/|—表示，并且与左母线相连。

OUT：输出指令，完成驱动继电器线圈的操作功能，在梯形图中，用软件继电器的线圈—○—表示，并且与右母线相连，当线圈得电，控制相关触点动作。OUT 是驱动线圈的输出指令，因此操作元件不能选用输入继电器 X。

LD、LDI、OUT 指令的用法，如图 8-4 所示。

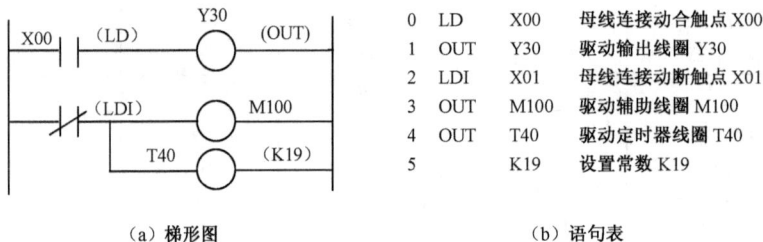

0　LD　　X00　　母线连接动合触点 X00
1　OUT　　Y30　　驱动输出线圈 Y30
2　LDI　　X01　　母线连接动断触点 X01
3　OUT　　M100　　驱动辅助线圈 M100
4　OUT　　T40　　驱动定时器线圈 T40
5　　　　　K19　　设置常数 K19

（a）梯形图　　　　　　　　　　　　　（b）语句表

图 8-4　LD、LDI、OUT 指令的用法

需要说明的是，使用 OUT 指令驱动定时器，必须设定时间常数，图中 K 表示十进制时间常数。

（4）与指令（AND）。

（5）与非指令（ANI）。

与指令、与非指令又称触点串联指令。

AND：与指令，完成动合触点的串联操作功能，在梯形图中要与 LD、LD1 指令的触点相串联。

ANI：与非指令，完成动断触点的串联操作功能，同样要与梯形图中的触点相串联。

AND、ANI 用于单个触点的串联，于 LD、LDI 指令后使用，即对 LD、LDI 指令规定的触点再串联一个触点。串联的触点数不限，但触点数与指令条数要相对应。其用法如图 8-5

所示。

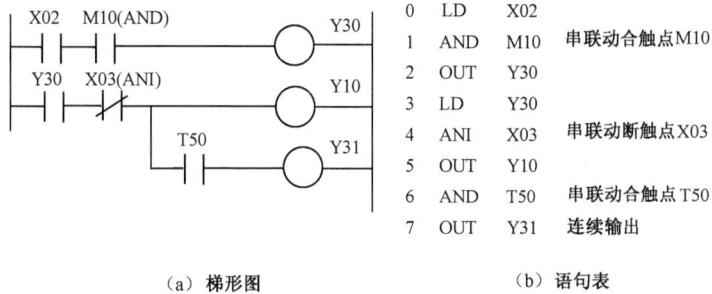

0	LD	X02	
1	AND	M10	串联动合触点 M10
2	OUT	Y30	
3	LD	Y30	
4	ANI	X03	串联动断触点 X03
5	OUT	Y10	
6	AND	T50	串联动合触点 T50
7	OUT	Y31	连续输出

（a）梯形图　　　　　　　　（b）语句表

图 8-5　AND、ANI 指令的用法

（6）或指令（OR）。

（7）或非指令（ORI）。

或指令、或非指令又称触点并联指令。

OR：或指令，完成动合触点的并联操作功能，在梯形图中动合触点与其他触点相并联应用或指令。

ORI：或非指令，完成动断触点的并联操作功能，在梯形图中与其他触点相并联。

OR、ORI 指令用于单个触点的并联，通常接于 LD、LDI 指令后使用，即对 LD、LDI 指令规定的触点再并联一个触点。其用法如图 8-6 所示。

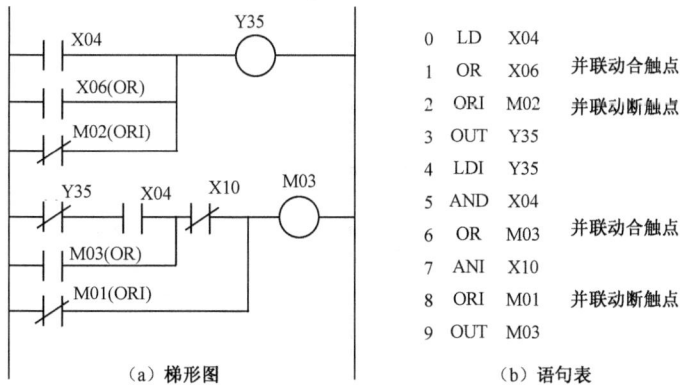

0	LD	X04	
1	OR	X06	并联动合触点
2	ORI	M02	并联动断触点
3	OUT	Y35	
4	LDI	Y35	
5	AND	X04	
6	OR	M03	并联动合触点
7	ANI	X10	
8	ORI	M01	并联动断触点
9	OUT	M03	

（a）梯形图　　　　　　　　（b）语句表

图 8-6　OR、ORI 指令的用法

（8）块或指令（ORB）。

（9）块与指令（ANB）。

两个以上触点所组成的电路称电路块。块或指令又称电路块并联指令，块与指令又称电路块串联指令。

ORB：块或指令，完成电路块并联的操作功能，在梯形图中电路块与其他电路相并联。

ANB：块与指令，完成电路块串联的操作功能，在梯形图中电路块与其他电路相串联。

ORB、ANB 指令不表示触点，只表示电路块与电路的串、并联关系，其后不带任何操作元件。使用 ORB、ANB 指令与 OR、AND 指令区别在于前者对象是电路块，后者是触点。

（10）置位指令（S）。

（11）复位指令（R）。

S：置位指令，完成元件保持通态的操作功能，在梯形图中用标注 S 及操作元件编号的方框表示。

R：复位指令，完成元件恢复断态的操作功能，在梯形图中用标注 R 及操作元件编号的方框表示。

S、R 指令使继电器具有记忆功能，且仅对单个继电器的操作有效，其用法如图 8-7 所示。

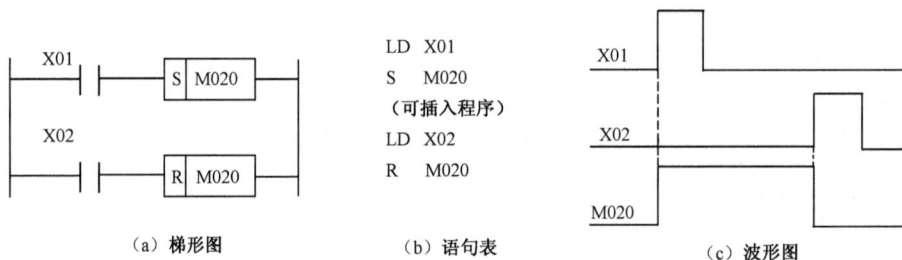

（a）梯形图　　　　　（b）语句表　　　　　（c）波形图

图 8-7　S、R 指令的用法

（12）脉冲指令（PLS）。

PLS：脉冲指令，完成产生脉冲方波的操作功能，在梯形图中用标注 PLS 及操作元件编号的方框表示。

PLS 指令的操作元件为通用辅助继电器 M，产生的脉冲宽度为程序的一个扫描周期，其用法如图 8-8 所示。

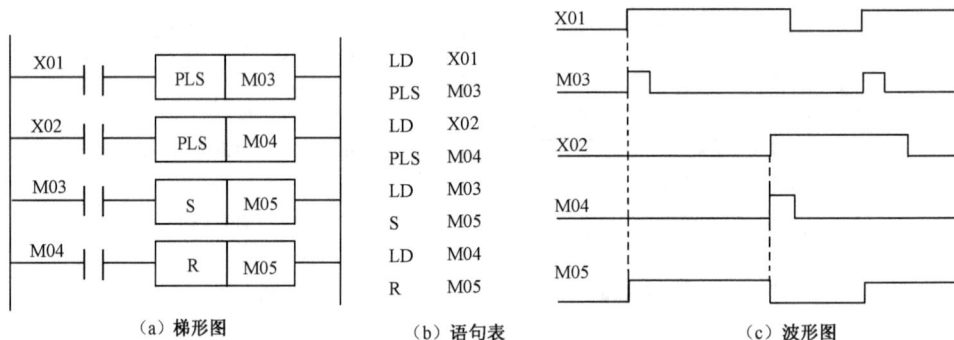

（a）梯形图　　　　　（b）语句表　　　　　（c）波形图

图 8-8　PLS 指令的用法

（13）清除指令（RST）。

RST：清除指令，完成计数器、移位寄存器的内容清零，在梯形图中用标注 RST 及操作元件编号的方框表示。

（14）移位指令（SFT）。

SFT：移位指令，完成移位寄存器内容移动 1 位的操作功能，在梯形图中用标注 SFT 及操作元件编号的方框表示。

（15）主控指令（MC）。

（16）主控复位指令（MCR）。

主控指令、主控复位指令又称主控触点指令。

MC：主控指令，完成公共串联触点的连接操作功能，在梯形图中用 MC 及操作元件编号表示，将操作的触点接到左母线上，形成新母线。

MCR：主控复位指令，完成将新母线返回到原母线的操作功能，在梯形图中用标注 MCR 及操作元件编号的方框表示。MCR 指令必须与 MC 指令成对使用。

在自动控制系统中，常遇到多个执行机构同时受控某一开关，即一组电路的开关。这种情况在编程时，使用主控指令，利用在母线中串接一个主控触点来实现控制，可以简化程序。MC、MCR 指令的用法如图 8-9 所示。

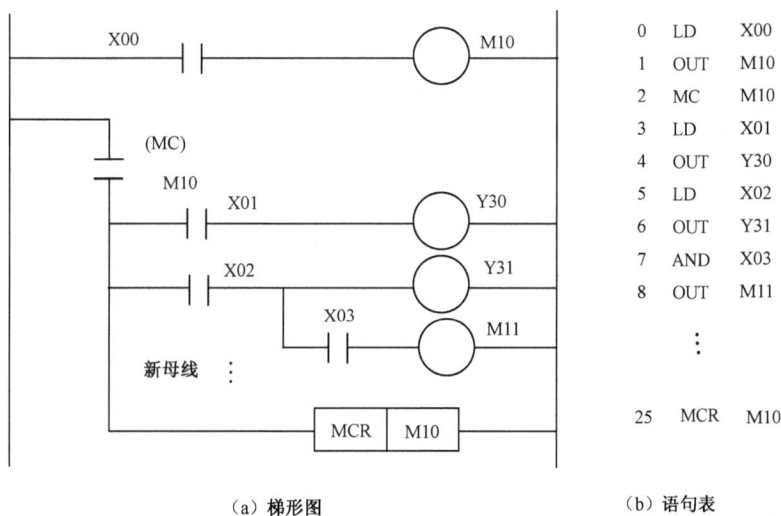

0	LD	X00
1	OUT	M10
2	MC	M10
3	LD	X01
4	OUT	Y30
5	LD	X02
6	OUT	Y31
7	AND	X03
8	OUT	M11
⋮		
25	MCR	M10

（a）梯形图　　　　　　　　　　（b）语句表

图 8-9　MC、MCR 指令的用法

（17）空操作指令（NOP）。

NOP：空操作指令，完成程序改动的操作功能，在梯形图中用 NOP 表示。

（18）跳转指令（CJP）。

（19）跳转结束指令（EJP）。

CJP：跳转指令，完成跳过部分程序，而执行另一部分程序的操作功能，梯形图中用标注 CJP 及操作元件编号的方框表示，用于跳转的开始，操作元件为 P00～P63。

EJP：跳转结束指令，完成跳转结束的操作功能，在梯形图中用标注 EJP 及操作元件编号的方框表示，用于跳转的终点。

（20）程序结束指令（END）。

END：程序结束指令，完成程序结束的操作功能，在梯形图中用标注 END 的方框表示，在程序结束处使用 END 指令，PLC 执行第一步至 END 指令间的程序。

8.3.2　步进指令

（1）步进转移指令（STL）。

（2）步进复位指令（RET）。

STL：步进转移指令，完成顺序控制转移的操作功能，在梯形图中用操作元件编号及 —┤├— 图形表示。使用 STL 指令其作用相当于动合触点，可直接或通过其他中间触点驱动

Y、M、S 等元件的线圈，也可使 Y、M、S 等元件置位或复位。STL 指令完成的是步进转移功能，当满足转移条件，后一个触点闭合呈通态，状态发生转移，前一个触点便自动复位。操作元件多选用状态寄存器 S 作 STL 指令的动合触点。STL 的动合触点与左母线相连，右侧应用 LD、LDI 指令开始。

RET：步进复位指令，完成顺序控制复位的操作功能，在梯形图中用 RET 的方框表示。

STL、RET 指令通常需要配合使用，在一系列步进指令 STL 后，加上 RET 指令，表明步进指令功能结束，LD 触点返回到原母线。STL、RET 的用法如图 8-10 所示。

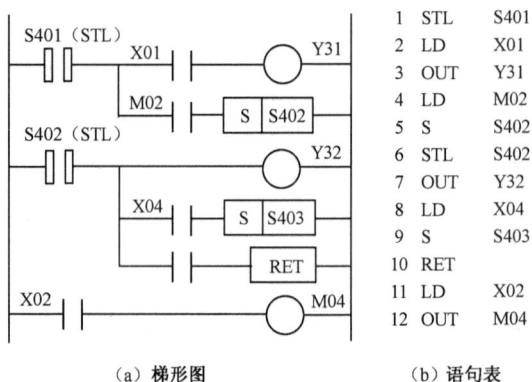

1	STL	S401
2	LD	X01
3	OUT	Y31
4	LD	M02
5	S	S402
6	STL	S402
7	OUT	Y32
8	LD	X04
9	S	S403
10	RET	
11	LD	X02
12	OUT	M04

（a）梯形图　　　　　　　　（b）语句表

图 8-10　STL、RET 指令的用法

8.3.3　功能指令

功能指令又称应用指令，FX2 系列 PLC 有 85 条功能指令，分程序流向控制、传递与比较、四则运算、移位与循环、高速处理、方便指令、外部输入输出处理和外部功能块控制等类型。

功能指令用功能号表示，按 FNC00～FNC99 编排，其基本形式如图 8-11 所示。图中所示是一条数据处理平均值的功能指令，功能号为 FNC45，助记符 MEAN，（P）表示脉冲执行功能，（16）表示只能进行 16 位操作，（S）表示源操作数，（D）表示目标操作数。

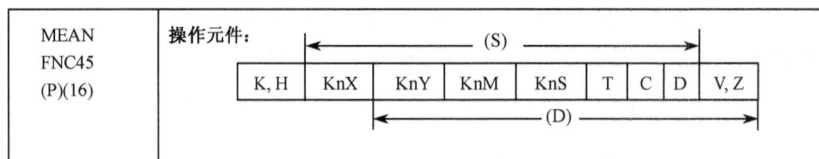

图 8-11　功能指令的基本形式

下面介绍几种功能指令的功能及用法，详细资料可参阅 FX2 系列 PLC 用户手册。

（1）子程序调用指令（CALL）。

（2）子程序返回指令（SRET）。

CALL：子程序调用指令，功能号 FNC01，用于调用子程序的操作。在梯形图中用标注 CALL 及指针标号的方框表示，操作元件为指针 P0～P62。

SRET：子程序返回指令，功能号 FNC02，用于 CALL 指令执行后，由子程序返回主程序的操作，在梯形图中用标注 SRET 的方框表示。

CALL、SRET 的用法如图 8-12 所示，图中 CALL 指令使程序跳到标号 10 处，执行子程序，之后执行 SRET 指令，回到主程序 104 步处。标号应标注在主程序结束指令 FEND 之后和 SRET 指令之前。

（3）中断返回指令（IRET）。

（4）允许中断指令（EI）。

（5）禁止中断指令（DI）。

以上三条指令又称中断指令。

IRET：中断返回指令，功能号 FNC03，用于中断返回，继续执行主程序的操作，在梯形图中用标注 IRET 的方框表示。

EI：允许中断指令，功能号 FNC04，在梯形图中用标注 EI 的方框表示。EI 指令后和 DI 指令前的程序段为允许中断区间。

DI：禁止中断指令，功能号 FNC05。DI 指令后为不允许中断程序，即 DI 前和 EI 后的程序为允许中断区间。

FX2 系列 PLC 可设置 9 个中断点，中断信号从 X0～X5 输入。当程序处理到允许中断区间时，并且出现中断信号，则停止执行主程序而去执行相应的中断子程序。处理到 IRET 指令时返回断点，继续执行主程序。中断指令的用法如图 8-13 所示，当程序处理到允许中断区间时，若 X0 或 X1 呈通态，满足中断条件，则 PLC 转而执行相应的中断子程序（1）或（2）。

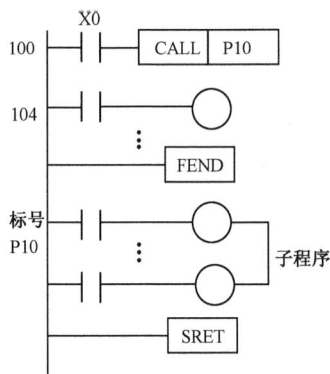

图 8-12　CALL、SRET 指令的用法

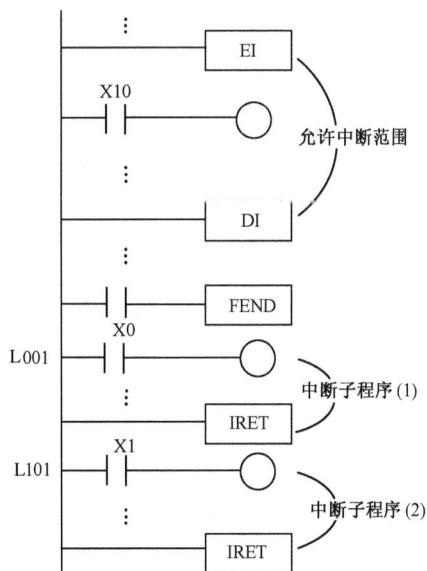

图 8-13　中断指令的用法

（6）主程序结束指令（FEND）。

FEND：主程序结束指令，功能号 FNC06，表示主程序结束，在梯形图中用标注 FEND 的方框表示。子程序必须写在 FEND 指令之间。

（7）比较指令（CMP）。

CMP：比较指令，功能号 FNC10，用于将源操作数（S1）、（S2）的数据进行比较，将结果送到目标操作数（D）中的操作，在梯形图中用标注 CMP 及相应助记符的方框表示。

CMP 指令的用法如图 8-14 所示，当 X0 呈通态时，满足 CMP 执行条件，M0、M1、M2

根据比较的结果动作：K100＞C20 的当前值时，M0 闭合；K100＝C20 的当前值时，M1 闭合；K100＜C20 的当前值时，M2 闭合。X0 呈断态时，CMP 不执行，M0、M1、M2 的状态保持不变。

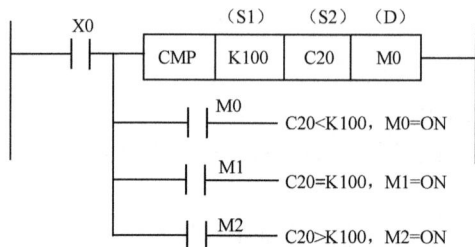

图 8-14　CMP 指令的用法

（8）传送指令（MOV）。

MOV：传送指令，功能号 FNC12，用于将源操作数的数据，传送到指定的目标操作数的操作，在梯形图中用标注 MOV 及相应助记符的方框表示。

MOV 指令的用法如图 8-15 所示，当 X0 呈通态时，将源操作数数据 K100 传送到目标操作元件 D10 中。当 X0 呈断态时，数据保持不变。

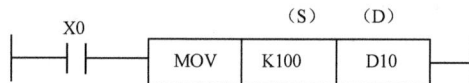

图 8-15　MOV 指令的用法

（9）BCD 变换指令（BCD）。

BCD：BCD 变换指令，功能号 FNC18，用于将源操作数的二进制数据转换成 BCD 码送到目标操作数的操作，在梯形图中用标注 BCD 及相应助记符的方框表示。

BCD 指令的用法如图 8-16 所示，当 X0 呈通态时，将源操作数 D12 中二进制数转换成 BCD 码，送到 Y0～Y7 的目标操作数。

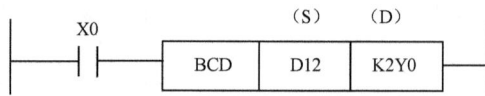

图 8-16　BCD 指令的用法

（10）加法指令（ADD）。

（11）减法指令（SUB）。

ADD：加法指令，功能号 FNC20，用于将指定的源操作数中的二进制数相加，结果送到指定的目标操作数的操作，在梯形图中用标注 ADD 及相应助记符的方框表示。

SUB：减法指令，功能号 FNC21，用于将指定的源操作数（S1）减去指定的源操作数（S2），结果送到指定的目标操作数（D）的操作，在梯形图中用标注 SUB 及相应的助记符的方框表示。

ADD、SUB 指令的用法如图 8-17 所示。

（S1）＋（S2）→（D）即（D10）＋（D12）→（D14）

图 8-17（b）表示：

（S1）－（S2）→（D）即（D10）－（D12）→（D14）

（a）

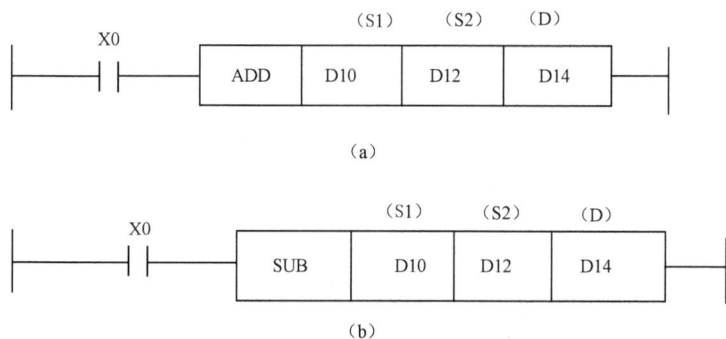

（b）

图 8-17　ADD、SUB 指令的用法

8.4　编程器

编程器是前期 PLC 实现人机对话的重要外部设备，用户通过编程器完成编程，并对 PLC 的工作状态进行监控。与 FX2 系列 PLC 配套的是 FX—20P—E 型手持编程器，简称 HPP。本节以 HPP 为例说明编程器编程的操作过程。

8.4.1　HPP 的操作面板

HPP 面板由 16 字符×4 行的液晶显示屏和 5×7 键盘组成，如图 8-18 所示。HPP 上设有 3 个插口：专用编程电缆接口，通过 FX—20P—CAB 专用电缆，完成编程器与 PLC 的连接；存储器卡接口，可以外接存储器卡盒，用于存放系统软件，在修改系统软件版本时，可更换此系统存储器卡盒；ROM 写入器接口，用于安装特殊模块 FX—20P—RWM，即 ROM 写入器，以便在编程器和 ROM 写入器之间进行程序传送。

1．HPP 的液晶显示屏

HPP 的液晶显示屏能同时显示 4 行，每行 16 个字符。在编程操作时，显示屏上的内容如图 8-19 所示。显示屏左上角用一个字母表示 HPP 的功能方式：R——读出；W——写入；I——插入；D——删除；M——监视；T——测试。

2．HPP 的按键

HPP 键盘上有 3 个功能键，RD/WR 键，表示读出/写入功能，按此键在液晶显示屏左上角显示字母 R 或 W；INS/DEL 键，表示插入/删除功能，按此键显示屏左上角显示 I 或 D；MNT/TEST 键，表示监视/测试功能，按此键显示屏显示 M 或 T。这 3 个键为复用键，交替起作用，按第一次选择按键上方的功能，再按一次选择下方的功能。

除功能键外，还有指令键、元件符号键、数字键和各专用键等，各键符号如图 8-18 所示。

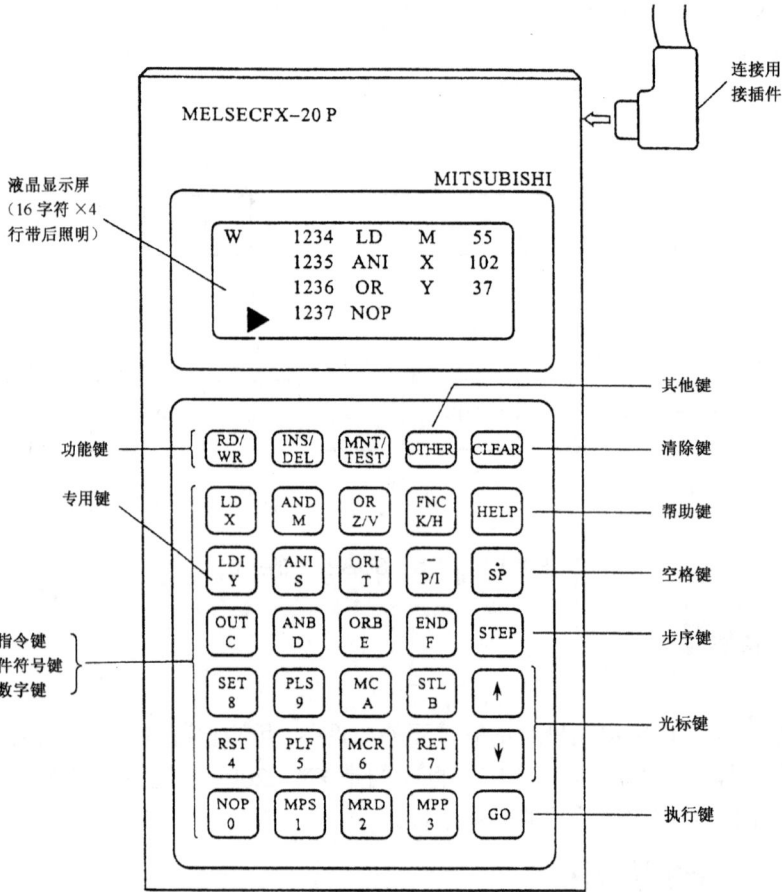

图 8-18　HPP 的面板

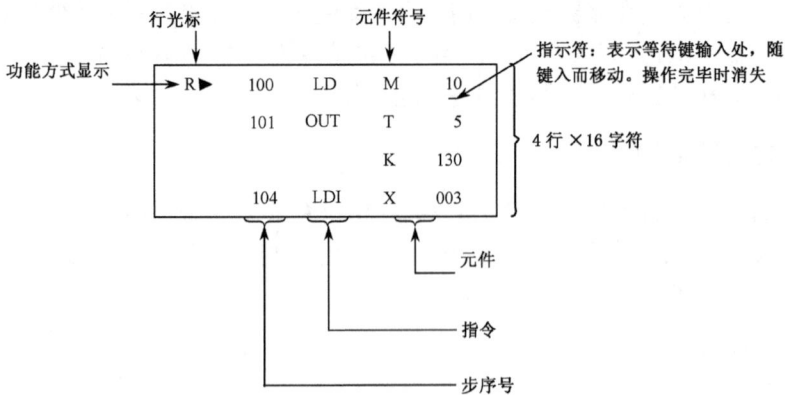

图 8-19　HPP 的显示屏

8.4.2　编程准备

编程之前，应打开 PLC 上部连接 HPP 的插座盖板，用 FX—20P—CAB 专用电缆，把 PLC 与 HPP 相连，接通 PLC 电源，通过 PLC 给 HPP 供电。按 RST 键、GO 键，HPP 复位。

接通电源后，在 HPP 显示屏上显示如图 8-20 所示内容。显示屏上出现第一个方框画面，2s 之后转入下一个方框画面。这时根据光标的指示选择联机方式或脱机方式。联机方式又称在线编程，编程器对 PLC 用户程序存储器进行直接操作。脱机方式又称离线编程，HPP 脱机方式是通过模块 FX—20P—RWM 即 ROM 写入器，将编制好的程序写入 HPP 的存储器，实现 ROM 写入器、HPP、PLC 内部存储器之间程序的传送。

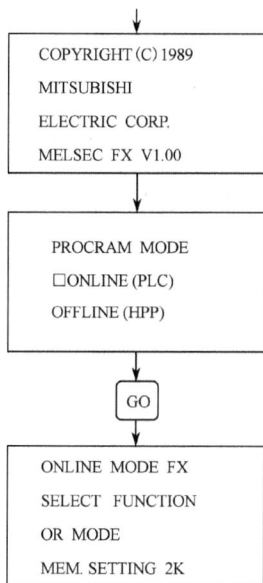

图 8-20　通电后的 HPP 屏显示图

然后通过功能键进行功能选择。选择编制程序就是选择 HPP 的写入、读出、插入和删除功能，进行编程，编程的全过程如图 8-21 所示。

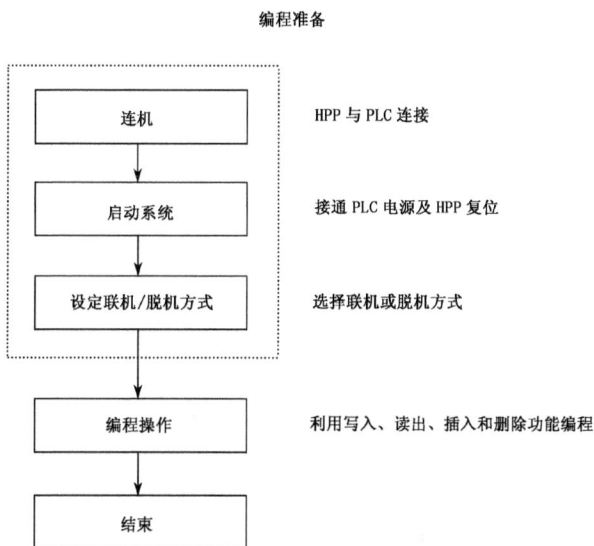

图 8-21　编程全过程方框图

8.4.3　编程操作

1．程序写入

在写入一个新程序前，要将 PLC 内存的程序全部消除，即清零，通常用 NOP 指令写入删除，操作如图 8-22 所示。清零操作完成后，可进行程序的写入。

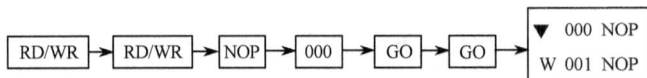

图 8-22　清零的操作步骤

基本指令的写入：基本指令包括步进指令的写入有 3 种形式：一是直接输入指令助记符，如图 8-23（a）所示；二是输入指令助记符和一个元件符号及元件号，如图 8-23（b）所示；三是输入指令助记符和两个元件符号及元件号，如图 8-23（c）所示。例如，将图 8-24（a）所示的梯形图写入 PLC，其按键操作如图 8-24（c），图 8-24（b）是写入程序时显示屏的内容。

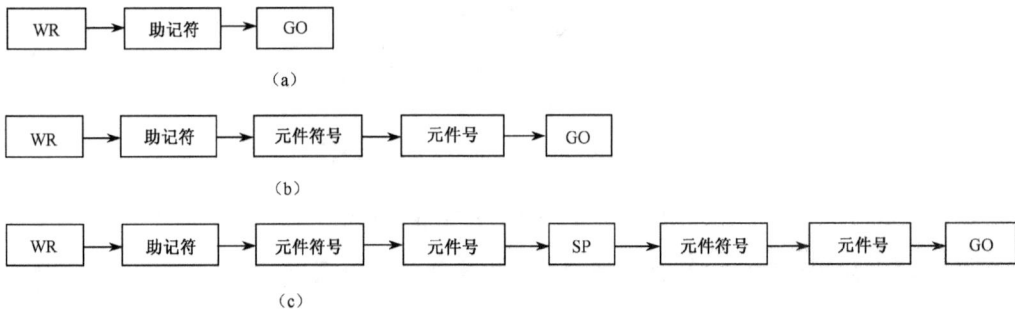

图 8-23　基本指令的 3 种写入形式

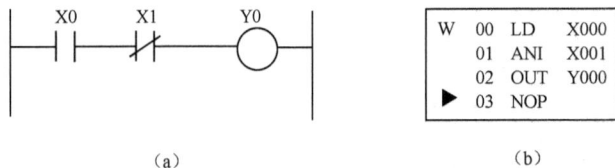

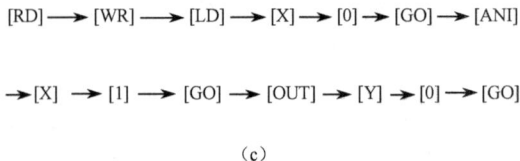

图 8-24　基本指令写入举例

功能指令的写入：写入功能指令，首先按 FNC 键，再输入功能指令号，如图 8-25 所示。例如，将图 8-26（a）所示梯形图写入 PLC，其按键操作如图 8-26（c）所示，图 8-26（b）

是写入程序时显示屏上的内容。写入功能指令梯形图，先按 RD/WR 键，进入写状态，然后按顺序键入梯形图中各元件符号及功能指令。输入功能指令时先按 FNC 键，再输入功能指令号，功能指令号可通过 HELP 键查出。指定 32 位指令值时，键入 D；指定脉冲指令时，键入 P。连续写入元件时，按 SP 键后，再依次键入元件符号和元件号。

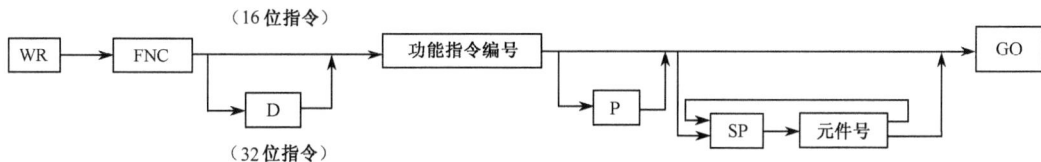

图 8-25　功能指令写入的操作

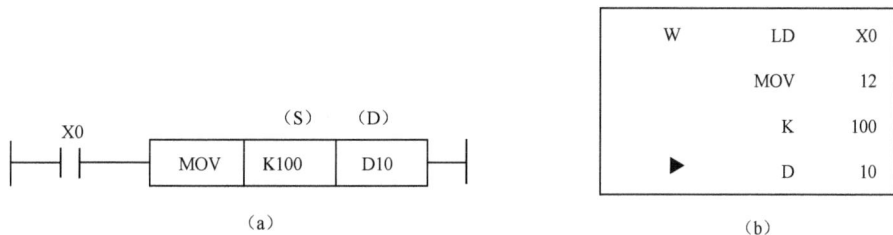

（a）　　　　　　　　　　　　　　　　（b）

[RD] → [WR] → [LD] → [X] → [0] → [GO] → [FNC] → [1] → [2] → [SP] → [K] → [1]

→ [0] → [0] → [SP] → [D] → [1] → [0] → [GO]

（c）

图 8-26　功能指令写入举例

2．程序读出

用 HPP 的读出功能，可以把已写入到 PLC 内部的程序读出。在联机方式下，当 PLC 工作在运行状态时，只能根据步序号读出；当 PLC 工作在停止状态时，可以根据步序号、指令、元件及指针 4 种方式读出。在脱机方式下，无论 PLC 处于何种状态，均可用上述 4 种方式读出。

根据指定步序号，从 PLC 用户程序存储器读出并显示程序，其操作如图 8-27（a）所示。例如，要读出第 55 步序号的程序，按键操作如图 8-27（b）所示。

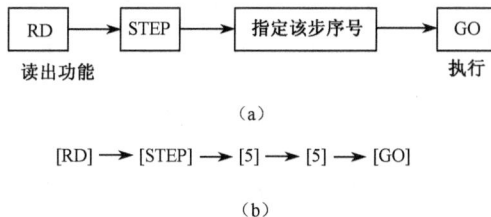

（a）

[RD] → [STEP] → [5] → [5] → [GO]

（b）

图 8-27　根据步序号读出程序的操作

根据指定指令，从 PLC 读出并显示程序，其操作如图 8-28（a）所示。例如，要读出指令 PLSM104，按键操作如图 8-28（b）所示。

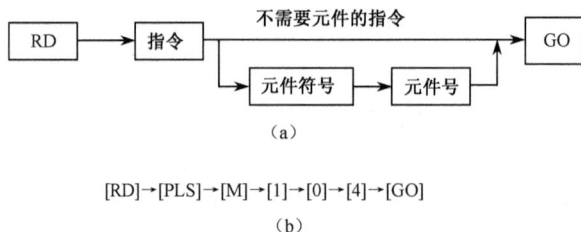

（a）

[RD]→[PLS]→[M]→[1]→[0]→[4]→[GO]

（b）

图 8-28　根据指令读出程序的操作

根据指定指针，读出并显示程序，其操如图 8-29（a）所示。例如，读出指针标号为 P3 程序，按键操作如图 8-29（b）所示。

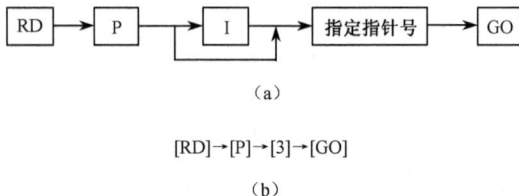

（a）

[RD]→[P]→[3]→[GO]

（b）

图 8-29　根据指针读出的操作

根据指定元件和元件号，从用户程序存储器读出并显示程序，其操作如图 8-30（a）所示。例如，读出 Y123 指令，按键操作如图 8-30（b）所示。

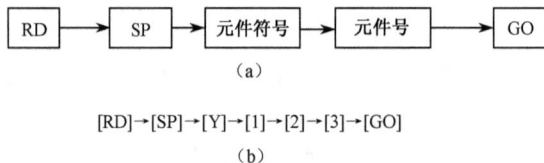

（a）

[RD]→[SP]→[Y]→[1]→[2]→[3]→[GO]

（b）

图 8-30　根据元件读出的操作

3. 程序插入

程序插入操作先根据步序号读出程序，指定插入位置，按 INS 键后，插入指令或指针，即键入指令、元件符号和元件号，最后按 GO 键，完成插入操作。

4. 程序删除

PLC 处于停止工作状态时，可采用逐条删除、指定范围的删除和 NOP 的成批删除 3 种方式，来完成程序删除。

需要说明的是，近期推出的 PLC，即使是小型机也都提供相应的编程软件，完善的编程软件给 PLC 的编程操作带来了极大的方便。使用编程软件，通过普通计算机，可以轻松绘制各种梯形图并呈现在电脑显示屏上。用专用编程电缆将 PLC 与电脑相连，将梯形图输入 PLC，便完成了编程操作。使用软件编程，其特点是简单、快捷，并能自动实现梯形图与指令表语言的转换。

目前 PLC 使用编程软件编程是一种普遍方式。

8.5 PLC 在电动机控制电路中的应用

单台电动机控制电路比较简单，用 PLC 实现电动机的控制，所需 PLC 的输入、输出点数较少。下面以选择 FX2N—16M 型 PLC 为例，组成电动机控制电路，来说明 PLC 的应用。

FX2N—16M 的内部配置如下：

（1）输入端子数　X000～X007，8 点

（2）输出端子数　Y000～Y007，8 点

（3）辅助继电器　M0～M499，500 点

（4）状态寄存器　S0～S499，500 点

（5）定时器　T0～T199，200 点（100ms）

（6）计数器　C0～C99，100 点

（7）数据寄存器　D0～D199，200 点

8.5.1 PLC 自锁控制电路

在第 6 章中讲述了电动机自锁控制电路的工作原理，图 6-12 为其控制电路图。该控制电路由 2 根相线提供 380V 交流电压。

1. PLC 的 I/O 点的分配

由 PLC 组成电动机控制电路，首先要分配 PLC 输入点、输出点，即进行 I/O 地址分配。

输入点

启动按钮 SB_2	X000
停止按钮 SB_1	X001

输出点

接触器 KM	Y000

2. PLC 接线电路图

根据 PLC 的输入点、输出点画出 PLC 接线电路图如图 8-31（a）所示。图中，L、N 点接 PLC 供电电源，为交流 220V；左侧 COM 点为输入端公共点，由 PLC 内部提供直流 24V 电压，右侧 COM 点为输出端公共点，由电源提供交流 220V 电压；启动按钮 SB_2 是动合触点，即常开触点，停止按钮 SB_1 是动断触点，即常闭触点。

需要说明的是，对于输入继电器 X，通常选择置 "1"，即处于高电平时呈通态，继电器动作。这样采用动合触点按钮作为输入控制开关，引入输入信号，操作按钮之前继电器 X 处

于低电平，呈断态，梯形图中动合触点用—┤├—符号表示，动断触点用—┤╱├—符号表示。若采用动断触点作输入控制开关，操作之前继电器 X 处于高电平，呈通态，继电器动作，其动断触点切断，动合触点闭合，输入继电器动断触点在梯形图中就要用—┤├—符号表示。动断触点用—┤├—符号表示，这与继电器控制图的习惯画法相反，因此 PLC 设置输入端控制开关时，尽量采用动合触点引入 PLC 的输入信号。如图 8-31（b）所示是停止按钮由动断触点改为动合触点的 PLC 接线电路图。

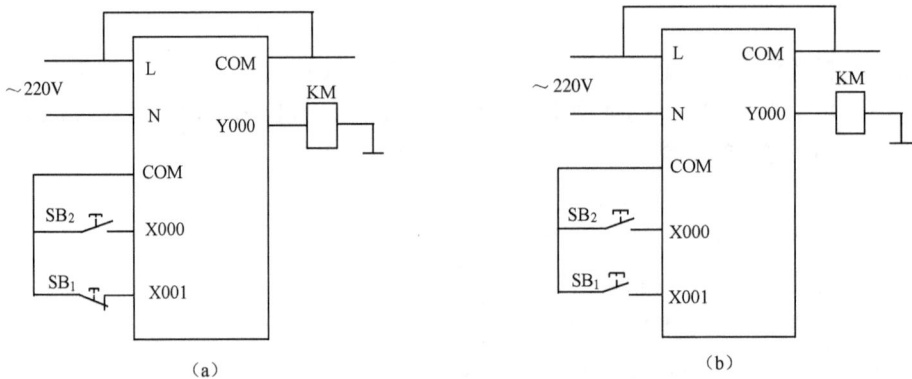

图 8-31　PLC 接线电路图

3. 梯形图

根据自锁控制电路的工作原理，绘制 PLC 梯形图，即进行编程，梯形图如图 8-32 所示。

其控制过程：按下启动按钮 SB$_2$，引入输入信号，继电器 X000 呈高电平，X000 动合触点闭合；X001 为低电平，其动断触点保持闭合；Y000 线圈得电，Y000 动合触点闭合即自锁，接触器 KM 吸合，电动机启动运转。按下停止按钮 SB$_1$，引入输入信号，X001 呈高电平，其动断触点切断，Y000 线圈断电，接触器 KM 释放，电动机停转。

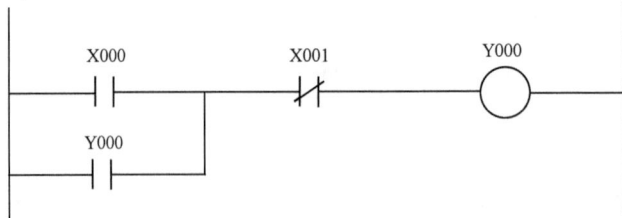

图 8-32　自锁控制电路的梯形图

使用编程软件，连接计算机与 PLC，使 FX2N—16M 机上运行（RUN）与停止（STOP）开关置于 STOP 位置，将梯形图输入 PLC，完成 PLC 编程。

8.5.2　PLC 正反转控制电路

由接触器组成的电动机正反转控制电路如图 8-33 所示。

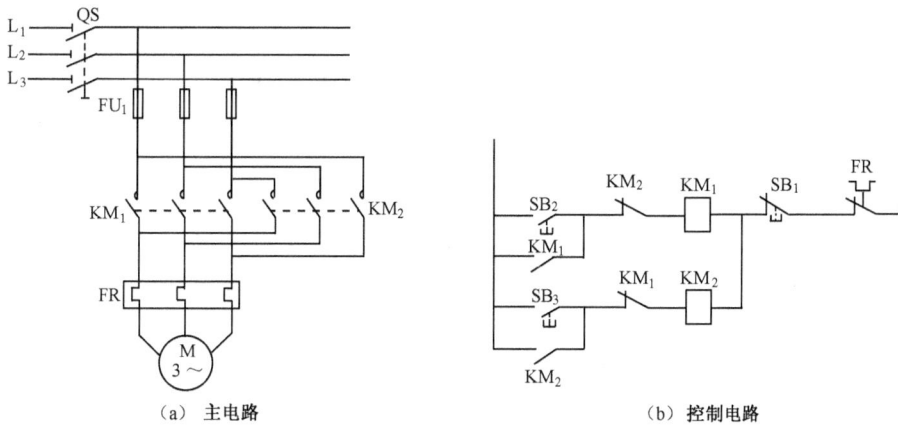

（a）主电路　　　　　（b）控制电路

图 8-33　电动机正反转控制电路

正向启动：合上电源开关 QS，按下正向启动按钮 SB₂→KM₁

线圈得电吸合 ——→ KM₁常开触点闭合，即自锁
　　　　　　　——→ KM₁主触点闭合，电动机正向运转
　　　　　　　——→ KM₁常闭触点切断 ——→ KM₂线圈失电释放，保证电动机不反转

反向启动：按下反向启动按钮 SB₃→KM₂

线圈得电吸合 ——→ KM₂常开触点闭合，即自锁
　　　　　　　——→ KM₂主触点闭合，电动机反向运转
　　　　　　　——→ KM₂常闭触点切断 ——→ KM₂线圈失电释放，保证电动机不正转

停止：按下停止按钮 SB₁，KM₁、KM₂线圈都失电释放，主触点切断，电动机停转。

接入 KM₁、KM₂ 常闭触点，可以避免因同时按下 SB₂、SB₃ 误操作而发生相间短路；FR 是热继电器，具有过载保护作用，当电动机过载，经过一定时间，FR 动断触点断开，同时 KM₁、KM₂ 主触点切断，电动机停转。

需要说明的是，这种正反转控制电路，欲使电动机由正转变为反转，或由反转变为正转，都必须先按停止按钮 SB₁ 停车，然后再进行正反转的转换。

1．PLC I/O 点的分配

输入点
停止按钮 SB₁	X000
正向启动按钮 SB₂	X001
反向启动按钮 SB₃	X002
热继电器 FR	X003

输出点
正转接触器 KM₁	Y000
反转接触器 KM₂	Y001

2．PLC 接线电路图

PLC 接线电路图如图 8-34 所示。需要说明的是，普通电动机控制电路的热继电器通常使用动断触点开关，而 PLC 所用热继电器需要选择具有动合触点的开关引入输入信号，这与停止按钮采用动合触点的道理相同，使控制梯形图热继电器用常闭触点 ─┤├─ 表示，符合继电器控制电路的习惯画法。

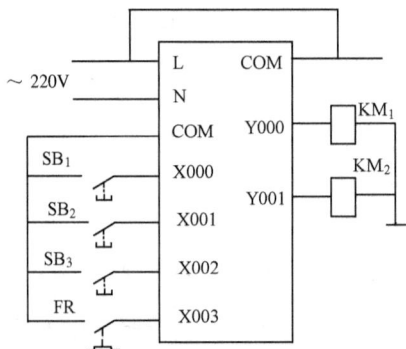

图 8-34　PLC 正反转控制接线电路图

3．梯形图

正反转控制电路的梯形图如图 8-35 所示。

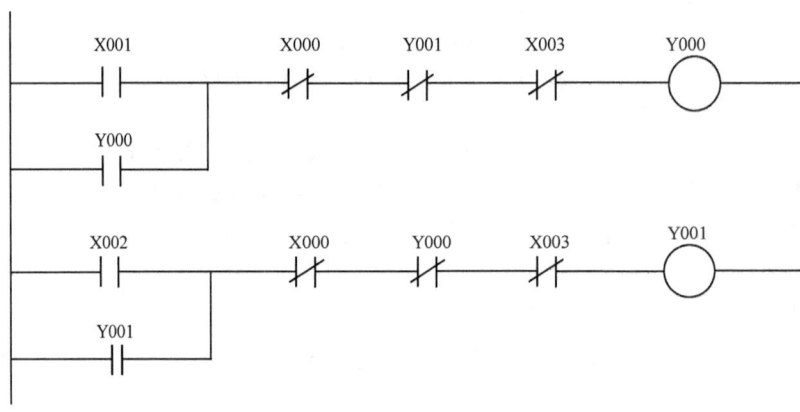

图 8-35　正反转控制电路的梯形图

其控制过程：按下正向启动按钮 SB$_2$，X001 动合触点闭合接通，X000、Y001、X003 动断触点保持闭合，Y000 线圈得电并自锁，电动机正向运转；按下停止按钮 SB$_1$，X000 动断触点由闭合变切断，Y000 线圈失电，电动机停转。按下反向启动按钮 SB$_3$，X002 动合触点闭合，X000、Y000、X003 动断触点保持闭合，Y001 线圈得电并自锁，电动机反向运转；同样按下停止按钮 SB$_1$，X000 动断触点切断，Y001 线圈失电，电动机停转。若热继电器过载动作，通过动合触点引入输入信号，X003 动断触点由闭合变切断，电动机停转。

将梯形图通过计算机输入 PLC，完成编程。

习题 8

　1. 作为现代工业自动化控制设备的 PLC 有哪些功能特点？应用 PLC 可实现哪几个方面的工业自动控制？

　2. 简述 PLC 的基本组成及工作原理。

　3. PLC 常用的编程语言有几种？简述梯形图语言的特点和结构。

　4. FX2 系列 PLC 主要内部配置有哪些？其指令系统有几类？

　5. 实际观察 FX2 系列 PLC 实物，根据其型号说明 I/O 的点数，找出输入接线端、输出接线端及公共点。

读者意见反馈表

书名：维修电工技术（第4版）　　　　主编：马效先　　　　责任编辑：蔡　葵　毕军志

> 谢谢您关注本书！烦请填写该表。您的意见对我们出版优秀教材、服务教学，十分重要。如果您认为本书有助于您的教学工作，请您认真地填写表格并寄回。我们将定期给您发送我社相关教材的出版资讯或目录，或者寄送相关样书。

个人资料

姓名_____年龄_____联系电话_____（办）_____（宅）_____（手机）

学校_____专业_____职称/职务_____

通信地址_____邮编_____E-mail_____

您校开设课程的情况为：

本校是否开设相关专业的课程　□是，课程名称为_____　□否

您所讲授的课程是_____课时_____

所用教材_____出版单位_____印刷册数_____

本书可否作为您校的教材？

□是，会用于_____课程教学　　　□否

影响您选定教材的因素（可复选）：

□内容　　　　□作者　　　　□封面设计　　□教材页码　　　　□价格　　　　□出版社

□是否获奖　　□上级要求　　□广告　　　　□其他_____

您对本书质量满意的方面有（可复选）：

□内容　　　　□封面设计　　□价格　　　　□版式设计　　　　□其他_____

您希望本书在哪些方面加以改进？

□内容　　　　□篇幅结构　　□封面设计　　□增加配套教材　　□价格

可详细填写：_____

_____

您还希望得到哪些专业方向教材的出版信息？

_____

> 谢谢您的配合，请将该反馈表寄至以下地址。如果需要了解更详细的信息或有著作计划，请与我们直接联系。

通信地址：北京市万寿路173信箱　中等职业教育教材事业部　　　邮编：100036

http://www.hxedu.com.cn　　　E-mail:ve@phei.com.cn　　　电话：010-88254600；88254591

反侵权盗版声明

电子工业出版社依法对本作品享有专有出版权。任何未经权利人书面许可，复制、销售或通过信息网络传播本作品的行为；歪曲、篡改、剽窃本作品的行为，均违反《中华人民共和国著作权法》，其行为人应承担相应的民事责任和行政责任，构成犯罪的，将被依法追究刑事责任。

为了维护市场秩序，保护权利人的合法权益，我社将依法查处和打击侵权盗版的单位和个人。欢迎社会各界人士积极举报侵权盗版行为，本社将奖励举报有功人员，并保证举报人的信息不被泄露。

举报电话：（010）88254396；（010）88258888

传　　真：（010）88254397

E-mail：　dbqq@phei.com.cn

通信地址：北京市万寿路 173 信箱

　　　　　电子工业出版社总编办公室

邮　　编：100036